Prüfhandbuch Explosionsschutz

Geräte, Maschinen und Anlagen in EX-Bereichen rechtssicher betreiben, prüfen und instandhalten

WISSEN,
DAS ANKOMMT.

Bibliografische Information der Deutschen Bibliothek

Die Deutsche Bibliothek verzeichnet diese Publikation in der Deutschen Nationalbibliografie; detaillierte bibliografische Daten sind im Internet über http://dnb.dnb.de abrufbar.

Mandichostraße 18
86504 Merching

Telefon: +49 (0)8233 381-123
Fax: +49 (0)8233 381-222
E-Mail: service@forum-verlag.com
Internet: https://www.forum-verlag.com

Hinweis: Aus Gründen der besseren Lesbarkeit und Einfachheit wird in den folgenden Texten meist die männliche Form verwendet. Die verwendeten Bezeichnungen sind als geschlechtsneutral bzw. als Oberbegriffe zu interpretieren und gelten gleichermaßen für alle Geschlechter.

Titelfoto/-illustration: © Moreno Soppelsa, rosifan19 - stock.adobe.com
Satz: Reemers Publishing Services GmbH, 47799 Krefeld
Druck: Esser printSolutions GmbH, 75015 Bretten
Printed in Germany

ISBN 978-3-96314-564-3

Vorwort

Elektrische und nicht elektrische Geräte, Maschinen und Anlagen, die in explosionsgefährdeten Bereichen betrieben werden, können ohne die regelmäßig notwendigen Prüfungen großen Schaden anrichten. Denn bereits ein kleiner Funke oder mechanisch erzeugte Wärmeenergie reichen als Zündquelle aus. Kommen diese Faktoren mit einem Brennstoff (explosionsfähigen Atmosphäre) und der umgebenden Luft (Sauerstoff) in Berührung, kann es zur Explosion kommen. Um dies zu verhindern, sind tägliche, wöchentliche, monatliche und weitere regelmäßige Prüfungen sowie Instandhaltungsaufgaben Pflicht.

Diese Pflicht liegt bei den Betreibern, die all dies praktisch umsetzen und teils an externe Fachkräfte übergeben müssen.

Die Autoren dieses Handbuchs haben es sich zur Aufgabe gemacht, alles Wesentliche für die Praxis der Betreiber und Prüfer kompakt und verständlich zusammenzufassen. Es werden die wichtigsten rechtlichen Vorgaben erläutert – von der Notwendigkeit und Durchführung einer Gefährdungsbeurteilung bis hin zur Errichtung der Anlagen inklusive Sicherheitsmaßnahmen sowie die elementaren Aspekte der Prüfung und Instandhaltung, inklusive Praxisbeispiele für die Umsetzung.

Hierbei wird Bezug genommen auf die kürzlich veröffentlichten Neuerungen in der Vorgabenlandschaft wie u. a. den Technischen Regeln für Gefahrstoffe TRGS 510 und 720-722 sowie der neuen DGUV Information 213-106.

Freuen Sie sich über ein aktuelles und praxisnahes Werk für Ihren Betriebsalltag, das Sie bei dem Betrieb, der Prüfung und Instandhaltung Ihrer elektrischen und nicht elektrischen Geräte, Maschinen und Anlagen in EX-Bereichen unterstützt.

FORUM VERLAG HERKERKT GMBH

Autorenverzeichnis

Jürgen Bialek

Dipl.-Ing. Jürgen Bialek war nach seinem Maschinenbaustudium 14 Jahre in der mittelständisch geprägten, international agierenden Stahlbau- und Maschinenbauindustrie zunächst als Projektleiter, später als Leiter Projektmanagement und Vertrieb sowie als Niederlassungsleiter tätig. Seit 2007 selbstständig, beschäftigt er sich als Beratender Ingenieur und Sachverständiger mit den Arbeitsgebieten Sicherheitstechnologie, Product Compliance und Technische Dokumentation vorrangig im Maschinen- und Anlagenbau.

Tätigkeiten auf den Gebieten der Qualitätssicherung und des Technischen Managements in diesen Branchen ergänzen sein Profil. Seit vielen Jahren arbeitet er zudem als Referent zu den Themen EU-Konformität, Risikobeurteilungen und Technische Dokumentation. Jürgen Bialek ist zertifizierter Product Compliance Officer (EN ISO/IEC 17024).

Karl Donath

Karl Donath, geboren 1959, absolvierte nach der Ausbildung zum Fernmeldehandwerker das Studium der Elektrotechnik und Informationstechnik mit der Fachrichtung Allgemeine Elektrotechnik an der TU München. Im Zeitraum 1991–2014 arbeitete er im Bereich Kommunikationsnetze bei der Siemens AG bzw. der daraus hervorgegangenen Firma Siemens Enterprise Communications, heute Unify.

Seine breit gefächerten Erfahrungen reichen von der Hardwareentwicklung über Beratung, Vertrieb und Marketing bis zur fachlichen und technischen Leitung einer Dauerausstellung für IT- und TK-Installationen. Seit sechs Jahren widmet sich Dipl.-Ing. Karl Donath zunächst als Sicherheitsbeauftragter und inzwischen als Sicherheitsingenieur dem Thema Arbeits- und Elektrosicherheit. In diesem Bereich ist er als Autor, Referent und freier Berater tätig.

Markus Höhfeld

Markus Höhfeld, geboren 1966, ist ausgebildeter Bankkaufmann. Danach arbeitete er als Einkäufer und Geschäftsführer bei einer Stahlimportfirma. Weitere Ausbildungen (Fachkaufmann Einkauf und Logistik sowie Controlling) folgten. Anfang 2000 folgte die Leitung der Logistikabteilung bei einem weltweit agierenden Maschinenbauer. Zudem Abschluss zum staatlich geprüften Betriebswirt mit Schwerpunkt Logistik. Ausbilder (Kran) und Dozententätigkeit seit 2005. Schwerpunkte im Bereich der Logistik und Arbeitssicherheit. Parallel dazu Beratung bei Gefahrstofflagerung und externer Gefahrgutbeauftragter.

Detlef Kalweit

Dr. Detlef Kalweit, geboren 1960 in Oberhausen im Rheinland, studierte an der Heinrich-Heine-Universität Düsseldorf Chemie und promovierte am Institut für organische Chemie auf dem Gebiet der transanularen Wechselwirkungen von polycyclischen Ringsystemen. Hiernach erfolgte ein Wechsel an das Institut für Farbenchemie der Universität Basel, wo er seine Dissertation auf dem Gebiet photochromer Farbstoffe abschloss.

Nach Abschluss der Dissertation erfolgte 1992 der berufliche Einstieg bei der Firma Sandoz AG in Basel, bei der er bis Ende 1999 als Laborleiter in der F+E für Textilfarbstoffe tätig war. Während dieser Zeit erfolgten verschiedene Veröffentlichungen von Patentschriften über Reaktivfarbstoffe. Bedingt durch interne Umstrukturierungen wechselte er 1995 zur neu gegründeten Firma Clariant Produkte (Schweiz) AG in Muttenz. Ab Januar 2000 war er dort in der Abteilung Product Safety/Regulatory Affairs mit dem Fokus der gesetzlichen Einhaltung europäischer und internationaler Chemikalien- und Umweltgesetzgebung tätig. Hierbei erfolgten zahlreiche Produktregistrierungen im Rahmen von toxikologischen Verträglichkeitsprüfungen gegenüber gesetzlichen und kundendefinierten Vorgaben sowie Abklärungen zu nationalen Registrierungsregularien. Weitere zentrale Themengebiete bildeten die Qualitätssicherung gegebener Verkaufsprodukte sowie die Praktizierung eines effektiven Qualitäts- und Umweltmanagements i. S. d. Normen DIN EN ISO 9001 und 14001. Zwischenzeitlich folgten verschiedene berufliche Aufenthalte in China. Ferner übernahm er diverse Vorträge über die praktische Handhabung von REACH und der europäischen Chemikaliengesetzgebung vor chinesischen Industrievertretern. Durch interne Ausgliederungen fand 2013 ein erneuter beruflicher Übertritt in die ebenfalls neu gegründete Firma Archroma Management GmbH mit Sitz in Reinach statt.

Seit Mai 2017 ist Herr Dr. Kalweit freiberuflich tätig und Inhaber der Beratungsfirma Qera-Consulting (Lörrach). Im Vordergrund der Beratungstätigkeit stehen regulatorische Aspekte innerhalb der Chemikalien- und Umweltgesetzgebung sowie Begleitungen von 1st und 2nd Part Audits nach DIN EN ISO 9001 und 14001. Im Rahmen der Auditoren-Tätigkeit besteht eine enge Kooperation mit dem TÜV SÜD auf dem Gebiet der 3rd Part Audits (Zertifizierungsaudits). Ferner ist er beruflich als Dozent bei der IHK Hochrhein-Bodensee zum Thema „Qualitäts- und Umweltmanagement sowie Arbeitsschutz“ aktiv.

Dirk Saschenbrecker

Dirk Saschenbrecker, geboren 1971 in Lübeck, übte nach dem Studium der Elektrotechnik mit dem Schwerpunkt „Technische Informatik" an der Fachhochschule zu Lübeck Tätigkeiten in technischen Verantwortungen bei verschiedenen markt- und technologieführenden Brandschutzunternehmungen mit Kundenschwerpunkten in der verarbeitenden Industrie aus. Durch viele Schnittmengen von Brandschutz und Explosionsschutz ist die heutige Tätigkeit als Bereichsleiter und Sachverständiger für Brandschutz bei dem Unternehmen – „INBUREX Gesellschaft für Explosionsschutz und Anlagensicherheit" - ein konsequenter Schritt.

Schwerpunkte der Tätigkeit sind neben klassischer Brandschutzplanung die Lösung von brandschutztechnischen Fragestellungen hinsichtlich der Bewertung von komplexer Umnutzungs- und Erweiterungs-Szenarien unter Berücksichtigung der besonderen Anforderungen aus dem BImSchG oder der StörfallV.

Zusätzlich arbeitet er in mehreren Gremien zur Weiterentwicklung technischer Regeln für den Brandschutz mit.

Im Laufe von bisher 25 Jahren hat Herr Saschenbrecker aktive Einsatz-Erfahrung in verschiedenen Freiwilligen Feuerwehren, u.a. auch mit Führungsverantwortung in einer Gefahrguteinheit gesammelt.

SVBU-Sachverständigenbüro Uphagen GmbH & Co. KG

Die SVBU-Sachverständigenbüro Uphagen GmbH & Co. KG ist mit ihren qualifizierten Mitarbeitern ein anerkanntes Sachverständigenbüro für Beratungsleistungen, Entwicklungen, Planungen und Prüfungen in den Bereichen der Mechanik sowie des mechanischen- und elektrischen Explosionsschutzes. Wir sind DIN EN ISO 9001:2015 und DIN EN ISO/IEC 17024 zertifiziert und garantieren somit einen sehr hohen Qualitätsstandard in unseren Dienstleistungen.

Unser Aufgabenfeld ist sehr vielschichtig. Mitarbeiter der SVBU sind berechtigt, explosionsgeschützte Industrieanlagen nach Betriebssicherheitsverordnung §§ 15, 16 abzunehmen. Auch beraten wir Sie gerne im Vorfeld, bevor die Anlage abgenommen wird, welche wichtigen technischen Dokumente Sie für die Abnahme benötigen. Elektrische Prüfungen nach DGUV V3 sowie Prüfungen nach VDE 0100-600/0113 und VDE 0701/0702 fallen zusätzlich in unser Portfolio.

Der Explosionsschutz ist unser Steckenpferd. Hier behandeln wir nicht nur zu Angelegenheiten, die Ihre Ex-Anlagen betreffen. Wir haben in verschiedenen Projekten jahrelang mit namhaften Firmen aus der ATEX-Branche zusammengearbeitet. Die Betriebsmittel dieser Firmen werden in explosionsgefährdeten Bereichen eingesetzt. Wir haben zum Beispiel Zertifizierungsvorgänge mit benannten Stellen begleitet, sowie auch bei der Entwicklung dieser Produkte mitgeholfen.

Da wir, wie eingangs bereits erwähnt, schon bei einigen Produkten von großen Firmen in der Entwicklung mitgearbeitet haben, möchten wir dieses Knowhow auch direkt an unsere Kunden weitergeben. Wenn Sie ein Produkt entwickeln möchten, welches in einem explosionsgefährdeten Bereich eingesetzt werden soll, helfe wir Ihnen gerne mit unserer Fachkompetenz in diesem Bereich weiter. Wir verstehen uns im Bereich des Explosionsschutzes, bei Abnahmen und in der Entwicklung als Full-Service-Dienstleister.

M. Sc. Katja Weber

Katja Weber ist als Projektingenieurin bei EnviroConsult IngenieurBüro Dr. Lux e.K. tätig. Sie beendete ihr Studium der technischen Physik an der TU Ilmenau mit dem Grad „Master of Science“. Als Mitglied des Organisationsteams der Deutschen Physikerinnentagung engagierte sie sich für berufliche Perspektiven von Wissenschaftlerinnen aller Fachgebiete und Chancengleichheit.

Das EnviroConsult IngenieurBüro Dr. Lux e.K. (ECI) berät Unternehmen u. a. im Bereich des Explosionsschutzes. Das Portfolio von ECI reicht von der Erstellung einer den aktuellen Richtlinien entsprechenden Explosionsschutzdokumentation bis zur Durchführung von Explosionsschutz-Prüfungen durch einen bekanntgegebenen Sachverständigen nach § 29a BImSchG (gültig für das gesamte Bundesgebiet im Bereich: Anlagensicherheit, Explosionsschutz und Störfallvorsorge).

Inhaltsverzeichnis

2 Rechtsvorschriften kompakt 111

5 Praxisbeispiele 425

Stichwortverzeichnis

Symbole

A

G

M

N

O

P

S

U

Z

DIN-/Vorschriften-Verzeichnis

Aufgelistet nach Kapiteln

1. Grundlagen des Explosionsschutzes

Kapitel	DIN/Vorschrift
► Kap. 1.1 Primärer Explosionsschutz	1999/92/EG
► Kap. 1.4 Zündquellenarten	DIN EN 1127 Teil 1
	TRGS 722
	TRGS 723
► Kap. 1.5 Zoneneinteilung	DIN EN 50014
	DIN EN 51794
► Kap. 1.12 Verantwortlichkeiten und Zuständigkeiten im Exschutz im Betrieb	BetrSichV
	GefStoffV

2. Rechtsvorschriften kompakt

Kapitel	DIN/Vorschrift
► Kap. 2.1 Grundverständnis und Methodik	1999/92/EG
	2014/34/EU
► Kap. 2.2 Rechtsgrundlagen für Produkte (ATEX)	11. ProdSV
	1999/92/EG
	2014/34/EU
► Kap. 2.3 Arbeitsschutz und Explosionsschutz	1999/92/EG
	2009/104/EG
	2014/34/EU
	BetrSichV
	GefStoffV
► Kap. 2.4.1 TRGS 509	TRGS 509
	TRGS 721
	TRGS 722
	TRGS 723
	TRGS 724
	TRGS 725

Kapitel	DIN/Vorschrift
► Kap. 2.4.2 TRGS 510	CLP-Verordnung
	GefStoffV
	TRGS 510
► Kap. 2.4.3 TRGS 720	1999/92/EG
	2014/34/EU
	BetrSichV
	GefStoffV
	TRGS 720
	TRGS 721
► Kap. 2.4.4 TRGS 721	GefStoffV
	TRGS 721
► Kap. 2.4.5 TRGS 722	GefStoffV
	TRGS 722
► Kap. 2.4.6 TRGS 723	11. ProdSV
	2014/34/EU
	TRGS 723

Kapitel	DIN/Vorschrift
► Kap. 2.4.7 TRGS 724	2014/34/EU
	BetrSichV
	TRBS 1201 Teil 1
	TRGS 724
► Kap. 2.6 Prüfaspekte und Grundlagen zur Durchführung einer Prüfertätigkeit	BetrSichV
	TRBS 1123
	TRBS 1201 Teil 1
	TRGS 725

3. Planung, Auswahl und Errichtung

Kapitel	DIN/Vorschrift
► Kap. 3.1 Systematische Gefährdungsbeurteilung	BetrSichV
	DIN EN 1127-1
	GefStoffV
	TRGS 720
	TRGS 721
	TRGS 723
► Kap. 3.2 Kriterien zur Geräte-auswahl	2014/34/EU
	DIN EN 60079-1 (VDE 0170-5)
	DIN EN 60079-2 (VDE 0170-3)
	DIN EN 60079-5 (VDE 0170-4)
	DIN EN 60079-6 (VDE 0170-2)
	DIN EN 60079-7 (VDE 0170-6)
	DIN EN 60079-11 (VDE 0170-7)
	DIN EN 60079-14 (VDE 0165-1)
	DIN EN 60079-18 (VDE 0170-9)

Kapitel	DIN/Vorschrift
	DIN EN 60079-25 (VDE 0170-10-1)
	DIN EN 60079-28 (VDE 0170-28)
	DIN EN 60079-31 (VDE 0170-15-1)
	DIN EN IEC 60079-0
	DIN EN IEC 60079-15 (VDE 0170-16)
	DIN EN ISO/IEC 80079-20-1
	DIN EN ISO/IEC 80079-20-2
	DIN EN ISO 80079-37
	GefStoffV
► Kap. 3.3 Weitere mögliche Schutzmaßnahmen und Anforderungen an Zündschutzarten	2014/34/EU
	DIN EN 60079-11 (VDE 0170-7)
	DIN EN 60079-14 (VDE 0165-1)
	TRGS 727
► Kap. 3.4 Explosionsschutzdokument nach DGUV Info 213-106	DGUV Information 213-106
	GefStoffV

4. **Prüfung und Instandhaltung**

Kapitel	DIN/Vorschrift
► Kap. 4.1 Anforderungen und Voraussetzungen nach BetrSichV für zur Prüfung befähigte Personen	TRBS 1203
	BetrSichV
► Kap. 4.2 Anforderungen und Voraussetzungen für Zugelassene Überwachungsstelle (ZÜS) für erlaubnispflichtige Anlagen	ProdSG
► Kap. 4.3 Prüfanlässe, Prüffristen, Prüftiefe	BetrSichV
	TRBS 1123
	2014/34/EU
	TRBS 1201 Teil 3
	TRBS 1201 Teil 1
► Kap. 4.5 Übersicht über die zu prüfenden Aufgaben	TRBS 1201 Teil 1
► Kap. 4.6 Prüfdokumentation	BetrSichV
► Kap. 4.7 Grundlagen der Instandhaltung	DIN EN 1127 Teil 1
	TRBS 1112
	TRBS 1201 Teil 3

5. Praxisbeispiele

Kapitel	DIN/Vorschrift
► Kap. 5.1 Prüfung einer Batterieladestation	DIN EN 62485-3
► Kap. 5.2 Prüfung eines Elektromotors in explosionsgefährdeten Bereichen	BetrSichV
	DIN EN 60079-1
	DIN EN 60079-14
	DIN EN 60079-19
	DIN EN 60079-31
	DIN EN 60947
	TRBS 1201 Teil 1
► Kap. 5.3 Prüfung einer RLT-Anlage	BetrSichV
	TRBS 1203

Aufgelistet nach DIN-Normen

DIN/Vorschrift	Kapitel
11. ProdSV	► Kap. 2.2 Rechtsgrundlagen für Produkte (ATEX)
	► Kap. 2.4.6 TRGS 723
1999/92/EG	► Kap. 1.1 Primärer Explosionsschutz
	► Kap. 2.1 Grundverständnis und Methodik
	► Kap. 2.2 Rechtsgrundlagen für Produkte (ATEX)
	► Kap. 2.3 Arbeitsschutz und Explosionsschutz
	► Kap. 2.4.3 TRGS 720
2009/104/EG	► Kap. 2.3 Arbeitsschutz und Explosionsschutz
2014/34/EU	► Kap. 2.2 Rechtsgrundlagen für Produkte (ATEX)
	► Kap. 2.3 Arbeitsschutz und Explosionsschutz
	► Kap. 2.4.3 TRGS 720
	► Kap. 2.4.6 TRGS 723

DIN/Vorschrift	Kapitel
2014/34/EU	▶ Kap. 2.4.7 TRGS 724
	▶ Kap. 3.2 Kriterien zur Geräteauswahl
	▶ Kap. 3.3 Weitere mögliche Schutzmaßnahmen und Anforderungen an Zündschutzarten
	▶ Kap. 4.3 Prüfanlässe, Prüffristen, Prüftiefe
BetrSichV	▶ Kap. 1.12 Verantwortlichkeiten und Zuständigkeiten im Exschutz im Betrieb
	▶ Kap. 2.3 Arbeitsschutz und Explosionsschutz
	▶ Kap. 2.4.3 TRGS 720
	▶ Kap. 2.4.8 TRGS 725
	▶ Kap. 2.6 Prüfaspekte und Grundlagen zur Durchführung einer Prüfertätigkeit
	▶ Kap. 3.1 Grundlagen des elektrischen und nicht-elektrischen Explosionsschutz
	▶ Kap. 4.1 Anforderungen und Voraussetzungen nach BetrSichV für zur Prüfung befähigte Personen

DIN/Vorschrift	Kapitel
BetrSichV	▶ Kap. 4.3 Prüfanlässe, Prüffristen, Prüftiefe
	▶ Kap. 4.6 Prüfdokumentation
	▶ Kap. 5.2 Prüfung eines Elektromotors in explosionsgefährdeten Bereichen
	▶ Kap. 5.3 Prüfung einer RLT-Anlage
CLP-Verordnung	▶ Kap. 2.4.2 TRGS 510
DGUV Information 213-106	▶ Kap. 3.4 Explosionsschutzdokument nach DGUV Info 213-106
DIN EN 1127 Teil 1	▶ Kap. 1.4 Zündquellenarten
	▶ Kap. 3.1 Grundlagen des elektrischen und nicht-elektrischen Explosionsschutz
	▶ Kap. 4.7 Grundlagen der Instandhaltung
DIN EN 50014	▶ Kap. 1.5 Zoneneinteilung
DIN EN 51794	▶ Kap. 1.5 Zoneneinteilung
DIN EN 60079-1 (VDE 0170-5)	▶ Kap. 3.2 Kriterien zur Geräteauswahl
DIN EN 60079-1 (VDE 0170-5)	▶ Kap. 5.2 Prüfung eines Elektromotors in explosionsgefährdeten Bereichen

DIN/Vorschrift	Kapitel
DIN EN 60079-2 (VDE 0170-3)	▶ Kap. 3.2 Kriterien zur Geräteauswahl
DIN EN 60079-5 (VDE 0170-4)	▶ Kap. 3.2 Kriterien zur Geräteauswahl
DIN EN 60079-6 (VDE 0170-2)	▶ Kap. 3.2 Kriterien zur Geräteauswahl
DIN EN 60079-7 (VDE 0170-6)	▶ Kap. 3.2 Kriterien zur Geräteauswahl
DIN EN 60079-11 (VDE 0170-7)	▶ Kap. 3.2 Kriterien zur Geräteauswahl
	▶ Kap. 3.3 Weitere mögliche Schutzmaßnahmen und Anforderungen an Zündschutzarten
DIN EN 60079-14 (VDE 0165-1)	▶ Kap. 3.2 Kriterien zur Geräteauswahl
	▶ Kap. 3.3 Weitere mögliche Schutzmaßnahmen und Anforderungen an Zündschutzarten
	▶ Kap. 5.2 Prüfung eines Elektromotors in explosionsgefährdeten Bereichen
DIN EN 60079-18 (VDE 0170-9)	▶ Kap. 3.2 Kriterien zur Geräteauswahl
DIN EN 60079-19	▶ Kap. 5.2 Prüfung eines Elektromotors in explosionsgefährdeten Bereichen

DIN/Vorschrift	Kapitel
DIN EN 60079-25 (VDE 0170-10-1)	▶ Kap. 3.2 Kriterien zur Geräteauswahl
DIN EN 60079-28 (VDE 0170-28)	▶ Kap. 3.2 Kriterien zur Geräteauswahl
DIN EN 60079-31 (VDE 0170-15-1)	▶ Kap. 3.2 Kriterien zur Geräteauswahl
	▶ Kap. 5.2 Prüfung eines Elektromotors in explosionsgefährdeten Bereichen
DIN EN IEC 60079-0	▶ Kap. 3.2 Kriterien zur Geräteauswahl
DIN EN IEC 60079-15 (VDE 0170-16)	▶ Kap. 3.2 Kriterien zur Geräteauswahl
DIN EN ISO/IEC 80079-20-1	▶ Kap. 3.2 Kriterien zur Geräteauswahl
DIN EN ISO/IEC 80079-20-2	▶ Kap. 3.2 Kriterien zur Geräteauswahl
DIN EN ISO 80079-37	▶ Kap. 3.2 Kriterien zur Geräteauswahl
DIN EN 60079-2 (VDE 0170-3)	▶ Kap. 3.2 Kriterien zur Geräteauswahl
DIN EN 60079-5 (VDE 0170-4)	▶ Kap. 3.2 Kriterien zur Geräteauswahl
DIN EN 60079-6 (VDE 0170-2)	▶ Kap. 3.2 Kriterien zur Geräteauswahl

DIN/Vorschrift	Kapitel
DIN EN 60079-7 (VDE 0170-6)	▶ Kap. 3.2 Kriterien zur Geräteauswahl
DIN EN 60947	▶ Kap. 5.2 Prüfung eines Elektromotors in explosionsgefährdeten Bereichen
DIN EN 62485-3	▶ Kap. 5.1 Prüfung einer Batterieladestation
GefStoffV	▶ Kap. 1.12 Verantwortlichkeiten und Zuständigkeiten im Exschutz im Betrieb
GefStoffV	▶ Kap. 2.3 Arbeitsschutz und Explosionsschutz
	▶ Kap. 2.4.2 TRGS 510
	▶ Kap. 2.4.3 TRGS 720
	▶ Kap. 2.4.4 TRGS 721
	▶ Kap. 2.4.5 TRGS 722
	▶ Kap. 2.4.6 TRGS 723
	▶ Kap. 3.1 Grundlagen des elektrischen und nicht-elektrischen Explosionsschutz
	▶ Kap. 3.2 Kriterien zur Geräteauswahl
	▶ Kap. 3.4 Explosionsschutzdokument nach DGUV Info 213-106

DIN/Vorschrift	Kapitel
ProdSG	▶ Kap. 4.2 Anforderungen und Voraussetzungen für Zugelassene Überwachungsstelle (ZÜS) für erlaubnispflichtige Anlagen
TRBS 1112	▶ Kap. 4.7 Grundlagen der Instandhaltung
TRBS 1123	▶ Kap. 2.6 Prüfaspekte und Grundlagen zur Durchführung einer Prüfertätigkeit
TRBS 1123	▶ Kap. 4.3 Prüfanlässe, Prüffristen, Prüftiefe
TRBS 1201 Teil 1	▶ Kap. 2.4.8 TRGS 725
	▶ Kap. 2.6 Prüfaspekte und Grundlagen zur Durchführung einer Prüfertätigkeit
	▶ Kap. 4.3 Prüfanlässe, Prüffristen, Prüftiefe
	▶ Kap. 4.5 Übersicht über die zu prüfenden Aufgaben
	▶ Kap. 5.2 Prüfung eines Elektromotors in explosionsgefährdeten Bereichen
TRBS 1201 Teil 3	▶ Kap. 4.3 Prüfanlässe, Prüffristen, Prüftiefe

DIN/Vorschrift	Kapitel
TRBS 1203	► Kap. 4.1 Anforderungen und Voraussetzungen nach BetrSichV für zur Prüfung befähigte Personen
	► Kap. 5.3 Prüfung einer RLT-Anlage
TRGS 509	► Kap. 2.4.1 TRGS 509
TRGS 510	► Kap. 2.4.2 TRGS 510
TRGS 720	► Kap. 2.4.1 TRGS 720
	► Kap. 3.1 Grundlagen des elektrischen und nicht-elektrischen Explosionsschutz
TRGS 721	► Kap. 2.4.1 TRGS 509
	► Kap. 2.4.3 TRGS 720
	► Kap. 2.4.4 TRGS 721
	► Kap. 3.1 Grundlagen des elektrischen und nicht-elektrischen Explosionsschutz
TRGS 722	► Kap. 1.4 Zündquellenarten
	► Kap. 2.4.1 TRGS 509
	► Kap. 2.4.5 TRGS 722
TRGS 723	► Kap. 1.4 Zündquellenarten
	► Kap. 2.4.1 TRGS 509

DIN/Vorschrift	Kapitel
	► Kap. 3.1 Grundlagen des elektrischen und nicht-elektrischen Explosionsschutz
TRGS 724	► Kap. 2.4.1 TRGS 509
	► Kap. 2.4.7 TRGS 724
TRGS 725	► Kap. 2.4.8 TRGS 725
	► Kap. 2.6 Prüfaspekte und Grundlagen zur Durchführung einer Prüfertätigkeit
TRGS 727	► Kap. 3.3 Weitere mögliche Schutzmaßnahmen und Anforderungen an Zündschutzarten

Abkürzungsverzeichnis

ATEX	***AT**mosphères **EX**plosibles*
AEUV	Vertrag über die Arbeitsweise der Europäischen Union
AGS	Ausschuss für Gefahrstoffe
BZ	Brennzahl
EPL	Equipment Protection Level
EX	Explosionsschutz
FP	Flammpunkt
IBC/ FIBC	Intermediate Bulk Container/Flexible Intermediate Bulk Container
MSR-Einrichtungen	Mess-, Steuer- und Regelungs-einrichtungen
MZE	Mindestzündenergie
OEG	obere Explosionsgrenze
OEP	oberer Explosionspunkt
PSA	Persönliche Schutzausrüstung
RLT-Anlage	Raumlufttechnische Anlage
SGK	Sauerstoff-Grenzkonzentration
UEG	untere Explosionsgrenze
UEP	unterer Explosionspunkt
ZÜS	zugelassene Überwachungsstelle

1 Grundlagen des Explosionsschutzes

1.1 Primärer Explosionsschutz

Der primäre Ansatz und damit das vorrangige Bestreben im Explosionsschutz ist, stets die Bildung von explosionsfähigen Atmosphären in Form von gefährlichen explosionsfähigen Gemischen zu vermeiden.

Das kann auf verschiedene Art und Weise erreicht werden: Eine technische Lüftung kann z. B. Lösemitteldämpfe absaugen, Stäube können durch regelmäßige Reinigung entfernt werden oder Stoffe können durch weniger zündwillige oder einfach durch andere Körnungen oder Konzentrationen ersetzt werden.

Im Rahmen seiner Gefährdungsbeurteilung, mit dem Ziel sein Explosionsschutzdokument zu erstellen, wird der Betreiber einer Anlage „Zonen" mit Explosionsgefährdung gemäß Richtlinie 1999/92/EG (ATEX 137) ausweisen:

Zone 0 / Zone 20	ist ständig, langfristig oder häufig vorhanden
Zone 1 / Zone 21	kann sich im Normalbetrieb gelegentlich bilden
Zone 2 / Zone 22	tritt im Normalbetrieb normalerweise nicht oder nur kurzzeitig auf

1.2 Sekundärer Explosionsschutz

Überall dort, wo es in der verfahrenstechnischen Anlage nicht gelingen kann, das Auftreten von explosionsgefährlichen Atmosphären zu vermeiden, wird der zweitrangige Ansatz verfolgt, alle möglichen Arten von Zündquellen zu untersuchen.

Hierbei werden von allen möglichen Zündquellen die wirksamen Zündquellen identifiziert und mit entsprechenden Gegenmaßnahmen belegt: Elektrische wie auch mechanische Betriebsmittel werden mit ihren Kategorien entsprechend der Zoneneinteilung in ihrem Einsatzbereich ausgewählt. Behälter können ggf. inertisiert werden, Maschinen können in ihrer Konstruktion anders ausgewählt werden, Steuerungen können mit erhöhter Zuverlässigkeit ausgewählt werden usw.

Weitergehende Informationen finden sich in der TRGS 723 sowie in der DIN EN 1127-1:2019-10

Beispiele für zu betrachtende Zündquellen können Heizkörper, Trockenschränke, Heizspiralen, Begleitheizungen, Zerspanungsprozesse, Reibungskupplungen, Glühlampen, mechanische Bremsen, Wellenlager, Stopfbuchsen, Transformatoren, Thyristoren usw. sein.

Bei älteren, nicht-elektrischen Geräten kann im Rahmen der Gefährdungsbeurteilung die Vermeidung von Zündquellen durch eine Zündquellenbewertung erfolgen.

1.3 Tertiärer Explosionsschutz

Wenn verfahrenstechnische Prozesse bewertet werden, bei denen weder der gefährliche Stoff ausgetauscht noch sein Austreten vermieden werden kann und auch mindestens eine wirksame Zündquelle vorliegt, dann gilt es, eine mögliche Explosion in ihren Auswirkungen konstruktiv zu begrenzen. Man spricht hier vom konstruktiven Explosionsschutz.

Ein möglicher Ansatz ist, die Apparate in einer ausreichenden mechanischen Druckfestigkeit gegen die zu erwartenden Überdrücke aus einer möglichen Explosion zu konstruieren.

Eine Explosion kann auch unterdrückt werden, indem z. B. ein bereits geringfügiger, aber schneller Druckanstieg in einem Apparat erkannt werden kann, woraufhin binnen wenigen Millisekunden in den Behälter ein Löschmittel gut verteilt eingebracht wird, das den beginnenden explosionsartigen Abbrand vermindert und vollständig stoppt. Ziel ist, dass der Behälter oder eine Rohrleitung nicht unkontrolliert zerbirst.

In verfahrenstechnischen Anlagen ist es nicht unüblich, dass verschiedene Apparate miteinander durch Rohrleitungen oder andere Förderwege verbunden sind. Dann gilt es, nicht nur das Bersten einzelner Apparate zu unterbinden, sondern zusätzlich die Ausbreitung einer möglichen Explosion in die benachbarten Apparate zu vermeiden. Auch hier können die vorher beschriebenen Löschmittelsperren, Rückschlagklappen oder Ventile ähnlich eines Airbags oder einer Guillotine eingesetzt werden. Ebenso ist eine explosionstechnische Entkopplung durch passive Einrichtungen, wie z. B. durch Schleusen oder Materialpuffer, üblich.

Des Weiteren ist ein simples „Abblasen" des Explosionsüberdrucks in die Umgebung möglich, sofern der Apparat im Freien steht. Die Größe der Druckentlastungsfläche ist abhängig von den Kenndaten der eingesetzten Stoffe, der maximalen Festigkeit des Apparats und der Frage, ob der Flammenstrahl der frei werdenden Explosion sich ungehindert ausbreiten kann. Für Apparate, die nicht im Freien stehen, gibt es zugelassene, flammenlose Druckentlastungseinrichtungen.

Alle Druckentlastungseinrichtungen wollen so angeordnet sein, dass sie einerseits für die Instandhaltung zugänglich sind, andererseits aber auch keine Menschen in Verkehrsbereichen zwischen den Anlagenteilen gefährden.

1.4 Zündquellenarten

Als mögliche Zündquellen können die Folgenden eingeschätzt werden:

- heiße Oberflächen
- Flammen und heiße Gase
- mechanisch erzeugte Funken
- elektrische Anlagen
- elektrische Ausgleichsströme
- elektrostatische Aufladungen
- Blitzschlag
- elektromagnetische Strahlung
- Lichteinfall
- ionisierende Strahlung
- Ultraschall
- adiabatische Kompression, Stoßwellen, strömende Gase

Genaueres zu den einzelnen Zündquellen kann man in der TRGS 723 und in der DIN EN 1127 Teil 1 nachlesen.

Bei einer Zündquellenanalyse werden diejenigen Zündquellen identifiziert, die eine ausreichende Energie, z. B. in Form von Wärme mit sich bringen, um ein explosionsfähiges Gemisch zu entzünden.

Man unterscheidet dabei verschiedene Arten von Zündquellen hinsichtlich ihres Auftretens:

- Zündquellen während des Normalbetriebs
- Zündquellen durch zu erwartende Störungen
- Zündquellen bei seltenen Störungen

Eine wirksame Zündquelle ist demnach eine Zündquelle, die durch Übertragung von Energie eine Entzündung auslöst. Hierbei muss ihr Vorkommen im zu betrachtenden explosionsfähigen Gemisch berücksichtigt werden.

1.5 Zoneneinteilung

Laut Gefahrstoffverordnung (GefStoffV Anhang 1, Nr. 1.7) gibt es folgende Zonen 0 bis 22, wobei die Zonen 0, 1, 2 Gemische von Luft mit Flüssigkeiten, Gasen und Dämpfen beschreiben und die Zonen 20, 21, 22 Luft-Staub-Gemische:

- **Zone 0** ist ein Bereich, in dem gefährliche explosionsfähige Atmosphäre als Gemisch aus Luft und brennbaren Gasen, Dämpfen oder Nebeln ständig, über lange Zeiträume oder häufig vorhanden ist.
- **Zone 1** ist ein Bereich, in dem sich im Normalbetrieb gelegentlich eine gefährliche explosionsfähige Atmosphäre als Gemisch aus Luft und brennbaren Gasen, Dämpfen oder Nebeln bilden kann.
- **Zone 2** ist ein Bereich, in dem im Normalbetrieb eine gefährliche explosionsfähige Atmosphäre als Gemisch aus Luft und brennbaren Gasen, Dämpfen oder Nebeln normalerweise nicht auftritt, und wenn doch, dann nur selten und für kurze Zeit.
- **Zone 20** ist ein Bereich, in dem gefährliche explosionsfähige Atmosphäre in Form einer Wolke aus brennbarem Staub, der in der Luft enthalten ist, ständig, über lange Zeiträume oder häufig vorhanden ist.
- **Zone 21** ist ein Bereich, in dem sich im Normalbetrieb gelegentlich eine gefährliche explosionsfähige Atmosphäre in Form einer Wolke aus in der Luft enthaltenem brennbaren Staub bilden kann.

- **Zone 22** ist ein Bereich, in dem im Normalbetrieb eine gefährliche explosionsfähige Atmosphäre in Form einer Wolke aus in der Luft enthaltenem brennbaren Staub normalerweise nicht auftritt, und wenn doch, dann nur selten und für kurze Zeit.

Ein häufiger Diskussionspunkt in der Bewertung von Explosionsgefahren ist die Frage nach der tatsächlichen Häufigkeit, in welcher der ein oder andere Betriebszustand auftritt.

Es liegen keine festen Begriffsdefinitionen für „häufig", „gelegentlich" oder „kurzzeitig" vor. Als Orientierung gilt: Der Normalbetrieb ist dabei der Betrieb der „bestimmungsgemäßen Verwendung" nach DIN EN 60079-10. In der TRGS 722 werden „betriebsübliche Störungen" in den Normalbetrieb eingeschlossen.

Tabelle 1: *Begriffsdefinitionen zur Zoneneinteilung; Quelle: Inburex Consulting GmbH*

häufig	zeitlich gesehen überwiegend (> 50 % der Betriebszeit nach TRGS 722)
gelegentlich	kann in unregelmäßigen Abständen auftreten (< 1 % ... 10 % der Betriebszeit); z. B. Entlüftungen, Probeentnahmen, z. T. Dichtungen
kurzfristig	tritt nur störungsbedingt auf (< 1 ... 10 h/a); z. B. Flansche, Verbindungen, Armaturen, Notentspannungen, z. T. Dichtungen

Hier gibt es kein richtig und kein falsch sowie zusätzlich unterschiedliche Ansätze in unterschiedlichen Regelwerken. Hier ist Augenmaß gefragt.

Freisetzungsquellen wollen bewertet und quantifiziert werden. Auch Lüftungsstärke und die Zwangsführung der Luft spielen eine Rolle. Und auch Fragen, ob eine technische Lüftung verfügbar ist bzw. wie diese überwacht wird, werden in die Bewertung einer möglichen zu bildenden Zone betrachtet und gewichtet.

Fragen, wo und wie die Luft zu- und auch wieder abgeführt wird, ob die Freisetzungsquellen umströmt werden, ob sich Toträume oder sog „Luftwalzen" bilden, führen am Ende zu einer Einschätzung über die Güte einer Lüftung. Diese wiederum hat Einfluss auf die Verdünnung am Freisetzungsort selbst sowie in dessen räumlichem Umfeld herum. Dies beeinflusst schließlich die Einteilung in Zonen.

Nur das schafft die nötige Sicherheit für alle. Wenn man sich hinsichtlich der Bewertung nicht einigen kann, dann gilt es immer den „konservativen" Ansatz, also den ungünstigeren Fall, zu wählen. (weiteres hierzu ▶ Kap. 3.1.3)

1.6 Explosionsschutzkonzept und Explosionsschutzdokument

In dem Explosionsschutzdokument, das jeder Betreiber einer Anlage mit Explosionsrisiken aktuell vorzuhalten hat, ist der jeweils aktuelle Sollzustand des Explosionsschutzes beschrieben. In einer sicheren Anlage entspricht der Ist-Zustand jederzeit diesem dokumentierten Soll-Zustand.

Zu einem vollständigen Explosionsschutzdokument gehören neben einer detaillierten Anlagenbeschreibung und den zugehörigen Stoffdaten als Kern das Explosionsschutzkonzept. Das Konzept beschreibt die Explosionsrisiken im Detail im Rahmen einer Gefährdungsbeurteilung: Dort sind Zoneneinteilungen vorgenommen, mögliche und wirksame Zündquellen erörtert, ggf. bauliche oder organisatorische Maßnahmen festgelegt. Alle weiteren Maßnahmen, wie z. B. Zündquellenvermeidung oder ein konstruktiver Schutz, sind dort beschrieben.

Neben dem Explosionsschutzkonzept beinhaltet das Explosionsschutzdokument weiterhin Beschreibungen diverser Organisationsstrukturen: Wie sind welche Betriebsanweisungen und Arbeitsvorschriften abgelegt und den Mitarbeitern zugänglich, wer ist verantwortlich, wie werden Dinge dokumentiert? Welche Prüfungen sind von wem in welchen Abständen erforderlich etc. Auch Details zum Heißarbeitserlaubnisverfahren, Arbeitserlaubnisverfahren generell, Beschilderungen bis hin zu Rauchverboten gehören dort hinein.

Eine detaillierte Erläuterung der Inhalte und des Aufbaus eines Explosionsschutzdokuments findet sich in ▶ Kap 3.4

1.7 Zündschutzarten

Für elektrische wie für mechanische Betriebsmittel sind unterschiedliche Zündschutzarten vorgesehen. Diese werden im Weiteren erläutert. (Vertiefte Erklärungen ► Kap. 3.2.2)

Grundsätzlich sind die folgenden Schutzmaßnahmen bei Betriebsmitteln einzuhalten:

1.7.1 Trennung

Hierbei wird die Zündquelle von der explosionsfähigen Atmosphäre durch Einschluss oder Kapselung mittels z. B. Öl, Sand, Verguss, die IP-Schutzart oder durch inneren Überdruck getrennt.

1.7.2 Vermeidung der Explosionsübertragung

Die Explosionsübertragung kann z. B. durch druckfeste Kapselung (mit geringer Spaltweiten) vermieden werden.

1.7.3 Zündquellenvermeidung

Die Vermeidung der Zündquelle kann durch erhöhte Sicherheit, z. B. durch konstruktive Sicherheit, durch die Überwachung der Zündquelle oder durch Begrenzung der Energie (z. B. Eigensicherheit), erfolgen.

Alle Schutzmaßnahmen müssen immer mit Maßnahmen zur Begrenzung der Oberflächentemperatur kombiniert getroffen werden.

Dies ist in den Normenreihen EN 60079 und EN 80079 nachzulesen.

1.8 Elektrische Zündschutzarten

Folgende elektrische Zündschutzarten gibt es und werden in den folgenden Teilkapiteln beschrieben:

- EN 60079-2: Überdruckkapselung „p“
- EN 60079-6: Flüssigkeitskapselung „o“
- EN 13463-3: Druckfeste Kapselung „d“, wurde überführt in EN 60079-1
- EN 60079-7: Erhöhte Sicherheit „e“
- EN 60079-5: Sandkapselung „q“
- EN 60079-18: Vergusskapselung „m“
- EN 60079-7: Zündschutzart „n“, „nA“, „nC“, „nR“, „nP“
- EN 60079-11: Eigensicherheit „i“

1.8.1 Überdruckkapselung „p" (EN 60079-2)

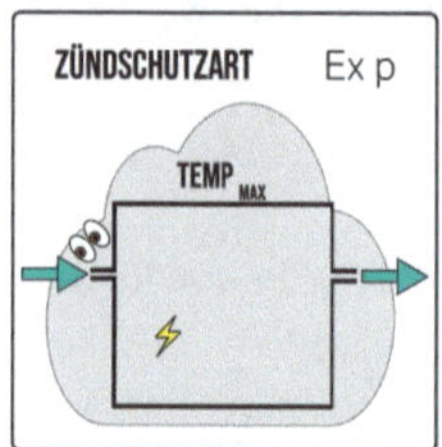

***Bild 1:** Überdruckkapselung „p" (Quelle: Inburex Consulting GmbH)*

Bei der Zündschutzart „Überdruckkapselung", Ex „p", beruht die Funktionsweise, darauf, dass das Eindringen einer explosionsfähigen Atmosphäre in das Gehäuseinnere verhindert wird. Ein geringer Überdruck im Gehäuse oder im Raum gegenüber der Umgebung, zusammen mit einer Begrenzung der Oberflächentemperatur, verhindert dieses. Der Überdruck wird mittels eines Zündschutzgases, z. B. außerhalb des explosionsgefährdeten Bereichs, angesaugter Umgebungsluft, aufgebaut.

Hierfür muss der Spülstrom überwacht werden und es ist eine initiale Spülung zur Inbetriebnahme oder nach der Unterbrechung des Überdrucks erforderlich.

Anwendungsbeispiele hierfür sind große Antriebe, Schaltschränke oder ganze Betriebsräume.

1.8.2 Flüssigkeitskapselung „o" (EN 60079-6)

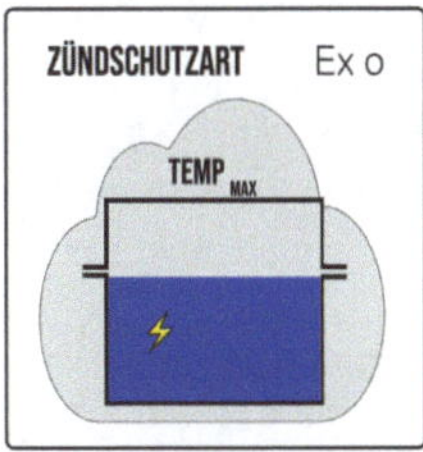

Bild 2: *Flüssigkeitskapselung „o" (Quelle: Inburex Consulting GmbH)*

Bei dieser Zündschutzart wird das elektrische Betriebsmittel, gekapselt in einem vollständigen Ölbad, betrieben, um es von einer explosionsfähigen Atmosphäre zu trennen. Zu beachten ist die maximale Oberflächentemperatur der Gehäuseaußenseite.

Dies gilt z. B. für Leistungsschalter, Transformatoren und Getriebe.

1.8.3 Druckfeste Kapselung „d“ (EN 60079-1)

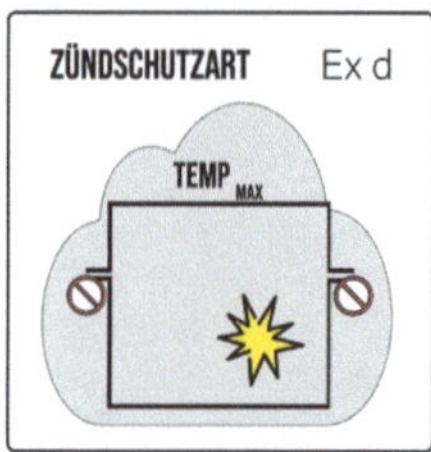

Bild 3: *Druckfeste Kapselung „d“ (Quelle: Inburex Consulting GmbH)*

Bei der Zündschutzart „Druckfeste Kapselung“ wird das Eindringen eines explosionsfähigen Gemisches und damit der Bildung einer explosionsfähigen Atmosphäre im Inneren eines elektrischen Betriebsmittels sowie deren Zündung hingenommen.

Verhindert wird hingegen, dass Flammen und zündfähige Gase vom Inneren in die Umgebung des Betriebsmittels ausdringen, sodass sich eine Explosion nicht aus dem Gerät heraus entwickelt.

Dieses wird durch dickwandige und i. d. R. geflanschte Gehäuse erreicht. Der Spalt des Flansches kühlt die Flammen durch seine Masse, sodass die Explosion sich nicht weiterentwickelt.

1.8.4 Erhöhte Sicherheit „e“ (EN 60079-7)

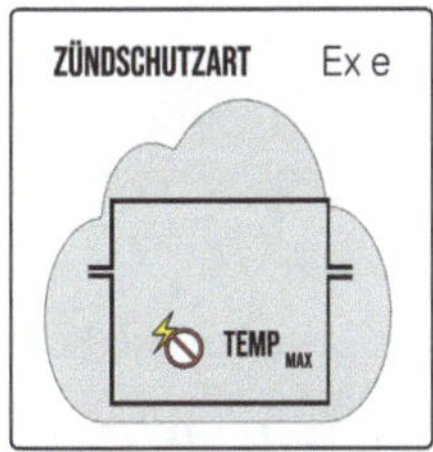

Bild 4: *Erhöhte Sicherheit „e“ (Quelle: Inburex Consulting GmbH)*

Bei dieser Zündschutzart wird der Zündschutz durch besonderes Augenmerk auf das Auftreten elektrischer Fehler, wie z. B. Kurzschlüsse und daraus resultierende Oberflächentemperaturen, im Inneren des Betriebsmittels gelegt. In Kauf genommen wird hierbei, dass ein explosionsfähiges Gemisch eindringt und damit eine explosionsfähige Atmosphäre im Inneren eines elektrischen Betriebsmittels bildet, da die innere elektrische Auslegung nicht zu einer Zündung der Atmosphäre führen kann.

Beispiele hierfür sind Motoren, Klemmkästen oder Verteiler.

1.8.5 Sandkapselung „q“ (EN 60079-5)

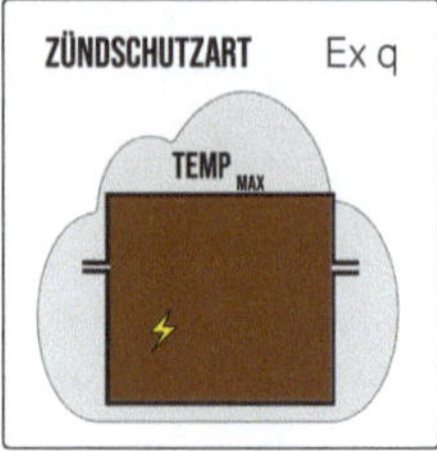

***Bild 5:** Sandkapselung „q“ (Quelle: Inburex Consulting GmbH)*

Bei dieser Zündschutzart wird das Gehäuse des Betriebsmittels vollständig mit Sand gefüllt und darf nicht geöffnet werden. Somit wird das Eindringen eines explosionsfähigen Gemisches verhindert.

Grundsätzlich ist die maximale Oberflächentemperatur des Betriebsmittels mit der zu erwartenden Zündtemperatur abzustimmen und einzuhalten.

Dies ist z. B. bei Kondensatoren oder Transformatoren einsetzbar.

1.8.6 Vergusskapselung „m“ (EN 60079-18)

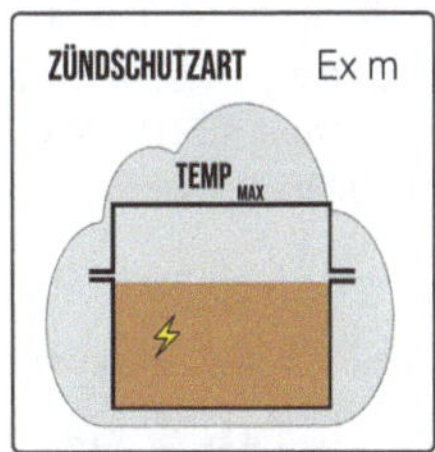

Bild 6: *Vergusskapselung „m“ (Quelle: Inburex Consulting GmbH)*

Bei der Vergusskapselung wird das Gehäuse des Betriebsmittels vollständig mit Vergussmasse gefüllt. Somit wird das Eindringen eines explosionsfähigen Gemisches verhindert.

Grundsätzlich ist auch hier die maximale Oberflächentemperatur des Betriebsmittels mit der zu erwartenden Zündtemperatur abzustimmen und einzuhalten.

Sensoren, PLT-/MSR-Einrichtungen und Kleingeräte können hier beispielhaft genannt werden.

1.8.7 Zündschutzart „n“ EN 60079-7

Bei der Zündschutzart „n“ beruht die Funktionsweise auf der Annahme, dass sich das Betriebsmittel im Normalbetrieb wie ein Betriebsmittel der Zündschutzart „Erhöhte Sicherheit“ verhält und keine Zündquellen durch heiße Oberflächen sowie elektrisch bzw. mechanisch erzeugte Funken enthält.

Diese Zündschutzarten sind ausschließlich für Geräte der Kategorie 3 zulässig.

Der Fehlerfall muss bei der Zündschutzart „n“ jedoch nicht betrachtet werden. Ein Kriterium der Zone 2 ist, dass ein zündfähiges Gemisch nur äußerst selten und bei technischen Fehlern kurzzeitig vorhanden sein darf. Außerdem muss es „hinreichend unwahrscheinlich“ sein, dass gleichzeitig auch am betrachteten elektrischen Betriebsmittel ein Fehler auftritt.

***Tabelle 1:** Untergruppierungen der Zündschutzart „n“; Quelle: Inburex Consulting GmbH*

nC	nL	nR	nP
Schutz durch Gehäuse	Energie-begrenzung	Schwaden-sicherheit	Vereinfachte Überdruck-kapselung
umschlossene Schalteinrichtung gekapselte Einrichtung nicht zündfähige Teile hermetisch verschlossen	Begrenzung von Strom und Spannung Begrenzung von inneren und äußeren Induktivitäten und Kapazitäten Begrenzung der max. Oberflächentemperatur Begrenzung der max. Bauteiletemperaturen	Eindringen Ex-Atmosphäre wird ausgeschlossen Vorrichtung zur Überprüfung der Schwadensicherheit Begrenzung der max. Oberflächentemperatur	Überdruck eines Inertgases im Geräteinneren mit Überwachungseinrichtung Eindringen Ex-Atmosphäre wird ausgeschlossen Begrenzung der max. Oberflächentemperatur

1.8.8 Eigensicherheit „i“ EN 60079-11

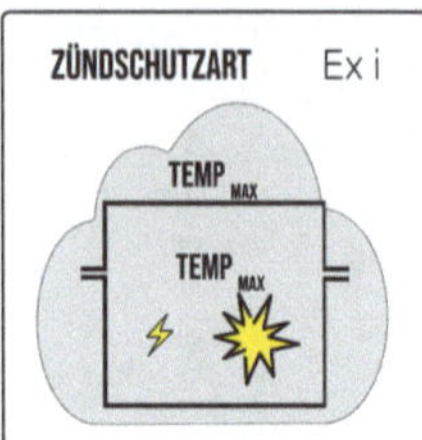

Bild 7: *Eigensicherheit „i“ (Quelle: Inburex Consulting GmbH)*

Bei der Zündschutzart „Eigensicherheit“ wird die Sicherheit im Wesentlichen durch die Begrenzung der in den Betriebsmitteln auch im Fehlerfall vorhandenen Energiemengen realisiert.

Die Betriebsmittel weisen die folgenden Eigenschaften auf:

- Begrenzung von Strom und Spannung
- Begrenzung von inneren und äußeren Induktivitäten und Kapazitäten
- Begrenzung der max. Oberflächentemperatur
- Begrenzung der max. Bauteiletemperaturen

Zusätzlich sind betriebsmäßige Funken sowie das Arbeiten unter Spannung erlaubt. Wichtig hierbei sind die Induktivitäten und Kapazitäten der elektrischen Zuleitung zu den Betriebsmitteln zu berücksichtigen.

Beispiele hierfür sind Sensoren und PLT-/MSR-Einrichtungen.

1.9 Mechanische/Nicht-elektrische Zündschutzarten

Folgende mechanische Zündschutzarten gibt es:

- EN 13463-1: Nichtelektrische Geräte für den Einsatz in explosionsgefährdeten Bereichen - Grundlagen und Anforderungen (2009)
  - ISO DIN EN 80079-36 (neuer Kennbuchstabe „h")
  - EN 60079-31 (Schutz durch Gehäuse „t") neu eingebunden
- EN 13463-5: Konstruktive Sicherheit „c" (2011)
- EN 13463-6: Zündquellenüberwachung „b" (2005)
- EN 13463-8: Flüssigkeitskapselung „k" (2003)
  - ISO DIN EN 80079-37 (ohne Kennbuchstabe!)
- EN 13436-2 (Schwadensicherheit „fr") wurde überführt in EN 60079-15
- EN 13463-3 (Druckfeste Kapselung „d") wurde überführt in EN 60079-1
- EN 13463-7 (Überdruckkapselung) wurde überführt in EN 60079-2

Die gängigsten Zündschutzarten sind im Folgenden etwas detaillierter dargestellt.

1.9.1 Zündquellenüberwachung „b" (EN 80079-37)

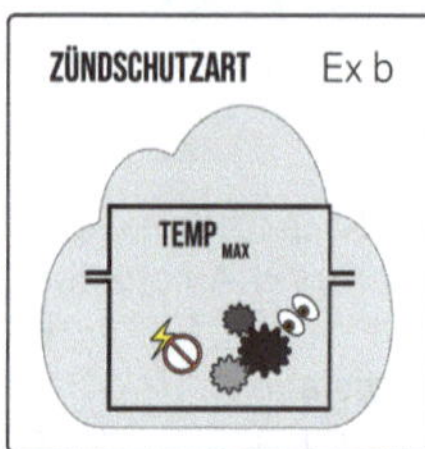

***Bild 1:** Zündquellenüberwachung „b" (Quelle: Inburex Consulting GmbH)*

Sensoren sind im oder am Gerät verbaut und schalten das Gerät vor dem Erreichen eines kritischen Zustands ab bzw. lösen einen Alarm aus. Die Maßnahmen können automatisch oder manuell eingeleitet werden. Hier gibt es zwei unterschiedliche Niveaus der Sicherheitseinrichtungen:

- alte Bezeichnung: IPL 1/IPL 2 (nach DIN EN 13463-6)
- neue Bezeichnung: b1/b2 (nach DIN EN 80079-37)

Beispiele für Anwendungen der Zündquellenüberwachung:

- Temperaturüberwachung, z. B. an Lagern
- Drehzahlüberwachung, z. B. an Fördergurten
- Vibrationsüberwachung, z. B. an Ventilatoren
- Überwachung der Gurtspannung, z. B. an Fördergurten
- Drucküberwachung, z. B. für Schmiermittel

1.9.2 Flüssigkeitskapselung „k“ (EN 13463-8)

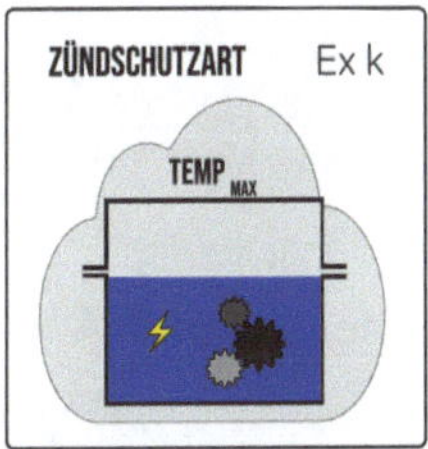

Bild 2: *Flüssigkeitskapselung „k“; (Quelle: Inburex Consulting GmbH)*

Bei der „Flüssigkeitskapselung“ wird die Zündquelle (z. B. potenzielle heiße Oberfläche) so mit Flüssigkeit umgeben, dass eine explosionsfähige Atmosphäre nicht mit der Zündquelle in Kontakt kommen kann.

- Beispiel: Getriebe

Auch eine ständige Benetzung einer Oberfläche führt dazu, dass keine mechanischen Funken gebildet werden können.

Beispiel: Restmenge in Pumpe

Hierbei kann im Gegensatz zu den elektrischen Geräten auch eine Flüssigkeitskapselung mit Wasser erfolgen.

1.9.3 Überdruckkapselung „p" (EN 13463-7)

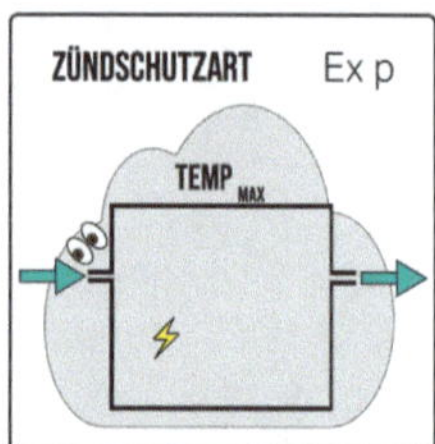

Bild 3: *Überdruckkapselung „p"; (Quelle: Inburex Consulting GmbH)*

Bei der Überdruckkapselung „p" kann durch Aufprägung eines inneren Überdrucks verhindert werden, dass explosionsfähige Atmosphäre in das Gerät eindringen kann. Die Umsetzung kann erfolgen mit

- Vorspülanforderungen,
- Dichtheitsanforderungen,
- Drucküberwachung oder Volumenstromüberwachung und
- Abschaltung oder Alarmierung.

In vollständiger Analogie zur entsprechenden Schutzmaßnahme bei elektrischen Geräten wurden die Regelungen hierzu in die EN 60079-2 übernommen.

1.10 Sicherheitstechnische Kennzahlen

Eine Einteilung verschiedener Gefahrstoffe nach ihrem chemischen Aufbau ist prinzipiell möglich, aber nicht immer eindeutig. Besser geeignet ist es diese nach den physikalisch-chemischen Eigenschaften zu klassifizieren. Aus diesen Eigenschaften auf mögliche Gefährdungen zu schließen, ist von deutlich praktischerem Nutzen.

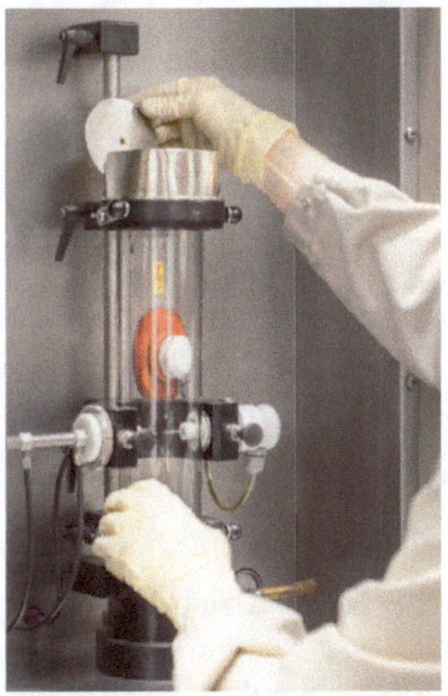

Bild 1: *Ermittlung der chemisch-physikalischen Kennzahlen im Labor; (Quelle: Inburex Consulting GmbH)*

1.10.1 Allgemeine chemisch-physikalische Größen

Um chemische Verbindungen und Gemische zu charakterisieren, können neben ihrer chemischen Zusammensetzung ihre chemisch-physikalischen Größen herangezogen werden.

- Siedepunkt $T_{Sd} = f(p)$
- Dichte = f(p, T)
- Korngrößenverteilung
- Dampfdruck $p_D = f(T)$
- Viskosität = f(p, T, ρ)
- Bildungsenthalpie
- Schmelzpunkt $T_{Sm} = f(p)$
- pH-Wert
- Löslichkeit in Wasser bzw. Fett

Neben diesen allgemeinen Größen lassen sich für die Einschätzung der Gefährdung durch diese Stoffe spezielle sicherheitstechnische Kennzahlen bestimmen.

1.10.2 Sicherheitstechnische Kennzahlen für Stäube

Sicherheitstechnische Kennzahlen, die zur Charakterisierung von Feststoffen und Stäuben für die sicherheitstechnische Auslegung von Anlagen zu ermitteln sind, sind u. a.

- das Brennverhalten (z. B. Brennzahl, Abbrandgeschwindigkeit, Schwelpunkt),
- die Selbstentzündung (z. B. Warmlager, Glimmtemperatur),
- die Explosionsgrenzen (Explosionsfähigkeit, UEG und OEG),
- die elektrostatischen Kennzahlen (Widerstand, Leitfähigkeit),
- die Mindestzündenergie (MZE),
- die Mindestzündtemperatur,
- der maximale Explosionsdruck (P_{max}),
- die maximale Druckanstiegsgeschwindigkeit (K_{St}) und
- die Sauerstoffgrenzkonzentration.

Neben einer Definitionsbeschreibung werden entsprechenden Prüfverfahren im Einzelnen beschrieben sowie eine Einordnung der sicherheitstechnisch relevanten Bedeutung der Kennzahlen gegeben.

Schwelpunkt

Der Schwelpunkt ist die niedrigste Temperatur, bei der eine feste Substanz Schwelgase abgibt, sodass die entstehenden Schwelgas-/Luft-Gemische durch Fremdzündung entflammt werden können.

Hierbei wird das Prüfverfahren gemäß VDI 2263-1 angewendet.

Brennbare Schwelgas-/Luft-Gemische entstehen bei unvollständiger Verbrennung, bei endothermer (Wärme benötigend) oder exothermer (Wärme freisetzend) Zersetzung und auch beim Ausgasen flüchtiger Komponenten.

In geschlossenen Behältern können sich bei einigen Produkten über einen längeren Zeitraum auch bei Temperaturen unterhalb des Schwelpunkts explosionsfähige Gemische ausbilden.

Bei der Beurteilung des Schwelpunkts gilt, dass die betrieblich relevanten Temperaturen, Verweilzeiten und örtlichen Gegebenheiten bewertend mit einbezogen werden müssen.

Maximaler Explosionsdruck und maximaler zeitlicher Druckanstieg

Im Zusammenhang mit Staubexplosionen wird der, bei einer Explosion eines Staub-/Luft Gemisches in geschlossenen Behältern bei optimaler Konzentration, maximal auftretende Druck p_{max} und der maximal zeitliche Druckanstieg (d_p/d_t) bestimmt.

Ein Staub ist in der jeweils untersuchten Form (z. B. Feinheit, Feuchte) nicht explosionsfähig, wenn über einen weiten Konzentrationsbereich (mindestens von 30-2.000 g/m^3) keine Entzündung auftritt.

Als „nicht staubexplosionsfähig" kann ein Stoff nur dann eingestuft werden, wenn von seiner chemischen Beschaffenheit her exotherme Oxidationsreaktionen ausgeschlossen sind oder wenn die Untersuchungen zur Explosionsfähigkeit auch für Feinstaub (< 63 μm) zu keiner Explosion geführt haben.

Der maximale zeitliche Druckanstieg ist volumenabhängig. Das Produkt aus dem maximalen zeitlichen Druckanstieg und der dritten Wurzel des betreffenden Volumens ist nach dem kubischen Gesetz konstant und wird als K_{St}-Wert bezeichnet.

Nach ihm lassen sich verschiedene Explosionsklassen für brennbare Stäube definieren:

Tabelle 1: *Definition der Staubexplosionsklassen;*
Quelle: Inburex Consulting GmbH

K_{St}-Wert	**Staubexplosions-klasse**	**Typ-Beispiele**
K_{St}-Wert < 200 bar m/s	St 1	nicht modifizierte Naturstoffe
200 bar m/s < **K_{St}-Wert** < 300 bar m/s	St 2	Kunst-/Pharmawirk-stoffe
K_{St}-Wert > 300 bar m/s	St 3	Leichtmetallstäube

Die Staubexplosionsklasse liefert nur einen Hinweis, welches Schutzkonzept im Zusammenhang mit Staubexplosionen bzw. wie Maßnahmen des konstruktiven Explosionsschutzes auszulegen sind.

Tabelle 2: *Beispielkennzahlen für verschiedene Stäube;*
Quelle: Inburex Consulting GmbH

Staub	**Median [µm]**	**UEG [g/m³]**	**$P_{max,Ü}$ [bar]**	**K_{St} [bar m/s]**	**Klasse**
Alu-minium	29	30	12,4	415	St 3
Cellu-lose	33	60	9,7	229	St 2
Braun-kohle	24	60	9,2	129	St 1
Lactose	23	60	7,7	81	St 1

Hierbei wird das Prüfverfahren gemäß EN 14034-1 und -2 in einer 20-L-Staubexplosionskugel oder in einem 1 m³-Behälter angewendet.

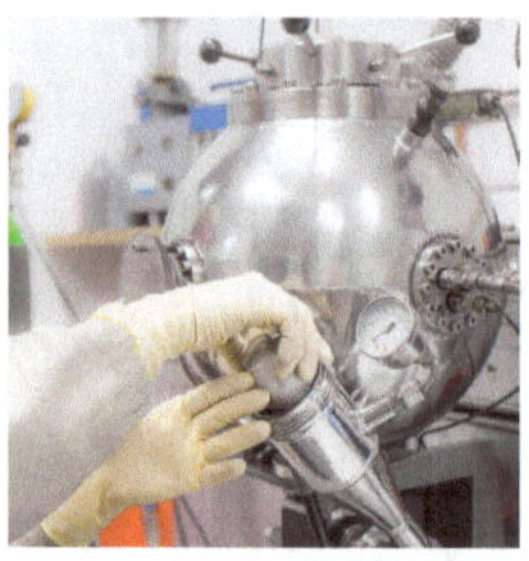

***Bild 2:** 20-L-Staubexplosionskugel (Quelle: Inburex Consulting GmbH)*

***Bild 3:** 1 m³-Behälter (Quelle: Inburex Consulting GmbH)*

Diese Daten werden für die apparative Auslegung und für den konstruktiven Explosionsschutz benötigt.

***Tabelle 3:** Schutzmaßnahmen des konstruktiven Explosionsschutzes; Quelle: Inburex Consulting GmbH*

Schutzmaßnahmen	zu beachtende Kenngröße
explosionsfeste Bauweise	maximaler Explosionsüberdruck
Explosionsdruckentlastung	maximaler Explosionsüberdruck, K_{St}-Wert
Explosionsunterdrückung	

Untere und obere Staubexplosionsgrenze

Die Staubexplosionsgrenzen beschreiben den Konzentrationsbereich der Stäube mit Luft, innerhalb dessen Explosionen möglich sind.

Hierbei wird das Prüfverfahren gemäß EN 14034-3 verwendet.

Aufbauend auf der unteren Staubexplosionsgrenze UEG kann eine Gefährdungsbeurteilung für ein Explosionsschutzkonzept erarbeitet werden.

Die obere Staubexplosionsgrenze ist bei sicherheitstechnischen Betrachtungen im Zusammenhang mit aufgewirbelten brennbaren Stäuben von geringer Bedeutung, da sich darauf kein Sicherheitskonzept zur Umsetzung in der Praxis aufbauen lässt. Sie wird daher i. d. R. nicht bestimmt.

Sauerstoffgrenzkonzentration

Die Sauerstoffgrenzkonzentration ist die maximale Sauerstoffgrenzkonzentration in einem Gemisch eines brennbaren Stoffs mit Luft und inertem Gas, in dem unter festgelegten Versuchsbedingungen bei beliebigen Brennstoffkonzentrationen keine Explosion auftreten kann.

Auch hierbei wird das Prüfverfahren gemäß EN 14034-4 verwendet.

Die Sauerstoffgrenzkonzentration wird im Allgemeinen anhand der Explosionsbereiche von Dreistoffgemischen (Brenngas/ Inertgas/ Luft) ermittelt.

Die Explosionsgrenzen sind relevante Daten für Neustoffanmeldungen und werden zusammen mit der Sauerstoffgrenzkonzentration zur Auslegung der Schutzmaßnahme „Vermeiden explosionsfähiger Atmosphäre" benötigt.

Tabelle 4: *Beispiele für verschiedene Sauerstoffgrenzkonzentrationen, Quelle: Inburex Consulting GmbH*

Brennstoff	**SGK_{N2} [Vol.%]**	**SGK_{CO2} [Vol.%]**
Wasserstoff	4,3	5,2
Kohlenmonoxid	4,3	4,6
Methan	9,9	13,7
Ethan	8,8	11,7
Propan	9,8	12,6
Ethylen	7,6	10,5
Propylen	9,3	12,6
Ethanol	8,5	-
Isopropanol	8,7	-
Benzol	8,5	11,8

Diese Vermeidung der explosionsfähigen Atmosphäre kann z. B. durch Inertisierung erreicht werden. Je nach Inertgas werden verschiedene Grenzkonzentrationen benötigt.

Mindestzündenergie (MZE/ MIE)

Die Mindestzündenergie (MZE) ist die unter vorgeschriebenen Versuchsbedingungen ermittelte, kleinste, in einem Kondensator gespeicherte elektrische Energie, die bei einer Entladung ausreicht, das zündwilligste Gemisch einer explosionsfähigen Atmosphäre zu entzünden.

Prüfverfahren: gemäß EN 13821

***Bild 4:** Hartmannrohr im Versuch; (Quelle: Inburex Consulting GmbH)*

Die Prüfeinrichtung sieht wie folgt aus:

- Es wird ein modifiziertes Hartmann-Rohr verwendet.
- Es gibt eine Funkenentladung mit variabler Zündquelle.
- Dabei werden Zündenergien i. d. R. bis zu etwa einem Jahr in Kraft gesetzt.
- Eine Induktivität wird eingebaut: zeitliche Dehnung der Funken, daraus entsteht eine höhere Zündwirksamkeit.

Unter Variation der Apparateparameter (Zündenergie, Zündverzögerungszeit, evtl. Temperatur) und der Staubkonzentration werden die niedrigste Funkenenergie, bei der es zur Entzündung des zündwilligsten Staub-/Luft-Gemisches kommt und die höchste Funkenenergie, bei der es nicht zur Entzündung kommt, bestimmt.

In der Regel ist die MZE brennbarer Stäube 2-3 Zehnerpotenzen höher als die MZE für Gase und Dämpfe.

Die MZE ist abhängig von der Feinheit, der Oberflächenbeschaffenheit und von der Feuchte des Staubes und nimmt mit zunehmender Temperatur und abnehmender Partikelgröße ab.

Eine Einstufung der Zündempfindlichkeit kann der folgenden Tabelle entnommen werden.

Tabelle 5: *Zündempfindlichkeit abhängig vom Zündenergieintervall; Quelle: Inburex Consulting GmbH*

Zündenergieintervall	Einstufung der Stäube
MZE ≥ 10 mJ	normal zündempfindlich
3 mJ < MZE ≤ 10 mJ	besonders zündempfindlich
MZE < 3 mJ	extrem zündempfindlich

Elektrische Leitfähigkeit

Die elektrische Leitfähigkeit ist ein Maß für die elektrostatische Aufladbarkeit von Stäuben und wird meist in der Einheit pS/m angegeben. (1 pS = 1 pico Siemens = $10^{-12}\ \Omega^{-1}$)

Hierbei wird das Prüfverfahren gemäß EN 80079-20-2 angewendet.

Teilweise kann bei der mechanischen Separation oder der mechanischen Bearbeitung von Stoffen eine Trennung derselben mit einer elektrostatischen Aufladung einhergehen. Diese kann auch durch Influenz auf benachbarte Gegenstände oder Personen überspringen.

In einer explosionsfähigen Atmosphäre kann eine elektrostatische Entladung als Zündquelle für eine Explosion wirken.

Selbstentzündung – Glimmtemperatur

Die Glimmtemperatur beschreibt die Mindestzündtemperatur einer Staubschicht bei einseitiger thermischer Belastung.

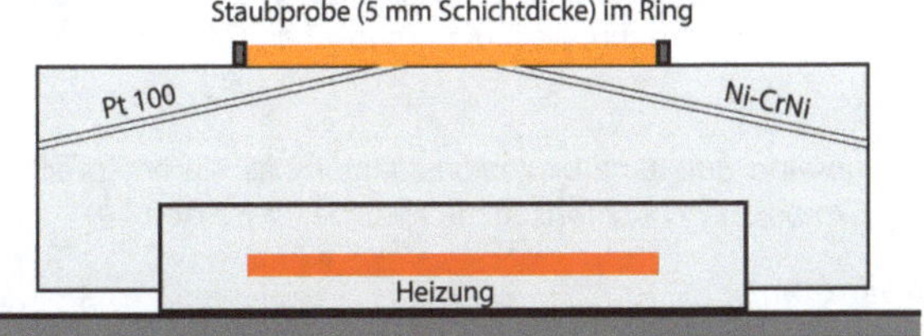

Bild 5: *Prüfvorrichtung für die Ermittlung der Glimmtemperatur (Quelle: Inburex Consulting GmbH)*

Hierbei wird das Prüfverfahren gemäß IEC 61241-2-1 Verf. A angewendet.

Die Glimmtemperatur ist eine der relevanten Größen für die Auswahl elektrischer und nichtelektrischer Betriebsmittel in Bereichen, in denen es zu Staubablagerungen kommen kann.

Explosionsfähigkeit (Staubexplosionsfähigkeit)

Ein Staub ist dann staubexplosionsfähig, wenn er im Gemisch mit Luft mit Hilfe einer einwirkenden Zündquelle und deren Energie zu einer anhaltenden Entflammung führen kann. Hierbei muss die Entflammung im geschlossenen Behälter mit einer Drucksteigerung verbunden sein (vgl. Verfahren zum modifizierten Hartmannrohr).

Das angewendete Prüfverfahren ist jenes gemäß VDI 2263.

Da bei einer Explosion neben Temperaturen von mehr als 1000 °C auch Druckerhöhungen um den Faktor 8 bis 10 des Ausgangsdrucks auftreten, liegt ein erhebliches Gefahrenpotenzial vor.

Ist also eine Substanz explosionsfähig, muss ein entsprechendes Explosionsschutzkonzept ausgearbeitet werden.

Brennzahl

Die Brennzahl (BZ) charakterisiert das Brand-/Abbrandverhalten eines Stoffs.

Hierbei gilt das Prüfverfahren gemäß VDI 2263-1.

***Tabelle 6:** Beispielsammlung verschiedener Stäube mit Blick auf Reaktion und Brennzahl; Quelle: Inburex Consulting GmbH*

Art der Reaktion		BZ	Beispiele
	kein Anbrennen	1	Kochsalz
keine Ausbreitung eines Brandes	kurzes Anbrennen und rasches Erlöschen	2	Weinsäure
	örtliches Brennen oder Glimmen mit höchstens geringer Ausbreitung	3	Milchzucker
	Durchglühen ohne Funkenwurf (Glimmbrand) oder langsame, flammenlose Zersetzung	4	Lykopodium, Tabak
Ausbreitung eines Brandes	Ausbreitung eines offenen Brandes oder Abbrennen unter Funkensprühen	5	Schwefel
	verpuffungsartiges Abbrennen oder rasche, flammenlose Zersetzung	6	Schwarzpulver

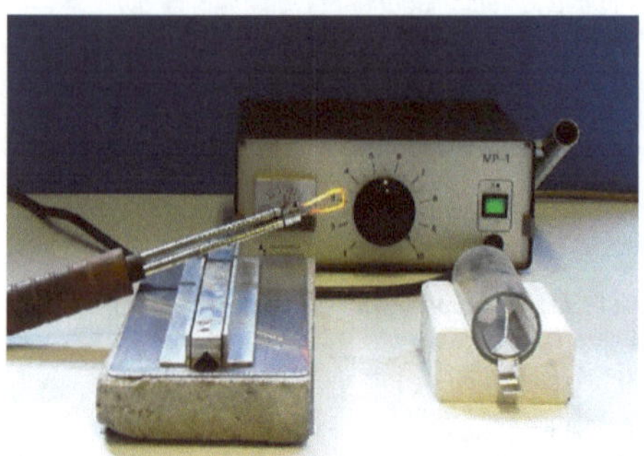

***Bild 6:** Apparatur zur Bestimmung der Brennzahl; (Quelle: Inburex Consulting GmbH)*

Die Brennzahl ist ein Kriterium für die Ausbreitung eines Brandes nach lokaler Einwirkung einer hinreichend starken Zündquelle.

Sie stellt eine wichtige Kenngröße dar, um das Brandverhalten von Feststoffen, das darauf aufbauende Brandschutzkonzept und geeignete Brandbekämpfungsmaßnahmen zu charakterisieren.

Abbrandgeschwindigkeit

Die Abbrandgeschwindigkeit beschreibt die maximale Ausbreitungsgeschwindigkeit der Verbrennungszone in Feststoffen.

Prüfverfahren: Richtlinie 92/69/EWG

Die Abbrandgeschwindigkeit einer 25 cm langen Schüttung, die an einem Ende mithilfe einer Gasflamme entzündet wird, wird über eine Länge von 10 cm zeitlich erfasst.

Ähnlich der Brennzahl ist die Abbrandgeschwindigkeit ein Kriterium für das Brandverhalten.

1.10.3 Sicherheitstechnische Kennzahlen brennbarer Gase und Flüssigkeiten

Brennbare Gase und Dämpfe erfordern eine besondere Aufmerksamkeit aus sicherheitstechnischer Sicht. Die bei der explosionsartig ablaufenden Reaktion auftretenden Temperaturen können um die 1000 °C und der Druck kann den 10-fachen Wert des Ausgangsdrucks erreichen.

Zur Charakterisierung von brennbaren Flüssigkeiten und Gasen gehören diese Kennwerte bzw. Kennzahlen:

- Explosionsgrenzen
- Flammpunkt
- Zündtemperatur
- minimale Zündenergie
- maximaler Explosionsdruck
- maximale Druckanstiegsgeschwindigkeit

Neben einer Definitionsbeschreibung werden die entsprechenden Prüfverfahren im Einzelnen beschrieben sowie eine Einordnung der sicherheitstechnisch relevanten Bedeutung der Kennzahlen gegeben.

Zündtemperatur

Die Zündtemperatur ist die unter vorgeschriebenen Versuchsbedingungen ermittelte niedrigste Temperatur einer heißen Oberfläche, bei der die Entzündung eines brennbaren Stoffs als Gas-/ Luft- oder Dampf-/Luft-Gemisch eintritt.

Hierbei wird das Prüfverfahren gemäß DIN EN 51794 in einem vorgeheizten Erlenmeyerkolben angewendet.

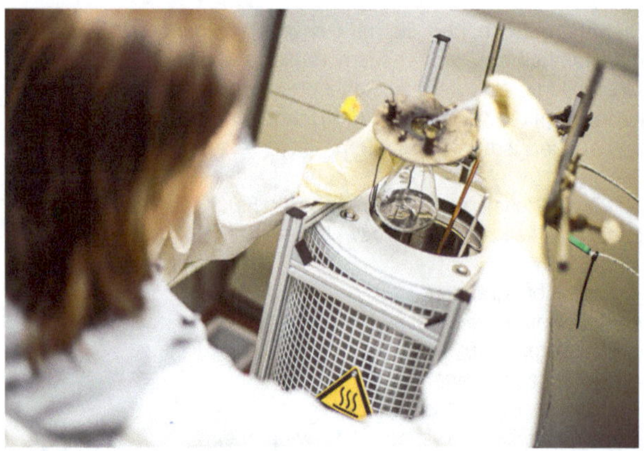

Bild 7: *Ermittlung der Zündtemperatur in einem Erlenmeyerkolben; (Quelle: Inburex Consulting GmbH)*

Die Zündtemperatur wird zur Neustoffanmeldung benötigt und dient dazu, brennbare Stoffe in Temperaturklassen nach DIN EN 50014 einzuteilen.

Elektrische und nicht elektrische Betriebsmittel dürfen in explosionsgefährdeten Bereichen nur dann eingesetzt werden, wenn sie für die entsprechende Temperaturklasse gemäß der folgenden Tabelle zugelassen sind.

Tabelle 7: *Temperaturklassen nach DIN EN 50014 mit Blick auf Zündtemperatur nach DIN EN 51794 und der max. Oberflächentemperatur; Quelle: Inburex Consulting GmbH*

Zündtemperatur nach DIN EN 51794	**Temperaturklasse nach DIN EN 50014**	**Maximale Oberflächentemperatur**
ZT > 450 °C	T 1	450 °C
300 °C < ZT < 450 °C	T 2	300 °C
200 °C < ZT < 300 °C	T 3	200 °C
135 °C < ZT < 200 °C	T 4	135 °C
100 °C < ZT < 135 °C	T 5	100 °C
85 °C < ZT < 100 °C	T 6	85 °C

In der Praxis ist festzustellen, dass die Zündtemperatur stark von betrieblichen Umgebungseinflüssen abhängt.

Unterer Explosionspunkt (UEP)

Der untere Explosionspunkt ist die Temperatur einer brennbaren Flüssigkeit, bei der die Konzentration des gesättigten Dampfes in Luft gleich der unteren Explosionsgrenze ist.

Hierbei wird das Prüfverfahren gemäß EN 15794 verwendet.

Der untere Explosionspunkt erlaubt eine genauere Festlegung der Explosionsgrenzen als der Flammpunkt. Aufgrund der aufwendigen Bestimmung wird er jedoch nur selten direkt gemessen. Meist erfolgt eine Abschätzung über den Flammpunkt.

Liegt die maximale Verarbeitungstemperatur über dem unteren Explosionspunkt der Flüssigkeit, so können explosionsartige Dampf-/Luft-Gemische entstehen.

Durch starke oberflächenvergrößernde Maßnahmen, wie z. B. Versprühen oder Vernebeln, ist auch bei Temperaturen unterhalb des UEP mit der Bildung einer explosionsfähigen Atmosphäre zu rechnen.

Maximaler Explosionsdruck und maximaler zeitlicher Druckanstieg

Im Zusammenhang mit Staubexplosionen wird der bei einer Explosion eines Gas/Luft- oder Dampf/Luftgemischs in geschlossenen Behältern bei optimaler Konzentration maximal auftretende Druck p_{max} und der maximal zeitliche Druckanstieg $(d_p/d_t)_{max}$ bestimmt.

Der maximale Explosionsdruck ist i. d. R. nicht volumenabhängig. Er liegt bei den meisten organischen Gasen und Dämpfen mit Luft bei atmosphärischen Anfangsbedingungen bei etwa 8 bis 10 bar.

Der maximale zeitliche Druckanstieg ist volumenabhängig. Das Produkt aus dem maximalen zeitlichen Druckanstieg und der dritten Wurzel des betreffenden Volumens ist nach dem kubischen Gesetz konstant.

Ähnlich zum Verfahren bei Stäuben wird auch hier das Prüfverfahren in einer 20-L-Staubexplosionskugel oder in einem 1 m^3-Behälter verwendet.

Diese Anstiegsgeschwindigkeiten der Explosionsdrücke werden für die apparative Auslegung und für den konstruktiven Explosionsschutz benötigt.

Tabelle 8: *Schutzmaßnahmen des konstruktiven Explosionsschutzes, Quelle: Inburex Consulting GmbH*

Schutzmaßnahmen	zu beachtende Kenngröße
explosionsfeste Bauweise	maximaler Explosionsüberdruck
Explosionsdruckentlastung	maximaler Explosionsüberdruck, K_{St}-Wert
Explosionsunterdrückung	

Sauerstoff-Grenzkonzentration

Die Sauerstoff-Grenzkonzentration ist die maximale Konzentration in einem Gemisch eines brennbaren Stoffs mit Luft und inertem Gas, in dem unter festgelegten Versuchsbedingungen bei beliebigen Brennstoffkonzentrationen keine Explosion auftreten kann.

Prüfverfahren: Die Sauerstoff-Grenzkonzentration wird im Allgemeinen anhand der Explosionsbereiche von Dreistoffgemischen (Brenngas/Inertgas/Luft) ermittelt.

Die Explosionsgrenzen sind relevante Daten für Neustoffanmeldungen und werden zusammen mit der Sauerstoff-Grenzkonzentration zur Auslegung der Schutzmaßnahme „Vermeiden explosionsfähiger Atmosphäre“ benötigt.

Mindestzündenergie (MZE / MIE)

Die Mindestzündenergie (MZE) ist die unter vorgeschriebenen Versuchsbedingungen ermittelte, kleinste, in einem Kondensator gespeicherte elektrische Energie, die bei einer Entladung ausreicht, das zündwilligste Gemisch einer explosionsfähigen Atmosphäre zu entzünden.

Hierbei wird das Prüfverfahren gemäß DIN EN 15967 verwendet.

Die MZE ist eine der Beurteilungskriterien für die Zündwirksamkeit von Zündquellen. Für brennbare Gase und Dämpfe in Luft liegt sie überwiegend im Bereich von 0,1 bis 1 mJ.

Grenzspalt- bzw. Normspaltweite

Die Übertragung einer Explosion von einem Anlagenteil in einen anderen kann unterbunden werden, wenn beide Bereiche durch einen hinreichend schmalen Spalt getrennt sind.

Gemäß IEC 60079-20-1 wird dies geprüft.

Die Normspaltweite wird bestimmt als die größte Weite eines 25 mm langen Spalts zwischen den beiden Teilen einer Prüfanordnung, bei der unter vorgeschriebenen Bedingungen die Entzündungen des Gasgemisches im Inneren einer Anlage nicht zur Entzündung des außen befindlichen Gasgemisches führt. Dies gilt für alle Konzentrationsbereiche des geprüften Gases oder Dampfes in der Luft.

Die Normspaltweite ist für die Zündschutzart der druckfesten Kapselung und für die Auslegung von Flammensperren von Bedeutung.

Flammpunkt

Der Flammpunkt ist die niedrigste Temperatur, bei der eine Flüssigkeit unter vorgeschriebenen Versuchsbedingungen brennbares Gas oder Dampf in entsprechender Menge abgibt, sodass bei Kontakt der Dampfphase mit einer wirksamen Zündquelle sofort eine Flamme entsteht.

Um den Flammenpunkt zu bestimmen, kommen diverse Methoden infrage. Wesentliche Unterscheidungsmerkmale sind offener oder geschlossener Tiegel, Einsatz einer Rühreinrichtung und die unterschiedlichen Temperaturbereiche.

Tabelle 9: *Prüfmethoden im Überblick; Quelle: Inburex Consulting GmbH*

Name	Norm	Anwendungsbereich	Temperaturbereich
Abel-Pensky	DIN 51755	Mineralöle und andere brennbare Flüssigkeiten	-30 °C bis 5 °C 5 °C bis 65 °C
	DIN 53213-1	Anstrichstoffe, Lacke, Klebstoffe, zähe Flüssigkeiten	5 °C bis 65 °C
Pensky-Martens	DIN EN 22719	Mineralöle und andere brennbare Flüssigkeiten	10 °C bis 370 °C
Cleveland	DIN ISO 2592	Mineralöle und andere brennbare Flüssigkeiten	> 79 °C
Schnellverfahren	DIN EN 456	Brennbare Flüssigkeiten	0 °C bis 110 °C

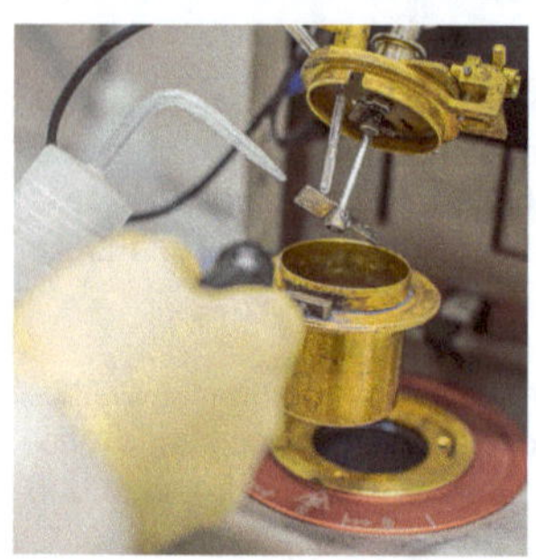

Bild 8: *Bestimmung des Flammpunkts nach Pensky-Martens; (Quelle: Inburex Consulting GmbH)*

Der Flammpunkt ist eine zentrale Kenngröße, um die Brand- und Explosionsgefahr von Flüssigkeiten zu beurteilen und wird zur Neustoffanmeldung benötigt.

Er ist zusätzlich eine wesentliche Größe für die gefahrgutrechtliche Einstufung brennbarer Flüssigkeiten.

Tabelle 10: *Einstufung flüssiger Stoffe und Zubereitungen nach RL 1272/2008/EG; Quelle: Inburex Consulting GmbH*

Flammpunkt (FP)	Zusätzliche Bedingung	Kategorie
FP < 23 °C	Siedepunkt ≤ 35 °C	1
FP < 23 °C	Siedepunkt > 35 °C	2
23 °C < FP < 60 °C		3

Flammengeschwindigkeit

Die laminare Flammengeschwindigkeit ist die Geschwindigkeit, mit der bei Flammenreaktionen das Frischgas unter laminaren Strömungsbedingungen auf die Flammenfront zuströmt.

Bei laminaren Flammen auf Brennern ist die Flammenfront ortsfest, bei turbulenten Flammen, wie sie in den meisten technischen Verbrennungsvorgängen vorkommen, fluktuiert die Flammenfront um eine mittlere Lage. Die Flammengeschwindigkeit der turbulenten Flamme beträgt ein Vielfaches der Geschwindigkeit der laminaren Flamme.

Prüfverfahren:

1. Gefäßverfahren:
   Die Flamme wandert durch das ruhende Brenngasgemisch, wobei die laminare Flammengeschwindigkeit aus der Wanderung der Flammenfront berechnet wird.
2. Brennerverfahren:
   Die Flamme und Frischgasgemisch strömen der Flammenfront entgegen.

Innerhalb der Zündgrenzen eines brennbaren Gemisches ist die Flammengeschwindigkeit eine geeignete Größe, um die Flammenfortpflanzung zu beschreiben.

Explosionsgrenzen – untere und obere Explosionsgrenze

In Gemischen brennbarer Gase und Dämpfe mit Luft kann sich eine selbstständige Verbrennung nur innerhalb eines gewissen Konzentrationsbereichs fortpflanzen. Die Grenzkonzentrationen, bei denen dies gerade nicht mehr möglich ist, werden als untere (UEG) und obere Explosionsgrenze (OEG) bezeichnet.

Bei einer Konzentration unterhalb der unteren Explosionsgrenze ist das Gemisch zu „mager“ (es enthält zu wenig Brennstoff).

Bei einer Konzentration oberhalb der oberen Explosionsgrenze ist das Gemisch zu „fett“ (es enthält zu viel Brennstoff, d. h. zu wenig Sauerstoff), um eine Flammenfortpflanzung nach erfolgter Entzündung zu ermöglichen.

Für die Bestimmung der Explosionsgrenzen gibt es verschiedene standardisierte Messmethoden.

Tabelle 11: *Messmethoden zur Bestimmung der Explosionsgrenze; Quelle: Inburex Consulting GmbH*

Messbereich	Norm
Atmosphärendruck, Temperatur bis 200 °C	DIN 51649-1
Atmosphärendruck, Temperatur bis 150 °C	ASTM E 681-98
erhöhter Druck und Temperatur	ASTM E 918-83

Gase, die unter atmosphärischen Bedingungen einen Explosionsbereich, d. h. eine untere und obere Explosionsgrenze besitzen, gelten i. S. d. Gefahrstoffverordnung als hochentzündlich. Auch die entsprechende Klassifizierung brennbarer Gase nach Gefahrgutrecht stützt sich auf die Explosionsbereiche.

Die Explosionsgrenzen werden zusammen mit der Sauerstoffgrenzkonzentration benötigt, um die Schutzmaßnahme „Vermeiden explosionsfähiger Atmosphäre“ auszulegen. Die Temperatur-, Druck- und Inertgasabhängigkeiten sind zu berücksichtigen. Zu beachten ist weiterhin, dass die obere Explosionsgrenze eine Funktion des Sauerstoffgehalts ist.

1.11 Explosionsfähige Atmosphäre

Gemische mit Gasen, Dämpfen oder Stäuben

 **Hinweis**

§ 2 Abs. 10 GefStoffV:

„Ein explosionsfähiges Gemisch ist ein Gemisch aus brennbaren Gasen, Dämpfen, Nebeln oder aufgewirbelten Stäuben und Luft oder einem anderen Oxidationsmittel, das nach Wirksamwerden einer Zündquelle in einer sich selbsttätig fortpflanzenden Flammenausbreitung reagiert, sodass im Allgemeinen ein sprunghafter Temperatur- und Druckanstieg hervorgerufen wird."

Um ein explosionsfähiges Gemisch zu erreichen, ist die sehr feine Verteilung des brennbaren Stoffs mit dem Oxidationsmittel erforderlich.

- Bei Gasen kann das durch Konvektion oder durch Diffusion mit der umgebenden Luft erfolgen.
- Flüssigkeiten werden verdampft. Ihr Verdampfen kann durch Spritzen oder Vernebeln, durch erhöhte Temperaturen oder durch Dochteffekte noch begünstigt werden.
- Stäube werden aufgewirbelt.

Eine Entzündung des Gemisches ist möglich, wenn die Konzentration des Brennstoffs im Oxidationsmittel innerhalb der Explosionsgrenzen, also oberhalb der unteren Explosionsgrenze (UEG) und unterhalb der oberen Explosionsgrenze (OEG), liegt. Unterhalb der UEG ist zu wenig Brennstoff vorhanden, d. h. das Gemisch ist zu mager, oberhalb der OEG ist zu viel Brennstoff vorhanden, d. h. das Gemisch ist zu fett.

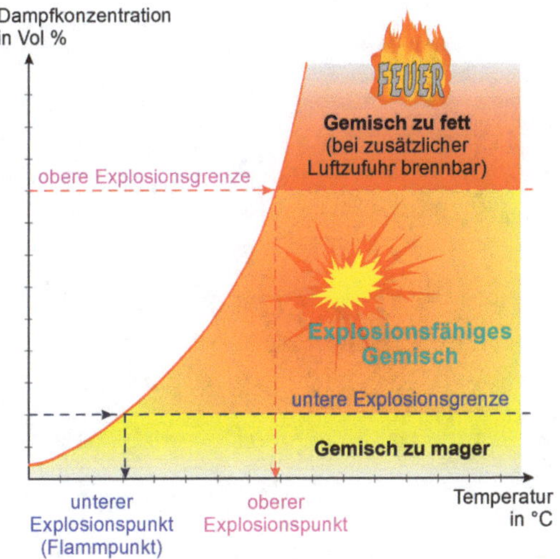

Bild 1: *Bestimmung der Explosionsgrenzen*
(Quelle: Inburex Consulting GmbH)

Beispielhaft sind hier verschiedene Reinstoffe mit ihren UEGs angegeben:

Tabelle 1: *Explosionsgrenzen verschiedener Reinstoffe in der Luft; Quelle: Inburex Consulting GmbH*

Stoff	UEG (Luft, Vol.-%)	UEG (Luft, g/m^3)	OEG (Luft, Vol.-%)
Wasserstoff	4,0	3,4	77
Kohlen-monoxid (rF >< 80 %)	10,9	129	76
Methan	4,4	29	17
Acetylen	2,3	24	100
Propan	1,7	31	10,8
Octan	0,8	38	6,5
Toluol	1,0	39	7,8
Ethanol	3,1	59	27,7
Isopropanol	2,0	50	13,4
Aceton	2,5	60	14,3

1.11.1 Hybride Gemische

Einen Sonderfall im Explosionsschutz bilden hybride Gemische. Hybride Gemische sind Gemische aus Staub, Brenngas und Luft. Diese Gemische verfügen über andere sicherheitstechnische Eigenschaften als ihre Einzelkomponenten. Ebenso lassen sich die sicherheitstechnischen Kennzahlen nicht mit den normierten Testverfahren ermitteln.

Es besteht aus verschiedenen Forschungsvorhaben der begründete Verdacht, dass hybride Gemische zündwilliger als deren Einzelkomponenten sind und die Explosionen derartiger Gemische in ihren Auswirkungen deutlich stärker sind als deren Einzelkomponenten.

Ebenso gibt es keine Basis zu einer Art Umrechnung der Größen oder Korrekturfaktoren.

1.11.2 Explosivstoffe

Explosivstoffe (Sprengstoffe) und chemisch instabile Gase (§ 2 Abs. 11 GefStoffV) sind nicht Gegenstand dieser Veröffentlichung.

Beiden Stoffgruppen ist gemein, dass sie sich auch ohne die Anwesenheit von Luft oder eines anderen Oxidationsmittels explosionsartig zersetzen können. Nach Wirksamwerden einer Zündquelle reagieren sie in einer sich selbsttätig fortpflanzenden Flammenausbreitung. In der Folge wird im Allgemeinen ein sprunghafter Temperatur- und Druckanstieg hervorgerufen.

1.12 Verantwortlichkeiten und Zuständigkeiten im Ex-Schutz im Betrieb

Für alle Aktivitäten in einem Betrieb ist zunächst der Unternehmer vollständig verantwortlich. Der Unternehmer sorgt für die sichere Beschäftigung seiner Mitarbeiter i. S. d. Arbeitsschutzes.

1.12.1 Erfordernis organisatorischer Maßnahmen

Besteht an einem Arbeitsplatz ein potenzielles Explosionsrisiko, so resultieren daraus auch Anforderungen an die Arbeitsorganisation. Organisatorische Maßnahmen sind zu treffen, wo technische Maßnahmen allein den Explosionsschutz am Arbeitsplatz nicht gewährleisten und aufrechterhalten. In der Praxis hat es sich daher bewährt, dass durch die Kombination von technischen und organisatorischen Explosionsschutzmaßnahmen die Arbeitsumgebung sicher gestaltet wird.

Durch organisatorische Maßnahmen werden Arbeitsabläufe so gestaltet, dass es nicht zu einer Schädigung der Arbeitnehmer durch eine Explosion kommen kann. Auch die Aufrechterhaltung der technischen Explosionsschutzmaßnahmen durch Inspektion, Wartung und Instandsetzung muss organisatorisch festgelegt werden. Die organisatorischen Maßnahmen müssen auch mögliche Wechselwirkungen zwischen Explosionsschutzmaßnahmen und Arbeitsabläufen berücksichtigen. Durch diese kombinierten Explosionsschutzmaßnahmen ist somit sichergestellt, dass die Arbeitnehmer die ihnen übertragenen Arbeiten ohne Gefährdung ihrer Sicherheit und Gesundheit oder der Sicherheit und Gesundheit anderer ausführen können.

Der Betreiber einer Anlage, in der gefährliche explosionsfähige Gemische auftreten können, ist daher verpflichtet, organisatorische Maßnahmen und Mindestvorschriften für Tätigkeiten in explosionsgefährdeten Bereichen gemäß der GefStoffV zu ergreifen und einzuhalten. Die organisatorischen Maßnahmen sind umzusetzen und im Explosionsschutzdokument zu dokumentieren. Zudem sind gemäß BetrSichV Prüfungen durchzuführen und Prüffristen für wiederkehrende Prüfungen festzulegen und einzuhalten.

1.12.2 Anforderungen

Neben der regelmäßigen Prüfung, Wartung und Instandsetzung (vgl. Kapitel 4) werden folgende weitere organisatorische Maßnahmen notwendig:

Betriebsanweisungen

Der Betreiber einer Anlage ist verpflichtet, Betriebsanweisungen zu erstellen. Aus den Betriebsanweisungen für Arbeitsplätze mit Gefährdungen durch explosionsfähige Gemische sollte insbesondere auch hervorgehen, wo welche Explosionsgefährdungen bestehen, welche ortsveränderlichen Arbeitsmittel verwendet werden dürfen und ob ggf. eine besondere Persönliche Schutzausrüstung zu tragen ist. Die Betriebsanweisung ist bei sicherheitsrelevanten Änderungen der Arbeitsbedingungen zu aktualisieren.

Schulungsmaßnahmen

Der Arbeitgeber trägt gem. § 12 Abs. 1 BetrSichV bzw. Anhang I, Nr. 1.4 Abs. 1 GefStoffV dafür Sorge, dass Mitarbeiter hinsichtlich der Gefahren im Betrieb vor Aufnahme der Tätigkeiten sowie wiederkehrend (mindestens jährlich) oder nach Anlagen- und Prozessänderungen durch Schulungen unterwiesen werden. Tätigkeiten mit Gefahrstoffen, welche zu Brand- und Explosionsgefährdungen führen können, dürfen nur durch entsprechend unterwiesenes Personal durchgeführt werden, das mit den möglichen Gefährdungen und den erforderlichen Schutzmaßnahmen vertraut ist. Die Schulungen sind zu dokumentieren (Schulungsinhalte, Namen der Teilnehmer, Datum der Schulung).

Arbeitserlaubnisscheinverfahren

Nach Anhang I Nr. 1.4 Abs. 2 GefStoffV muss der Arbeitgeber für Arbeiten in explosionsgefährdeten Bereichen ein Arbeitsfreigabesystem mit schriftlichen Anweisungen anwenden (Arbeitserlaubnisscheinverfahren). Das Ziel hierbei ist, dass die Arbeiten nur durch qualifiziertes und unterwiesenes Personal ausgeführt werden. Diese Anforderung gilt auch für Arbeiten durch Externe auf dem Betriebsgelände. Grundsätzlich ist ein Arbeitsfreigabesystem immer dann sinnvoll, wenn nicht explosionsgeschützte Betriebsmittel in explosionsgefährdeten Bereichen eingesetzt werden sollen.

Kennzeichnung der Bereiche

Anlagen und Aufstellungsbereiche mit explosionsgefährdeten Bereichen sind, wie in nachfolgender Tabelle dargestellt, zu kennzeichnen.

Explosions-gefährdeter Bereich	**Verbotszeichen: Feuer, offenes Licht und Rauchen verboten**	**Verbotszeichen: Zutritt für Unbefugte verboten**
 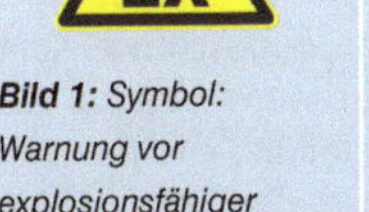 **Bild 1:** *Symbol: Warnung vor explosionsfähiger Atmosphäre D-W021 (Quelle: ASR A1.3)*	 **Bild 2:** *Symbol: Keine offene Flamme; Feuer, offene Zündquelle und Rauchen verboten P003 (Quelle: ASR A1.3)*	 **Bild 3:** *Zutritt für Unbefugte verboten D-P006 (Quelle: ASR A1.3)*
Bereiche, in denen gefährliche explosionsfähige Gemische in einer die Sicherheit und die Gesundheit der Arbeitnehmer gefährdenden Menge auftreten können, müssen an ihren Zugängen mit einem Warnschild gekennzeichnet werden.	In allen Werksgebäuden sind außerhalb der Sozialbereiche der Umgang mit offenen Flammen, offenem Licht und das Rauchen strikt zu untersagen. Auf das Verbot ist deutlich erkennbar und dauerhaft hinzuweisen. Entsprechende Betriebsanweisungen sind zu erstellen.	Das Betreten der explosions-gefährdeten Bereiche ist für Unbefugte zu untersagen. Auf das Verbot ist deutlich erkennbar und dauerhaft hinzuweisen.

Koordinationspflicht

Sofern voneinander unabhängige Personen, Arbeitsgruppen oder Mitarbeiter von Fremdfirmen gleichzeitig und in räumlicher Nähe arbeiten, kann es zu unerwarteten gegenseitigen Gefährdungen auch in Bezug auf Explosionsgefahren kommen.

Der Betreiber einer Anlage ist daher gem. § 13 BetrSichV dazu verpflichtet, die Mitarbeiter der Fremdfirmen über mögliche Gefahren und spezifische Verhaltensregeln zu informieren. Kann eine Gefährdung nicht ausgeschlossen werden, muss der Betreiber im Rahmen einer Gefährdungsbeurteilung mit den Mitarbeitern der Fremdfirmen wirksame Schutzmaßnahmen gegen die Gefährdungen ermitteln. Wenn von einer erhöhten Gefährdung auszugehen ist, muss der Betreiber einen Koordinator schriftlich bestellen, der für die Abstimmung der Arbeiten sorgt, um gegenseitige Gefährdungen zu vermeiden.

Für Baustellen sind zusätzliche Bestimmungen der Baustellenrichtlinie zu beachten. Bei Anwesenheit von Besuchern in der Anlage ist deren Betreuung zuvor schriftlich in Form einer Arbeitsanweisung festzulegen. Die Besucher sind bevor sie die Anlage betreten auf potenzielle Gefährdungen und korrektes Verhalten hinzuweisen.

Fluchtwege

Explosionsgefährdete Bereiche sind mit Flucht- und Rettungswegen sowie Ausgängen in ausreichender Zahl auszustatten. Diese dienen den Beschäftigten im Gefahrenfall dazu, betroffene Bereiche schnell, ungehindert und sicher zu verlassen und Verunglückte jederzeit gefahrlos retten zu können. Die Flucht- und Rettungswege sind in Übereinstimmung mit den geltenden Bauvorschriften auszuführen. Die Fluchtwege sind entsprechend den Bauvorschriften zu kennzeichnen. Soweit nach der Gefährdungsbeurteilung erforderlich, sind Fluchtmittel bereitzustellen und zu warten, um zu gewährleisten, dass die Beschäftigten, die sich in explosionsgefährdeten Bereichen aufhalten, bei Gefahr schnell und sicher verlassen können. Eine detaillierte Bewertung von Fluchtwegen ist dem aktuellen Brandschutzkonzept der Gebäude zu entnehmen.

1.12.3 Umsetzung der organisatorischen Maßnahmen

Die folgende Tabelle dient dazu, die Umsetzung der organisatorischen Maßnahmen zu beschreiben. Im Hinblick auf die Umsetzung werden Beispiele (*kursiv*) genannt.

Beschreibung der Umsetzung	**Umsetzung**
Prüfungen nach BetrSichV	*Für die erforderlichen wiederkehrenden Prüfungen (vgl. Kapitel 6.3) sind Prüfpläne zu erstellen. Dies kann bspw. auch durch Aufnahmen der Prüfungen und Prüfintervalle in ein bestehenden Wartungs-, Instandhaltungs- und Prüfkonzept erfolgen.*
Zur Prüfung befähigte Personen	*Sofern Mitarbeiter Aufgaben einer zur Prüfung befähigten Person durchführen (sollen), sind diese durch den Arbeitgeber zu benennen. Der Nachweis der Befähigung ist schriftlich zu führen.*

Beschreibung der Umsetzung	**Umsetzung**
Wartung und Instandhaltung	*Wartungs- und Instandhaltungsmaßnahmen für die eingesetzten elektrischen und nicht-elektrischen Betriebsmittel müssen in einem Wartungs- und Instandhaltungskonzept i. V. m. einer Betriebsmittelliste erfolgen. Die durch den Hersteller vorgegebenen Wartungspläne, -intervalle etc. sind zu berücksichtigen.*
Betriebsanweisungen	*Die erforderlichen Betriebsanweisungen sind zu erstellen. Mitarbeiter müssen bei Einführung neuer Anweisungen entsprechend informiert und unterwiesen werden.*
Schulungsmaßnahmen	*Schulungsmaßnahmen für Mitarbeiter müssen mindestens jährlich erfolgen und sind schriftlich zu dokumentieren. Im Schulungsplan sind die besonderen Risiken für Tätigkeiten mit brennbaren Stoffen und die damit verbundenen Explosionsgefahren aufzunehmen.* *Weiterhin sind Dritte (z. B. Fremdfirmen) vor Aufnahmen der Tätigkeiten entsprechend zu unterweisen.*
Arbeitserlaubnisschein-verfahren	*z. B. Heißarbeitserlaubnis oder Feuererlaubnis*
Kennzeichnung der Bereiche	*Die explosionsgefährdeten Bereiche sind vor Ort gemäß den Anforderungen zu kennzeichnen.* *Für die Anlagen mit explosionsgefährdeten Bereichen sind Zugangsbeschränkungen für Unbefugte umzusetzen.* *In Brand- und explosionsgefährdeten Bereichen ist das Rauchen zu untersagen.*

Beschreibung der Umsetzung	**Umsetzung**
Koordinierung voneinander unabhängiger Personen, Arbeitsgruppen oder Mitarbeiter von Fremdfirmen	*Der Arbeitgeber hat einen Koordinator zu benennen. Die Umsetzung der Koordinationspflichten kann z. B. mithilfe von Freigabescheinen erfolgen.*
Fluchtwege und Verhalten im Notfall	*z. B. Verweis auf Brandschutzkonzept/Gefahrenpläne/ Notfallpläne*
Änderungsmanagement	*Bei Anlagenänderungen ist zu überprüfen, ob die Änderungen Einfluss auf den Brand- und Explosionsschutz haben und ob ggf. zusätzliche Maßnahmen erforderlich werden. Dazu ist ein Änderungsmanagement einzuführen. Dies kann z. B. mithilfe elektronischer Systeme und/oder regelmäßiger Audits erfolgen.*
Dokumentation	*Die Anlage ist zu dokumentieren. Für die Umsetzung von Wartungs-, Instandhaltungs- sowie Prüfaufgaben müssen Betriebsmittellisten erstellt werden, die gleichzeitig der Anlagendokumentation dienen. Darüber hinaus ist die Erstellung von Fließschemata und ggf. Zonenplänen von Einzelanlagen zu empfehlen.*

2 Rechtsvorschriften kompakt

2.1 Grundverständnis und Methodik

Mit einer parallel nebeneinanderstehenden Rechtswirkung tragen die beiden Bereiche – Produktsicherheitsrecht und Betreiberrecht – universell zu einer weitgehenden Sicherheit, ausgehend vom betrachteten gewerblichen Ansatz bei.

Bild 1: *Parallele Rechtswirkung von Produktsicherheitsrecht und Betreiberrecht (Quelle: Jürgen Bialek)*

Die betroffenen Kreise (Personen, Unternehmen, Organisationen) müssen ihren jeweiligen Verpflichtungen nachkommen. Dies betrifft hier insbesondere den Personenkreis der gewerblichen Anwender, in Bezug auf die Verwendung im Rahmen einer Geschäftstätigkeit bzw. unter vergleichbaren Situationen.

Wie in anderen Produktbereichen und deren Anwendungen auch, ist dieser Ansatz natürlich auch bei den Geräten und Schutzsystemen zur bestimmungsgemäßen Verwendung in explosionsgefährdeten Bereichen zu beachten.

In kaum einem anderen Sektor wird das notwendige Aufeinander-Aufbauen betont, um größtmögliche Sicherheit zu erreichen. Doch bestehen hier gleichzeitig z. T. viele offene Fragen einer klaren Rechtszuordnung.

„Schuld“ hieran mag auch ein gemeinsam gebrauchter Begriff sein: „ATEX“. Dies ist eine französische Abkürzung und steht für ***AT****mosphères* ***EX****plosibles*. Als Synonym gebraucht, wird dieser Begriff umgangssprachlich in beiden Rechtsbereichen eingesetzt. Hier werden die jeweiligen notwendigen Anforderungen, die zu erfüllen sind, beschrieben, um die möglicherweise katastrophalen Auswirkungen einer explosionsfähigen Atmosphäre zu vermeiden oder mindestens zu begrenzen.

Zudem sind beide hier beschriebenen Rechtsbereiche in weiten Teilen europäisch harmonisiert. Das heißt, dass die zugehörigen Rechts- und Verwaltungsvorschriften auf der Basis der Europäischen Verträge die abgestimmte juristische Grundlage in allen Mitgliedstaaten der Europäischen Union (EU) bilden.

Freier Warenverkehr – Anforderungen an Produkte

Der Bereich des freien Warenverkehrs mit den Rechtsvorschriften für Produkte, wird dabei vom Artikel 114 des Vertrags über die Arbeitsweise der Europäischen Union (AEUV) definiert. In dessen Folge wurde für Geräte und Schutzsysteme zur bestimmungsgemäßen Verwendung in explosionsgefährdeten Bereichen die derzeit anwendbare Europäische Richtlinie 2014/34/EU vom Europäischen Parlament verabschiedet. Sie definiert die rechtlichen Grundlagen und technischen Anforderungen an solche Produkte in der EU.

Sozialpolitik – Schutz von Gesundheit und Sicherheit von Arbeitnehmern

Auf dem Gebiet der Mindestanforderungen einer gemeinsamen Sozialpolitik der EU wird im Artikel 153 des AEUV als ein wichtiges Ziel dieses Politikfelds der Schutz der Gesundheit und der Sicherheit von Arbeitnehmern festgeschrieben. Im Zusammenhang mit besonderen Bedingungen in verschiedenen Arbeitssystemen wurden auch die potenziellen Gefährdungen durch explosionsfähige Atmosphären thematisiert. Als Ergebnis wurde die Richtlinie 1999/92/EG von Parlament und Rat verabschiedet, als sog. Einzelrichtlinie innerhalb des gemeinsamen Rahmens des Arbeitsschutzes.

Der Einsatz von konformen Produkten nach der Richtlinie 2014/34/EU ist in vielen Fällen eine explizite Notwendigkeit, um solche Systeme in betroffenen (Arbeits-) Bereichen einsetzen zu können. Diese Produkte wurden wiederum nach der Richtlinie 1999/92/EG bewertet und einer sog. Zoneneinteilung unterzogen.

Im Umkehrschluss ist die hier genannte Bewertung und Zoneneinteilung nach Richtlinie 1999/92/EG die Voraussetzung dafür, die notwendigen Eigenschaften relevanter Produkte überhaupt zu beschreiben, ja letztlich um die Richtlinie 2014/34/EU für Produkte adäquat anwenden zu können.

2.2 Rechtsgrundlagen für Produkte (ATEX)

2.2.1 Der Europäische Rechtsrahmen

Die in diesem Kapitel vermittelten Inhalte sind in weiten Teilen eingebettet in die „Rechtslandschaft" der Vorschriften des Europäischen Binnenmarkts für Produkte, auch Harmonisierungsrechtsvorschriften genannt.

Ein Großteil der nationalen Gesetzgebung in allen Mitgliedstaaten der EU, so auch in Deutschland, basiert mindestens auf Vorgaben, wenn nicht sogar auf direkten Rechtsverordnungen, der EU.

Dies betrifft auch und in besonderem Maße die Wirtschafts- und Sozialpolitik z. B. bei

- Entscheidungen über Zölle/Außenwirtschaftsfragen,
- Binnenmarktregulierungen,
- Schutz von Arbeitnehmern vor Gefährdungen während der Arbeit und
- Schutz von Verbrauchern vor Produktgefährdungen.

Aufgrund der geltenden Europäischen Verträge beruhen deshalb auch die rechtlichen Anforderungen an eine ganze Reihe von Produkten in diesem Wirtschaftsraum auf diesem europäischen Rechtssystem.

Der freie Warenverkehr ist ein wichtiger und unverzichtbarer Eckpfeiler des Binnenmarkts.[1] Das bedeutet:

- Eine mengenmäßige Ausfuhr- oder Einfuhrbeschränkungen und Maßnahmen gleicher Wirkung sind verboten.
- Mögliche Einschränkungen der Freizügigkeit sind nur sehr zurückhaltend anwendbar.

Diese Harmonisierung und im Ergebnis die gegenseitige Anerkennung des technischen Schutzniveaus von Produkten dienen sowohl der Abwendung neuer Handelshemmnisse zwischen den Mitgliedstaaten wie auch der Gewährung eines notwendigen Sicherheitsniveaus dieser Produkte.

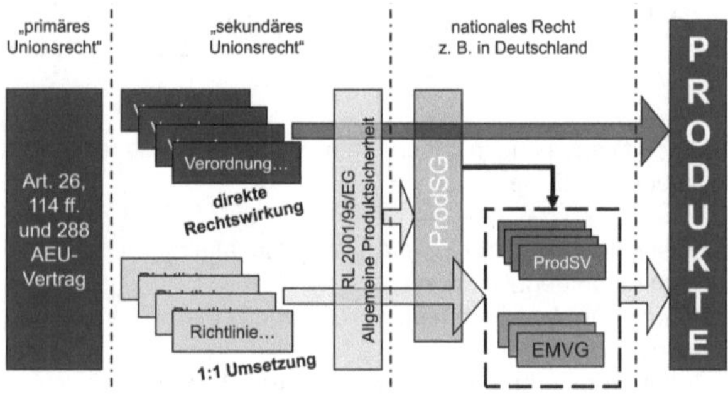

***Bild 1:** Produktsicherheitsrecht – Verständnis in Europa (Quelle: Jürgen Bialek)*

[1] vgl. Art. 34–36 AEU-Vertrag

Harmonisierung der Rechtsvorschriften

Ein weiteres wichtiges Ziel war es, trotz aller Angleichungsbestrebungen ein weitgehend **hohes und allgemein anerkanntes Schutzniveau** der betreffenden Produkte zu erhalten. Man beschränkte sich bei der Harmonisierung der Rechtsvorschriften auf die Festlegung sog. grundlegender Sicherheitsanforderungen oder sonstiger Anforderungen im Interesse des Gemeinwohls.[2]

Viele Europäische Richtlinien, Verordnungen, Beschlüsse und Entschließungen wurden in den Folgejahren veröffentlicht, um die Grundzüge des „Neuen Konzepts“ in weiten Teilen der Industrie und des Handels umzusetzen.

Bei aller Orientierung an den durchaus festgeschriebenen Grundlagen musste man feststellen, dass es in vielen Bereichen der relevanten Rechtsvorschriften durchaus eigenwillige Lösungen der Umsetzung gab. Einige Branchen liefen Gefahr, sich in Teilen zu „verselbstständigen“, sodass die veröffentlichten Rechtsvorschriften untereinander nicht mehr vergleichbar waren. Man befürchtete sogar, dass unterschiedliche Vorgehensweisen bei der Bewertung der anstehenden Aufgaben zu nicht akzeptablen Abweichungen im Sicherheitsniveau von Produkten führen könnten.

Somit wurden im Jahre 2008 am Ende eines langen Diskussions- und Entwicklungsprozesses Maßnahmen beschlossen, damit der gemeinsame Binnenmarkt für eine ganze Reihe von Produkten in Europa in der Zukunft besser funktionieren kann.

---

[2] Entschließung des Rates vom 7. Mai 1985 über eine neue Konzeption auf dem Gebiet der technischen Harmonisierung und der Normung – Anhang I

Mit der Verabschiedung dieser **horizontalen Maßnahmen** (= Maßnahmen, die die Rechtslage bei allen inkludierten Produkten beeinflussen) wurde die Grundlage für ein modernes Rechtssystem der Produktsicherheit, des freien Warenverkehrs und der effizienten Marktüberwachung im Europäischen Wirtschaftsraum gelegt.

In der Folge war es notwendig geworden, eine ganze Reihe von Europäischen Richtlinien zu überarbeiten, da sie nicht entsprechend den angestrebten einheitlichen Bestimmungen aufgestellt waren. Dieser Prozess ist heute abgeschlossen. Die überarbeiteten Richtlinien und deren Überführungen in nationales Recht der Mitgliedstaaten sind seit dem Jahre 2016 verbindlich anzuwenden.

Unter diese Harmonisierung der Rechtsvorschriften der EU-Mitgliedstaaten fiel auch die Richtlinie 2014/34/EU für Geräte und Schutzsysteme zur bestimmungsgemäßen Verwendung in explosionsgefährdeten Bereichen („ATEX“).

2.2.2 Umfassende Pflichten des Herstellers

Der Begriff des Herstellers i. S. d. europäisch harmonisierten Produktsicherheitsrechts ist definiert als

 **Gesetz**

„... natürliche oder juristische Person, die ein Produkt herstellt bzw. entwickelt oder herstellen lässt und dieses Produkt unter ihrem eigenen Namen oder ihrer eigenen Marke vermarktet.“[3]

Daneben gibt es weitere Wirtschaftsteilnehmer, die mit den relevanten Rechtsvorschriften definiert werden, im Einzelnen:

- Bevollmächtigte
- Einführer
- Händler
- Fulfillment-Dienstleister

Auch diesen weiteren Personen oder Organisationen können Herstellerpflichten obliegen, wenn sie z. B. ihren Namen oder ihre Marke auf dem Produkt angeben oder ein Produkt so verändern, dass die Anforderungen der einschlägigen Rechtsvorschriften betroffen sind. Ansonsten müssen alle Beteiligten entlang der Handelskette dafür sorgen, dass nur sichere Produkte bereitgestellt werden.

Jeder (Haupt-) Verantwortliche in Entwicklung und Herstellung sowie auch im Import, Vertrieb und Verkauf muss zunächst alle zutreffenden Rechtsvorschriften/Anforderungen an das Produkt kumulativ beachten (auch Richtlinien, die kein CE-Zeichen „erfordern“).

[3] vgl. z. B. Verordnung (EG) 765/2008 – Artikel 2 Nr. 3

Das bedeutet konkret für sie, dass sie keine Wahlmöglichkeit haben. Der Gesetzgeber geht davon aus, dass sie alle zutreffenden Anforderungen kennen, um sie beachten zu können.

Diese Herstellerpflichten gelten für Sie daher prinzipiell (sofern für das einzelne Produkt zutreffend):

1. anwendbares Konformitätsbewertungsverfahren durchführen oder durchführen lassen; ggf. benannte Stelle einsetzen (insbesondere unter Umsetzung der zutreffenden grundlegenden Anforderungen der anwendbaren Rechtsvorschriften)
2. technische Unterlagen erstellen und verfügbar halten (z. B. Beschreibungen, Planungsunterlagen, Risikobeurteilungen, QS-Dokumente, Unterlagen von Lieferanten)
3. EU-Konformitätserklärung ausstellen (ggf. dem Produkt beilegen)
4. Gebrauchsanweisungen und Sicherheitsinformationen beifügen (z. B. Betriebsanleitung; auch die „Sprachenregelung" beachten)
5. Anforderungen in Bezug auf die Rückverfolgbarkeit umsetzen (z. B. Aufbewahrungsfristen der Unterlagen; Kennzeichnungsanforderungen)
6. CE-Kennzeichnung und ggf. andere Kennzeichen anbringen
7. Konformität bei Serienfertigung sicherstellen
8. ggf. Produkt und/oder Qualitätssicherungssystem zertifizieren

Insbesondere aus den „neuen" Rechtsvorschriften des sog. *New Legislative Framework – NLF* ergeben sich weitere Verpflichtungen für den Hersteller:

- Verpflichtung, ein (Serien-) Produkt sicherheitstechnisch auf „aktuellem Stand“ zu halten
- Verpflichtung, auch die Dokumente zu aktualisieren
- Verpflichtung zur Produktbeobachtung, d. h. insbesondere:
  - Stichproben nehmen
  - Prüfungen durchführen
  - Verzeichnis von Beschwerden und Produktrückrufen
  - Information an die Händler über vorgenommene Überwachungen und deren Ergebnisse
- Verpflichtung zur Angabe von Typ-, Chargen- oder Seriennummern oder eines anderen Identifikationskennzeichens auf dem Produkt oder, wo nicht möglich, auf der Verpackung oder den beigefügten Unterlagen
- Angabe von Namen, Handelsnamen oder Handelsmarke und Kontaktanschrift (zentrale Ansprechstelle!) auf dem Produkt oder, wo nicht möglich, auf der Verpackung oder den beigefügten Unterlagen
- Sicherheitsinformationen in einer Sprache, die von Verbrauchern/Endnutzern leicht verstanden wird, gemäß den Entscheidungen des Mitgliedstaates
- Vorschrift, ein Risiko- und Rückrufmanagement und ein System hinsichtlich der Reaktion auf Nichtkonformität oder notwendiger Korrekturmaßnahmen zu unterhalten
- Pflicht der Übergabe von Informationen und Unterlagen an zuständige nationale Behörden in einer Sprache, die von dieser leicht verstanden werden kann; Pflicht zur Kooperation mit der Behörde
- Pflicht gegenüber den Behörden zur Benennung aller Wirtschaftsakteure über einen Zeitraum von zehn Jahren nach Bezug oder Lieferung,
  - von denen sie ein Produkt bezogen haben oder
  - an die sie ein Produkt geliefert haben

Mehrere dieser Anforderungen sind tatsächlich nicht komplett neu. Solche Pflichten sind ggf. bereits aus dem Produkthaftungsrecht bekannt.

Die detaillierten Anforderungen an Hersteller sind zudem in den jeweiligen, auf das Produkt zutreffenden Rechtsvorschriften definiert.

2.2.3 Die ATEX-Richtlinie 2014/34/EU

Die ATEX-Richtlinie 2014/34/EU ist wichtig für

- Hersteller,
- Importeure und
- Händler

von technischen Bauteilen und Ausrüstungen, die bestimmungsgemäß in explosionsgefährdeten Bereichen eingesetzt werden dürfen, sowie für

- Hersteller,
- Importeure,
- Händler und
- teilweise auch Verwender

von Maschinen und anderen Elementen, die solche Betriebsmittel beinhalten.

 **Hinweis**

Eine besondere Rolle spielen dabei diejenigen Verwender, die sich für den Eigengebrauch Installationen zur Verwendung in explosionsgefährdeten Bereichen aus mehreren zugekauften Elementen zusammenbauen.

Die Neufassung der ATEX-Richtlinie, der Richtlinie 2014/34/EU zur Harmonisierung der Rechtsvorschriften der Mitgliedstaaten für Geräte und Schutzsysteme zur bestimmungsgemäßen Verwendung in explosionsgefährdeten Bereichen wurde am 29.03.2014 im Amtsblatt der EU (L 96/309) veröffentlicht. Diese Richtlinie ersetzte am 20.04.2016 nach einer festgelegten Übergangsfrist das Vorgängerdokument 94/9/EG.

Die rechtlich notwendige nationale Umsetzung der Europäischen Richtlinie in Deutschland erfolgte mit der **Elften Verordnung zum Produktsicherheitsgesetz** - 11. ProdSV.

Die Richtlinie 2014/34/EU gilt zunächst für alle nachfolgend genannte Produkte:

1. Geräte und Schutzsysteme zur bestimmungsgemäßen Verwendung in explosionsgefährdeten Bereichen
2. Sicherheits-, Kontroll- und Regelvorrichtungen für den Einsatz außerhalb solcher Bereiche, wobei diese Vorrichtungen jedoch erforderlich sind, oder einen wichtigen Beitrag leisten für den sicheren Betrieb der oben genannten Geräte und Schutzsysteme
3. Komponenten, die zum Einbau in die oben genannten Geräte oder Schutzsysteme vorgesehen sind

Nach der Richtlinie wird der explosionsgefährdete Bereich wie folgt definiert:

 **Gesetz**

„... ein Bereich, in dem die Atmosphäre aufgrund der örtlichen und betrieblichen Verhältnisse explosionsfähig werden kann."

Als (beeinflussbare) Voraussetzung einer Explosion ist also die Zusammensetzung der Atmosphäre im betreffenden Bereich zu identifizieren.

Eine explosionsfähige Atmosphäre definiert sich als

 **Gesetz**

„... ein Gemisch aus Luft und brennbaren Gasen, Dämpfen, Nebeln oder Stäuben unter atmosphärischen Bedingungen, in dem sich der Verbrennungsvorgang nach erfolgter Zündung auf das gesamte unverbrannte Gemisch überträgt."

Die Explosionsfähigkeit in einer bestimmten Situation und an einem bestimmten Ort hängt also immer von drei Faktoren ab:

- brennbarer Stoff
- Anwesenheit von Luft (Sauerstoff)
- Zündquelle

Bild 2: *Explosionsdreieck;*
(Quelle: Jürgen Bialek, Adobe Stock 18172361: icholakov)

Die ATEX-Richtlinie betrachtet in diesem Zusammenhang den speziellen Beitrag bestimmter technischer Zündquellen.

Die explosionsfähige Atmosphäre kann dabei auftreten:

- außerhalb des betrachteten Produkts, wobei der brennbare Stoff von einer gänzlich anderen Quelle stammen und es bei Anwesenheit von Luft (Sauerstoff) jedoch zu einer Explosion kommen kann
- außerhalb des betrachteten Produkts, wenn der brennbare Stoff aus dem betrachteten Produkt selbst austreten könnte und es bei Anwesenheit von Luft (Sauerstoff) jedoch zu einer Explosion kommen kann

- innerhalb des betrachteten Produkts, wobei dann in diesem Innenraum wiederum Geräte eingebaut sein müssen, die dort eine Explosion hervorrufen können
- an den Schnittstellen des betrachteten Produkts zu anderen Elementen, wenn es zu einer bestimmungsgemäßen Weitergabe eines explosionsfähigen Stoffgemischs kommt

2.2.4 Geräte und Schutzsysteme

Ein **Gerät** i. S. d. vorliegenden Richtlinie kann eines der folgenden Produkte sein:

- Maschinen (z. B. Handbohrmaschine, Grubenlokomotive)
- Betriebsmittel (z. B. Sprechfunkgerät, Lichtschalter)
- stationäre oder ortsbewegliche Vorrichtungen
- Steuerungs- und Ausrüstungsteile (z. B. elektrische Schaltanlage)
- Warn- und Vorbeugungssysteme (z. B. Sicherheitssysteme, wie Endschalter, Sensoren etc.)

Geräte sind nach der Richtlinie einzeln oder in kombiniertem Gebrauch dazu bestimmt, eine oder mehrere der nachfolgend genannten Anwendungen auszuführen:

- Erzeugung, Übertragung, Speicherung, Messung, Regelung und Umwandlung von Energien (jegliche Energiearten) oder
- Verarbeitung von Werkstoffen

In jedem Fall muss ein Gerät eine eigene (potenzielle) Zündquelle besitzen und muss dadurch in der Lage sein, eine Explosion auszulösen.

Nach der TRGS 723 ist eine **Zündquelle** ein physikalischer, chemischer oder technischer Vorgang, ein Zustand oder ein Arbeitsablauf, der geeignet ist, die Entzündung einer explosionsfähigen Atmosphäre auszulösen.

 **Beispiel**

Beispiele:

- Funken durch Schalthandlung (Öffnen/Schließen der Kontakte) an einem elektrischen Schütz unter Spannung
- Funken durch Entladung an Bauteilen einer schnell drehenden Rührwerkswelle (insbesondere nach Ladungstrennung im zu rührenden Medium)
- Einleiten einer chemischen Reaktion in einem Reaktionsbehälter
- Lagererwärmung an Elektromotoren

Bei dieser Betrachtung darf nicht nur der Normalbetrieb eines solchen Produkts herangezogen werden, auch das Entstehen bzw. Vorhandensein von Zündquellen im Störungsfall muss berücksichtigt werden.

Schutzsysteme sind nach der Definition der Richtlinie

 **Gesetz**

„... alle Vorrichtungen mit Ausnahme der Komponenten von Geräten, die anlaufende Explosionen umgehend stoppen und/oder den von einer Explosion betroffenen Bereich begrenzen sollen und als autonome Systeme gesondert auf dem Markt bereitgestellt werden..."

Zur besseren Anschauung sind nachfolgend einige Anwendungsbeispiele aufgeführt.

 **Beispiel**

Beispiele für Schutzsysteme:

- Berstscheiben
- Systeme zur flammenlosen Druckentlastung
- Rückschlagklappen
- Quetschventile
- Systeme zur Inertisierung

2.2.5 Ausnahmen von der Richtlinie; weitere Rechtsvorschriften

Es gibt eine ganze Reihe von Produkten, die **NICHT** unter die ATEX-Richtlinie fallen:

- medizinische Geräte zur bestimmungsgemäßen Verwendung in medizinischen Bereichen (hier ist die Verordnung (EU) 2017/745 anzuwenden)
- Geräte und Schutzsysteme, bei denen die Explosionsgefahr ausschließlich durch die Anwesenheit von Sprengstoffen oder chemisch instabilen Substanzen hervorgerufen wird (z. B. Vorrichtung zur Sprengplattierung von Stahlblechen; Maschinen zur Herstellung von Explosivstoffen)
- Geräte, die zur Verwendung in häuslicher und nichtkommerzieller Umgebung vorgesehen sind, in der eine explosionsfähige Atmosphäre nur selten und lediglich infolge eines unbeabsichtigten Brennstoffaustritts gebildet werden kann (i. d. R. kein bestimmungsgemäßer Einsatz in explosionsgefährdeten Bereichen)
- Persönliche Schutzausrüstungen (hier gilt die Verordnung (EU) 2016/425)
- Seeschiffe und bewegliche Offshore-Anlagen sowie die Ausrüstungen an Bord dieser Schiffe und Anlagen (hier ist die Richtlinie 2014/90/EU anwendbar, die durch die Verordnung (EU) 2018/414 ergänzt wird)

- Beförderungsmittel für den „öffentlichen Verkehr" (hier gelten diverse Europäische Richtlinien bzw. Verordnungen für „Fahrzeuge")
- Produkte i. S. d. Artikels 346 Abs. 1 Buchstabe b des Vertrags über die Arbeitsweise der Europäischen Union (dies sind Mittel der Landesverteidigung und für vergleichbare Sicherheitsinteressen der Mitgliedsländer)

Darüber hinaus fallen Produkte **NICHT** unter die ATEX-Richtlinie, die zwar bestimmungsgemäß in einem explosionsfähigen Bereich eingesetzt werden können, die aber aufgrund ihres Aufbaus und ihrer spezifischen Eigenschaften keine eigene Zündquelle haben oder darstellen bzw. die Definitionen zum Anwendungsbereich der Richtlinie nicht erfüllen.[4]

 **Beispiel**

Beispiele für Produkte, die nicht unter die ATEX-Richtlinie fallen:

- Handwerkzeuge, Leitern o. ä. einfache Arbeitsmittel
- handbetätigte Ventile (Bewegungen in „langsamer" Geschwindigkeit)
- Kabel (ausgenommen z. B. Heizkabel), Verschraubungen und Installationsmaterial
- Messgeräte, die keine unmittelbare Kontroll- oder Steuerungsfunktion im Hinblick auf Anforderungen des Anhangs I der ATEX-Richtlinie haben (z. B. rein prozessbezogene Druck- oder Temperaturüberwachung) und sofern diese

[4] vgl. dazu § 38 der ATEX 2014/34/EU Leitlinien – z. Zt. 3. Ausgabe – Mai 2020

Messgeräte nicht selbst in explosionsgefährdeten Bereichen eingebaut werden
- Behälter
- einfache Gebäudeausrüstungen (z. B. Fenster, Türen, Tore ohne Antriebe)
- Grundmaterialien (z. B. Farben, Lösemittel, Kunststoffe etc.)

Im Zusammenhang mit sog. **Baugruppen** und **Installationen**, immer bestehend aus mehreren Einzelelementen, müssen bezüglich der Anwendung der ATEX-Richtlinie Besonderheiten beachtet werden (▶ Kap. 2.2.7).

Ex-Gefahren nur im Innern von Geräten

Häufig und gerade im Zusammenhang mit Maschinen, maschinellen Anlagen oder vergleichbaren Einrichtungen kann es vorkommen, dass eine gefährliche explosionsfähige Atmosphäre ausschließlich im Innern solcher Elemente (Maschinen, Installationen etc.) auftritt.

Sofern mit einem planmäßigen Austreten des explosionsfähigen Stoffgemisches in die Umgebung **nicht** zu rechnen ist, entsteht somit im Bereich und im Zusammenhang mit der Funktion des Elements (Maschine, Installation etc.) auch keine („äußere") explosionsfähige Atmosphäre i. S. d. Richtlinie 1999/92/EG (kein Ausweis von Ex-Zonen).[5]

[5] vgl. dazu auch § 34 der ATEX 2014/34/EU Leitlinien – z. Zt. 3. Ausgabe – Mai 2020

 **Hinweis**

Nur in ausgewiesenen Ex-Zonen ist der Einsatz von Geräten und Schutzsystemen nach der Richtlinie 2014/34/EU als Ganzes erforderlich. Das bedeutet, dass bei ausschließlichem Vorkommen einer Explosionsgefahr im Innern eines solchen Elements die Richtlinie 2014/34/EU auf das komplette Element nicht anwendbar ist.

Anforderungen bezüglich Sicherheit gegen Explosion sind jedoch auch in diesem Zusammenhang zu erfüllen.

Dazu kann es erforderlich werden, dass wiederum innen liegende (in dem Element eingebaute) Geräte und Schutzsysteme die Anforderungen der Richtlinie 2014/34/EU erfüllen müssen oder andere Maßnahmen zur Vermeidung eines explosionsfähigen Gemisches oder dem Wirksamwerden einer Zündquelle ergriffen werden müssen.

Anwenden weiterer Rechtsvorschriften für Produkte

Sehr häufig sind auf die unter die ATEX-Richtlinie fallenden Betriebsmittel weitere Europäische Rechtsvorschriften anzuwenden, sofern sie in den jeweils dort genannten Anwendungsbereichen liegen. Bei anderen Rechtsvorschriften ist die Anwendung jedoch konkurrierend.

 **Beispiel**

Wichtige Beispiele für die Anwendung weiterer Rechtsvorschriften für Produkte sind z. B.:

- **Niederspannungsrichtlinie** (2014/35/EU): Für elektrische Betriebsmittel, die für den Einsatz in explosionsgefährdeten Bereichen bestimmt sind, wird **ausschließlich** die ATEX-Richtlinie angewandt, NICHT aber die Niederspannungsrichtlinie.
- **Maschinenrichtlinie** (2006/42/EG): Die ATEX-Richtlinie hat Vorrang als „spezielle Richtlinie" hinsichtlich der Explosionsrisiken; für alle anderen Risiken ist Maschinenrichtlinie anzuwenden.
- **EMV-Richtlinie** (2014/30/EU): ATEX-Richtlinie hat Vorrang hinsichtlich der Explosionsrisiken; bezüglich der EMV-Phänomene (elektrischer Betriebsmittel) ist die EMV-Richtlinie anzuwenden.
- **Druckgeräterichtlinie** (2014/68/EU): Parallele Anwendung bei einigen wenigen (druckstoßfesten) Sicherheitseinrichtungen; KEINE Anwendung der ATEX-Richtlinie, nur weil z. B. ein Druckbehälter im Betrieb „heiß" werden könnte → im Allgemeinen Anwendung des Betriebssicherheitsrechts.
- **Allgemeine Produktsicherheitsrichtlinie** (2001/95/EG): Parallele Anwendung, im Regelfall nur bei Verbraucherprodukten.
- **Bauproduktenverordnung** ((EU) 305/2011): Parallele Anwendung, wenn dauerhafter Einbau in Bauwerke des Hoch- oder Tiefbaus erfolgt (z. B. große Explosionsdruckentlastungsklappen in Betonsilos für die Lagerung von Säge- oder Hobelspänen der Holzbearbeitung).

- **RoHS-Richtlinie** (2011/65/EU): Parallele Anwendung, sofern es sich um elektrische (ATEX-) Betriebsmittel handelt, die unter die RoHS-Richtlinie fallen.
- **Ökodesign-Richtlinie** (2009/125/EG): Parallele Anwendung dort zutreffender delegierter Verordnungen, sofern es sich um (ATEX-) Betriebsmittel handelt, die dieser Rechtsvorschrift unterliegen.

Im Sinne des „ganzheitlichen Ansatzes" sind die Anforderungen aller zutreffenden Rechtsvorschriften kumulativ einzuhalten.

2.2.6 Schutzziele und Konformitätsbewertung

Anhang II der Richtlinie definiert die generellen Schutzziele, die mit Entwicklung, Konstruktion, Bau und Installation der Geräte und Schutzsysteme zu erfüllen sind.

Dem voraus muss stets eine **Einstufung** der betrachteten Geräte und Schutzsysteme nach den Vorgaben des Anhangs I der Richtlinie gehen.

 **Hinweis**

Die Richtlinie unterteilt die Geräte zunächst in **zwei Gruppen**:

- **Gerätegruppe I** = Geräte zum Einsatz in untertägigen Bergwerken und deren Übertageanlagen, die durch Grubengas und/oder brennbare Stäube gefährdet sind
- **Gerätegruppe II** = Geräte zum Einsatz in allen anderen Bereichen, sofern eine Gefährdung durch explosionsfähige Atmosphären entstehen kann

In den beiden Gruppen werden die zu betrachtenden Geräte nun wiederum in **Kategorien** eingeteilt. Damit definieren sich der Schutzgrad, die Schutzleistung, die zu realisierenden Betriebsbedingungen und die speziellen Anforderungen, die bei der Entwicklung und Herstellung dieser Geräte zu beachten sind.

Die nachstehende Tabelle zeigt die grundlegend erforderlichen Schutzleistungen der betreffenden Geräte:

Tabelle 1: *Grundlegende Schutzleistungen nach Kategorien; Quelle: Jürgen Bialek*

Schutzgrad	**Kategorie in Gruppe**		**Schutzleistung**
	I	**II**	
sehr hoch	M1		zwei unabhängige apparative Schutzmaßnahmen; Sicherheit gewährleistet beim Auftreten von zwei unabhängigen Fehlern
sehr hoch		1	
hoch	M2		für normalen Betrieb und erschwerte Betriebsbedingungen, rauer Behandlung bzw. wechselnden Umgebungseinflüssen
hoch		2	erforderliches Maß an Sicherheit muss gewährleistet sein, selbst bei häufigen Gerätestörungen bzw. Fehlerzuständen
normal		3	erforderliche Sicherheit muss bei normalem Betrieb gewährleistet sein

Anhang II der Richtlinie definiert jeweils die zu erfüllenden Schutzziele an alle ATEX-Geräte im Allgemeinen (Abschnitt 1) sowie weitergehende spezielle Anforderungen in Abhängigkeit von Kategorie und Gerätegruppe, wie oben beschrieben (Abschnitt 2). Im Abschnitt 3 sind dann die Anforderungen an die Schutzsysteme fixiert.

Grundsätzlich ist den Prinzipien der integrierten Explosionssicherheit in der hier nachstehend angegebenen Hierarchie zu folgen:

1. Maßnahmen zur Vermeidung explosionsfähiger Atmosphären bzw. deren Freisetzung
2. Verhinderung des Entzündens freigesetzter oder vorhandener explosionsfähiger Atmosphäre
3. falls es doch zu einer Explosion kommt – Stoppen oder Begrenzen der Auswirkungen auf ein ausreichend sicheres Maß

Die Übereinstimmung von Produkten nach der ATEX-Richtlinie mit den o. g. wesentlichen Anforderungen kann u. a. dann vermutet werden, wenn das Produkt mit harmonisierten Normen oder Teilen davon übereinstimmt. Wichtige harmonisierte Normen bzw. Normenreihen behandeln die Grundlagen des (technischen) Explosionsschutzes (▶ Kap. 2.5)

Für die Geräte und Schutzsysteme, die der ATEX-Richtlinie unterliegen, werden Bewertungsverfahren in Abhängigkeit vom erwarteten Schutzgrad durchgeführt. Die Durchführung der **Konformitätsbewertung** gehört zu den zentralen Pflichten des Herstellers. Mit Artikel 13 der Richtlinie 2014/34/EU werden die Möglichkeiten für die Durchführung des Verfahrens zusammengefasst.

Für die **Geräte der Kategorien M1 und 1** sowie für Schutzsysteme ist in jedem Fall eine EU-Baumusterprüfung anzuwenden, gefolgt von:

- Konformität mit dem Baumuster auf der Grundlage einer Qualitätssicherung, bezogen auf den Produktionsprozess ODER
- Konformität mit dem Baumuster auf der Grundlage einer Prüfung der Produkte

Alternativ kann für solche Produkte auch die Konformität auf der Grundlage einer umfassenden Einzelprüfung bewertet werden.

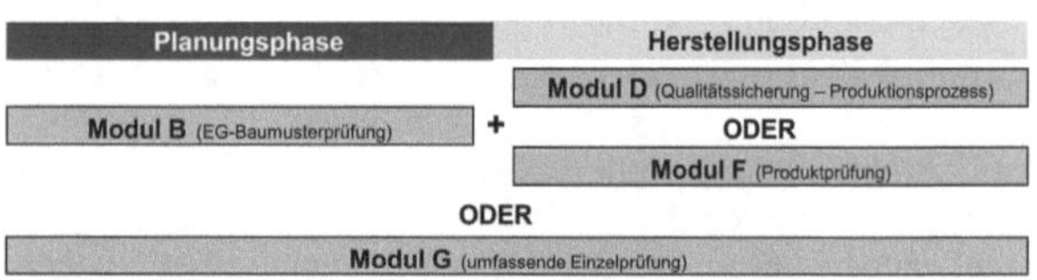

***Bild 3:** Umfassende Einzelprüfung für Geräte der Kategorien M1 und 1 sowie Schutzsysteme; (Quelle: Jürgen Bialek)*

Bei **Motoren mit innerer Verbrennung** und für **elektrische Geräte** jeweils der **Gerätekategorien M2 und 2** ist ebenfalls die EU-Baumusterprüfung anzuwenden, gefolgt von:

- Konformität mit dem Baumuster auf der Grundlage einer internen Fertigungskontrolle mit überwachter Produktprüfung ODER
- Konformität mit dem Baumuster auf der Grundlage einer Qualitätssicherung, bezogen auf das Produkt

Wiederum kann für solche Produkte alternativ auch die Konformität auf der Grundlage einer umfassenden Einzelprüfung bewertet werden.

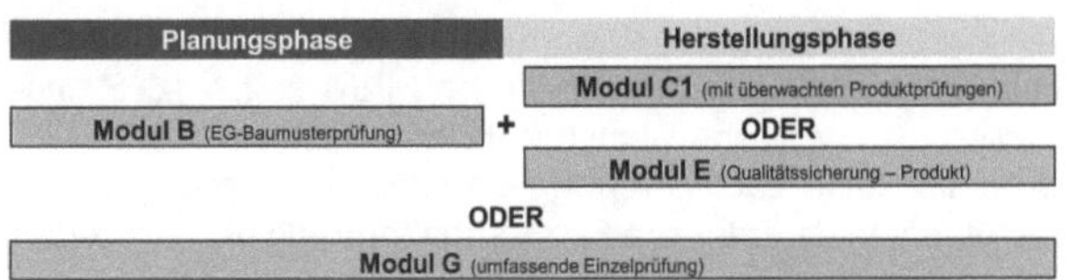

***Bild 4:** Umfassende Einzelprüfung für Geräte der Kategorien M1 und 1 sowie Schutzsysteme; (Quelle: Jürgen Bialek)*

In den hier gezeigten Fällen der Konformitätsbewertung bzw. der Schritte in den Modulen B, C1, D, E, F oder G ist jeweils das Einbeziehen einer notifizierten Stelle erforderlich.

Bei allen **anderen Geräten der Gerätekategorien M2 und 2** wird die interne Fertigungskontrolle (**Modul A**) angewendet und die technischen Unterlagen sind einer notifizierten Stelle zu übermitteln, die den Erhalt dieser Unterlagen unverzüglich bestätigt und sie aufbewahrt.

Für **Geräte der Kategorie 3** (**Gruppe II**) wird in jedem Fall das Verfahren der internen Fertigungskontrolle (**Modul A**) angewandt.

Planungsphase | Herstellungsphase
Modul A (interne Fertigungskontrolle)

***Bild 5:** Interne Fertigungskontrolle für Geräte der Kategorie 3; (Quelle: Jürgen Bialek)*

Komponenten werden den Verfahren in gleicher Weise unterzogen. Einzig die Anbringung des CE-Zeichens und die Ausstellung der EU-Konformitätserklärung entfallen hier.

Eine Besonderheit in der Bewertung bilden die sog. **sonstigen Risiken** an den Geräten nach Anhang II Nr. 1.2.7. (z. B. mechanische, thermische, sonstige nicht-elektrische Gefährdungen). Hier kann zur Bewertung der Übereinstimmung immer das Verfahren der **internen Fertigungskontrolle** herangezogen werden, unabhängig von dem ansonsten anzuwendenden Verfahren.

Schließlich gibt es die Möglichkeit, dass die zuständigen Behörden der Mitgliedstaaten auf hinreichend begründeten Antrag das Inverkehrbringen und die Inbetriebnahme solcher Produkte im Einzelfall genehmigen, die den vorher genannten Verfahren nicht unterzogen wurden.

2.2.7 Herstellerpflichten

Die einzelnen Schritte, die der Hersteller zu erfüllen hat, sind in Anhängen III bis IX der Richtlinie ausführlich beschrieben. Dazu gehören die nachfolgend hier erläuterten Aufgaben.

Die **Technischen Unterlagen** enthalten beispielhaft für Produkte, die dem Verfahren der internen Fertigungskotrolle unterzogen werden, die folgenden Dokumente:

- allgemeine Beschreibung des Produkts
- Entwürfe, Fertigungszeichnungen und -pläne von Bauteilen, Baugruppen, Schaltkreisen usw.
- Beschreibungen und Erläuterungen zu deren Verständnis sowie zur Funktionsweise des Produkts

- eine Aufstellung, welche harmonisierten Normen vollständig oder in Teilen herangezogen wurden; alternativ welche anderen Lösungen zur Erfüllung der grundlegenden Anforderungen angewandt wurden
- eine geeignete Risikoanalyse und eine Risikobewertung
- Ergebnisse der Konstruktionsberechnungen, Prüfungen usw.
- Prüfberichte

Bei der Anwendung anderer Verfahren der Konformitätsbewertung werden weitergehende Anforderungen nach den jeweils zutreffenden Anlagen der Richtlinie an die Technischen Unterlagen gestellt.

Die Aufbewahrungsfrist beträgt zehn Jahre ab dem Inverkehrbringen des Produkts (d. h. auch für das letzte Produkt einer Serie, für die die Unterlagen erstellt wurden).

Mit Artikel 15 der Richtlinie wird die **EU-Konformitätserklärung** definiert. Inhaltlich bezieht man sich auf den Anhang X der Richtlinie. Es wird darauf verwiesen, dass die im Anhang II genannten wesentlichen Anforderungen erfüllt und die Elemente des zutreffenden Konformitätsbewertungsmoduls als Voraussetzung enthalten sein müssen, um die Erklärung ausstellen zu können.

Bei Komponenten erfolgt die Ausstellung einer **sog. Konformitätsbescheinigung** je Modell. Jedem Produkt ist das zugehörige Dokument beizufügen. Die Erklärung ist auszustellen für ein „Produktmodell" bzw. ein „Komponentenmodell". Die Zuordenbarkeit der Erklärung zum Produkt muss klar erkennbar sein. Auszustellen ist das Dokument in der (in jeder!) Amtssprache des Mitgliedstaates, in dem das Produkt in Verkehr gebracht wird. Auf Verlangen ist den zuständigen Behörden ein Exemplar zur Verfügung zu stellen. Die Aufbewahrungsfrist beträgt auch hier zehn Jahre ab dem Inverkehrbringen des Produkts.

Im Sinne des ganzheitlichen Ansatzes muss die Erklärung auch die Übereinstimmung mit allen anderen auf das Gerät zutreffenden Rechtsvorschriften bescheinigen. Dies kann auf einem einzigen Dokument vorgenommen werden oder anhand mehrerer Erklärungen, die dann jeweils nur auf einen Teilbereich abstellen.

Artikel 15 der Richtlinie bezieht sich auf die Europäische Verordnung Nr. 765/2008 und definiert die Anforderungen an die **CE-Kennzeichnung**. Mit Artikel 16 werden die Anforderungen an die Kennzeichnung ergänzt. Die CE-Kennzeichnung ist vor dem Inverkehrbringen des Produkts vorzunehmen. Weiter heißt es im Artikel 16 Abs. 3 der Richtlinie:

 **Gesetz**

„Hinter der CE-Kennzeichnung steht die Kennnummer der notifizierten Stelle, falls diese Stelle in der Phase der Fertigungskontrolle tätig war. Die Kennnummer der notifizierten Stelle ist entweder von der Stelle selbst oder nach ihren Anweisungen durch den Hersteller oder seinen Bevollmächtigten anzubringen."

Zur **Kennzeichnung** gehören weiterhin:

- das spezielle Explosionsschutzkennzeichen 
- die Kennzeichen, die auf die Gerätegruppe und Gerätekategorie verweisen
- ggf. andere Kennzeichnungen und Informationen nach Anhang II Nr. 1.0.5 der Richtlinie
- weitere Zeichen, die ein besonderes Risiko oder eine besondere Verwendung angeben

Das folgende Bild zeigt ein Kennzeichnungsbeispiel. Dabei sind die im Rahmen verzeichneten Angaben obligatorisch. Bei den übrigen Angaben handelt es sich um für die Sicherheit bei der Verwendung unabdingbare Hinweise.

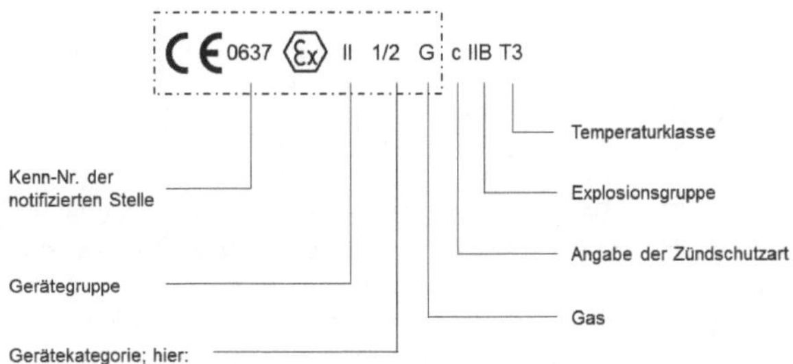

Bild 6: *Kennzeichnungsbeispiel; (Quelle: Jürgen Bialek)*

Die weiteren **Typenschildangaben** nach Anhang II Nr. 1.0.5 sind zu beachten.

Die Anbringung erfolgt auf dem Produkt oder seiner Datenplakette („Typenschild"). Falls dies nicht möglich ist, wird die Kennzeichnung auf der Verpackung und den Begleitunterlagen (d. h. auf **ALLEN** Begleitunterlagen) angebracht. Die Kennzeichnung auf dem Produkt selbst oder seiner Datenplakette ist dann nicht möglich, wenn

- das Betriebsmittel zu klein ist,
- das besondere Design des Betriebsmittels eine „direkte Anbringung" nicht zulässt bzw.
- durch die spezielle Funktion die Kennzeichnung nicht identifizierbar ist.

Im Anhang II Nr. 1.0.6 der Richtlinie werden Festlegungen getroffen, welche Informationen als **Betriebsanleitung** für das Produkt mitgegeben werden müssen.

2.2.8 Baugruppen und Installationen

Der Begriff der **Baugruppe** findet sich im nachstehend erläuterten Sinne im Richtlinientext nicht ein einziges Mal. Dort liest man in der Definition der Geräte lediglich das Wort „kombiniert" und erkennt somit, dass ein Zusammenbau aus mehreren Geräten, z. B. Maschinen, Betriebsmitteln, Vorrichtungen, Steuerungsteilen, Warn- und Vorbeugungssystemen eben auch unter die ATEX-Richtlinie fallen kann.

Nachstehend werden in verkürzter Form aus den genannten Leitlinien die Möglichkeiten der Behandlung einer Baugruppe wiedergegeben. Ausführliche Hinweise auch zur Kennzeichnung, zur Mitgabe von Informationen, zu Hinweisen für das Konformitätsverfahren und zur Ausstellung einer EU-Konformitätserklärung finden Sie in § 44 der ATEX 2014/34/EU Leitlinien.

Möglichkeit 1: Kombination wird als „Baugruppe" von einem Hersteller in Verkehr gebracht.

Bild 7: *Kombination als „Baugruppe" von einem Hersteller; (Quelle: Jürgen Bialek)*

→ „Baugruppe" als Ganzes wird der Konformitätsbewertung unterzogen (klassische Definition eines **Geräts** nach Richtlinie)

Möglichkeit 2: Kombination wird als „Baugruppe" von einem Hersteller in Verkehr gebracht.

Dabei wurden alle Einzelgeräte der Konformitätsbewertung unterzogen.

Durch den Zusammenbau der „Baugruppe" entstehen **keine** neuen Zündgefahren.

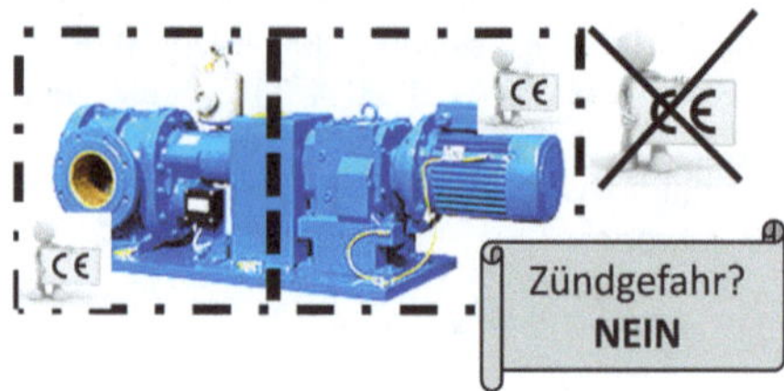

Bild 8: *Konformitätsbewertung aller Einzelgeräte ohne neue Zündquellen; (Quelle: Jürgen Bialek)*

→ „Baugruppe" als Ganzes ohne „eigene Konformität"

Möglichkeit 2A: wie zuvor

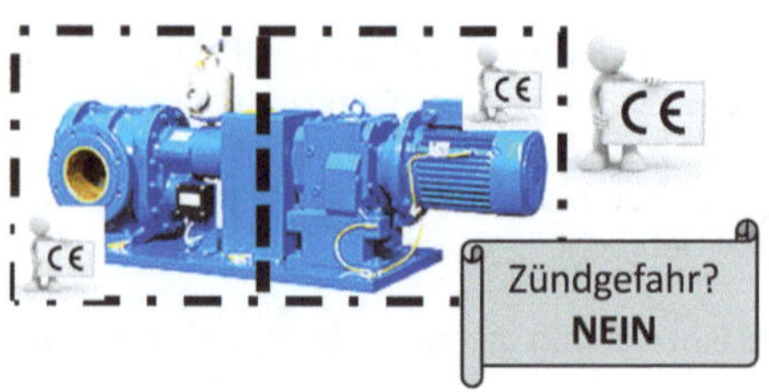

Bild 9: *Konformität für die „Baugruppe" als Ganzes (Quelle: Jürgen Bialek)*

→ Jedoch kann die Konformität für die „Baugruppe" als Ganzes optional (freiwillig) bewertet und erklärt werden. Die Beteiligung einer benannten (notifizierten) Stelle ist in diesen „freiwilligen Fällen" aber NICHT erforderlich.

Möglichkeit 3: Kombination wird als Baugruppe von einem Hersteller in Verkehr gebracht.

Dabei wurden alle Einzelgeräte der Konformitätsbewertung unterzogen.

Durch den Zusammenbau der „Baugruppe" entsteht jedoch **eine neue Zündgefahr.**

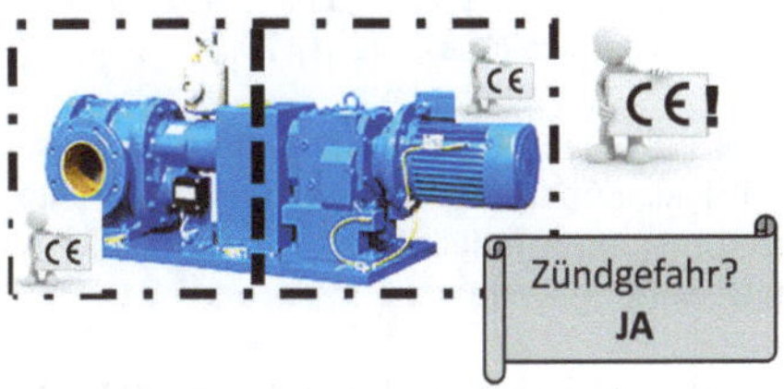

Bild 10: *Konformitätsbewertung aller Einzelgeräte bei Kombination als „Baugruppe" von einem Hersteller mit neuer Zündgefahr; (Quelle: Jürgen Bialek)*

→ „Baugruppe" MUSS als Ganzes der Konformitätsbewertung unterzogen werden (ggf. unter Einbeziehung einer benannten (notifizierten) Stelle, abhängig vom anwendbaren Bewertungsverfahren)

Möglichkeit 4: Kombination wird als „Baugruppe" von einem Hersteller in Verkehr gebracht.

NICHT ALLE Einzelgeräte wurden der Konformitätsbewertung unterzogen.

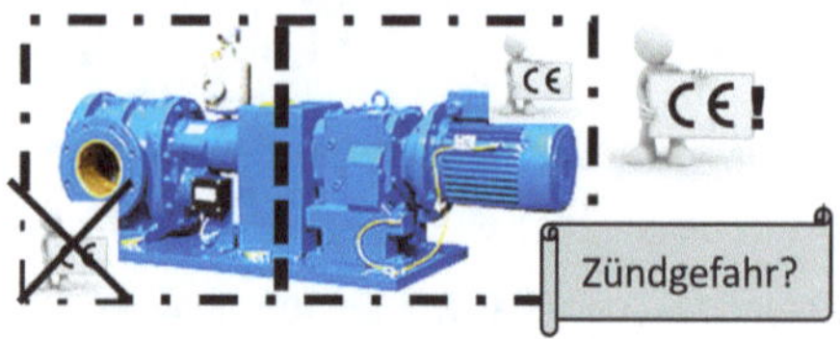

Bild 11: *Keine Konformitätsbewertung aller Einzelgeräte bei Kombination als „Baugruppe" von einem Hersteller; (Quelle: Jürgen Bialek)*

→ „Baugruppe" MUSS als Ganzes der Konformitätsbewertung unterzogen werden, inkl. Zündgefahrenbewertung (ggf. unter Einbeziehung einer benannten (notifizierten) Stelle, abhängig vom anwendbaren Bewertungsverfahren)

Eine weitere Besonderheit im Zusammenhang mit der Kombination mehrerer Einzelelemente ist in den Situationen zu betrachten, in denen der **Endanwender** einen solchen Zusammenbau vornimmt. Auch dieser Fall ist in den oben bereits benannten ATEX-Leitlinien behandelt. Diese Konstellationen werden zur Abgrenzung zu den Baugruppen dort als **Installationen** bezeichnet und sind durch folgende Merkmale geprägt:

 **Hinweis**

Merkmale von Installationen:

- Der Endanwender führt eine Risikobewertung durch.
- Er kauft „konforme" Produkte (Einzelelemente) ...
- ... und baut sie für die eigene Verwendung zusammen.

- Dabei stellt er sicher, dass durch den Zusammenbau die ursprünglich konformen Elemente (Geräte) weiterhin der Richtlinie entsprechen (Installationsanweisungen der jeweiligen Hersteller genau beachten).

In diesem Fall kommt die ATEX-Richtlinie **NICHT** zur Anwendung. Es gelten die Anforderungen der Betriebssicherheit und/oder der Arbeitsplatzsicherheit (reines „Betreiberrecht").

Der Begriff der „Installation" kommt auch dann zur Anwendung:

- beim Zusammenbau für die einmalige Verwendung unter Verantwortung des Betreibers (Versuchsaufbau)
- bei der Untervergabe eines solchen Zusammenbaus zur einmaligen Verwendung
- bei Anpassungen an einer gebauten Anlage unter der endgültigen Verantwortung des Endanwenders

In der ATEX-Leitlinie wird abschließend betont, dass die Grenzen zwischen Baugruppen (und damit Geräten i. S. d. Richtlinie) und Installationen durchaus fließend sein können. Im Zweifel sind klare vertragliche Vereinbarungen zu treffen, um am Ende die gesetzlich erforderlichen Bewertungsprozesse korrekt durchführen und die erforderlichen Dokumente generieren zu können; mithin eine sichere und rechtssichere „Anlage" errichtet zu haben.

2.3 Arbeitsschutz und Explosionsschutz

2.3.1 Soziale Arbeitswelt im Europäischen Rechtssystem

Betreiber-Pflichten im Ex-Schutz

Auf der Grundlage der Europäischen Verträge werden auch weitgehende (Mindest-) Anforderungen auf dem Politikfeld der sozialen Sicherheit, so auch beim **Schutz von Arbeitnehmern vor Gefährdungen während der Arbeit** aufgestellt.

Allerdings herrscht hier ein etwas anderer Ansatz vor als bei den Produktanforderungen: Die auf europäischer Grundlage definierten **Mindestanforderungen** in Form von Schutzzielen dürfen bei der Umsetzung in den EU-Ländern nicht „unterschritten" werden. Die Mitgliedstaaten dürfen aber bei den zu erfüllenden Pflichten dieses Sektors in ihren nationalen Gesetzen über die europäischen Anforderungen hinausgehen und somit nationale Besonderheiten fordern.

Zum grundsätzlichen Verständnis lässt sich dieses System, wie hier nachfolgend gezeigt, darstellen.

Aus den vertraglichen Vereinbarungen des ***primären Unionsrechts*** heraus werden die Grundlagen mittels einer **Rahmenrichtlinie** gezeichnet, aus der sich verschiedene zu betrachtende Einzelfelder ergeben.

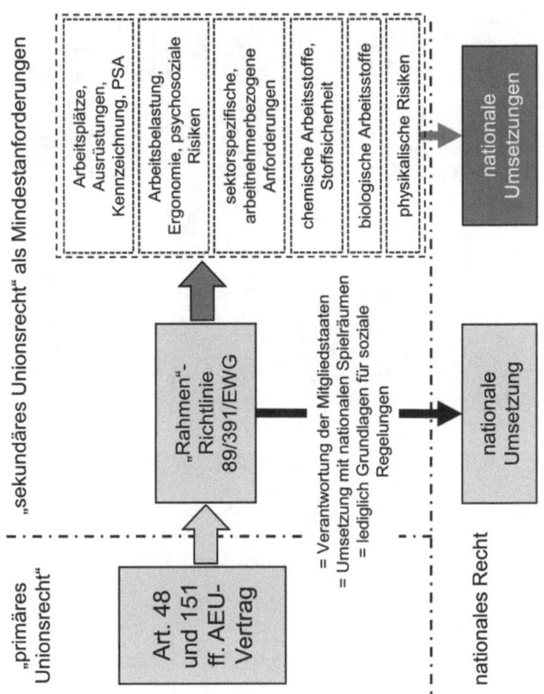

Bild 1: *Arbeitsschutzrecht - Verständnis in Europa (I);*
(Quelle: Jürgen Bialek)

Am Beispiel der Themen **Arbeitsplätze**, **Ausrüstungen**, **Kennzeichnung** und **PSA** wird das weitere System von Einzelrichtlinien bzw. verbundenen Rechtsvorschriften gezeigt.

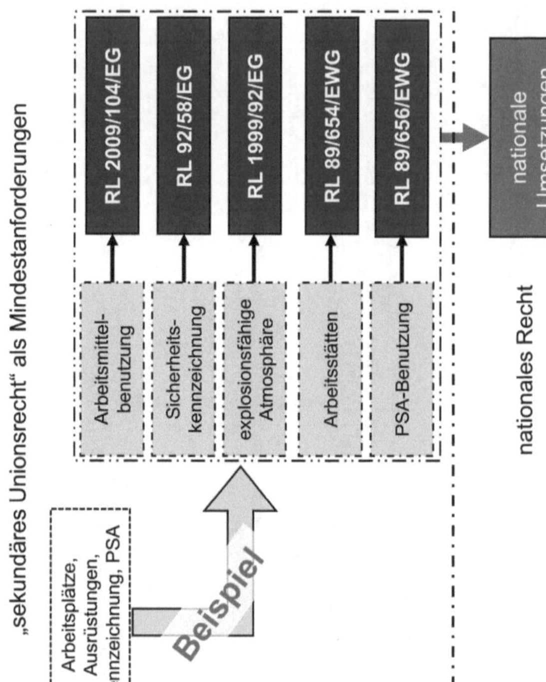

***Bild 2:** Arbeitsschutzrecht - Verständnis in Europa (II); (Quelle: Jürgen Bialek)*

In jedem Fall sind diese Europäischen Richtlinien in den EU-Ländern in nationales Recht umzusetzen, mit den bereits oben betonten nationalen Spielräumen. Bereits auf europäischer Ebene werden dazu mit Leitlinien zum Arbeitsschutz wertvolle Hilfestellungen als Umsetzungsdokumente veröffentlicht, die je nach ausgeprägtem nationalem System des Arbeitsschutzes von den Ländern genutzt werden können.

Zusammenfassend kann das System verständlich so dargestellt werden:

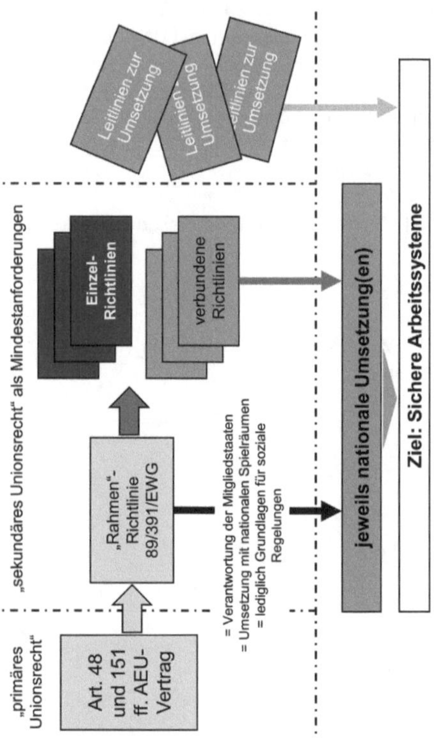

Bild 3: *Arbeitsschutzrecht - Verständnis in Europa (III); (Quelle: Jürgen Bialek)*

2.3.2 Umfassende Pflichten des Betreibers

Ausgehend von den im vorhergehenden Kapitel beschriebenen gesetzlichen Anforderungen an Produkthersteller (hier im Fall von „ATEX-Produkten"), werden jetzt insbesondere hier die nicht minder umfangreichen Pflichten der Anwender solcher Produkte betrachtet.

Mit ihrer parallel nebeneinanderstehenden Rechtswirkung tragen die beiden Bereiche – Produktsicherheitsrecht und „Betreiberrecht" – universell zu einer weitgehenden Sicherheit, ausgehend vom betrachteten gewerblichen Ansatz bei (▶ Kap. 2.1). Die betroffenen Kreise (Personen, Unternehmen, Organisationen) müssen ihren jeweiligen Verpflichtungen nachkommen.

In diesem Zusammenhang werden in diesem Kapitel nun die Pflichten einer Rechtspersönlichkeit, die mit dem sehr umfänglich gebrauchten Begriff des **Betreibers** beschrieben ist, näher beleuchtet.

Nahezu 300 Gesetze, Verordnungen und ähnliche Normen des Bundesrechts in Deutschland verwenden diesen Begriff. Er taucht in einer jeweils hohen dreistelligen Zahl von weiteren Rechtsnormen der EU auf der einen, wie auch der deutschen Bundesländer auf der anderen Seite auf. In den meisten nationalen Rechtsvorschriften gibt es aber keine Definition. Nach den wenigen, tatsächlich vorkommenden Erläuterungen lässt sich der **Begriff des Betreibers** und die daraus resultierende allgemeine Verantwortung wie folgt definieren:[1]

- natürliche oder juristische Person
- nutzt eine Sache, z. B.:
  - Maschine
  - Beförderungsmittel
  - Arbeitsmittel – allgemein
  - Produkt – allgemein
  - Produktionsanlage
  - Infrastrukturanlage
  - Datenverarbeitungsanlage
  - Gebäude und gebäudetechnische Einrichtungen
- zum Erreichen eines eigenen (wirtschaftlichen) Zieles, insbesondere z. B. zur
  - Herstellung wiederum eines anderen Produkts
  - Ausführung einer Dienstleistung
  - auch Erbringung einer unentgeltlichen Leistung
- anhand des weisungsfreien und selbstständigen Herbeiführens von Entscheidungen im Wesentlichen zu folgenden Aspekten im Zusammenhang mit der o. g. Sache:
  - Beschaffenheit bei Neuerwerb
  - Verfügungsgewalt hinsichtlich der wirtschaftlichen Nutzung
  - Entscheidungsgewalt über das technische Funktionieren
  - Einhaltung der anwendbaren Rechtsvorschriften

Vordergründig ist es dabei nicht entscheidend, wie die Besitzverhältnisse der genannten Sache sind. Auch wenn es natürlich

[1] vgl. dazu u. a.: Richtlinie 2012/18/EU („Seveso III-Richtlinie") vom 04.07.2012, ABl L 197/1 und Schmidt-Kötters, GewArch Beilage WiVerw Nr. 03/2013, 199-232

darauf ankommt, wer den wirtschaftlichen Nutzen hat, im Zweifel auch das wirtschaftliche Risiko trägt, so kommt es doch eher auf die tatsächliche Verfügungsgewalt an.[2]

Bei den meisten der o. g. mehreren hundert Rechtsnormen, die sich mit Betreiberpflichten beschäftigen, handelt es sich um Spezial-Vorschriften, die eng verbunden sind mit der Eigenart der Sache als solches bzw. mit dem damit zu erreichenden Ziel. Regelmäßig findet sich der hier beschriebene Betreiber mit den an ihn gestellten Anforderungen im **öffentlichen Recht** wieder. Dies ist in den meisten Fällen das nationale Recht im jeweiligen Staat, in dem der Betrieb der benutzten Sache stattfindet.

Innerhalb dieses öffentlichen Rechts spielen die Bereiche

- Umweltrecht,
- öffentliches Baurecht (als Teile des sog. besonderen Verwaltungsrechts),
- Sozialrecht (auch Unfallversicherung und Prävention) sowie

als weiteres wichtiges Gebiet das

- Arbeitsrecht und dort speziell die Rechtsnormen zum **Arbeitsschutz**

eine wichtige Rolle im Konsens der hier betrachteten Pflichten. Verbindungen zum allgemeinen Verwaltungsrecht, zum Wirtschaftsverwaltungsrecht, zum Strafrecht und auch zum Privatrecht sind möglich und notwendigerweise zu betrachten.

---

2 nach: Schmidt-Kötters, GewArch Beilage WiVerw Nr. 03/2013, 199-232

Sozialrecht, Unfallversicherung und Prävention

Zur Durchsetzung der grundgesetzlich garantierten Sicherung des Sozialstaatsprinzips dienen die umfangreichen (nationalen) Vorschriften des Sozialrechts. Innerhalb dieses Zweigs des öffentlichen Rechts spielt die **Sozialversicherung und Arbeitsförderung** eine große Rolle.

In den hier zu betrachtenden Zusammenhängen ist insbesondere die **Gesetzliche Unfallversicherung** anhand des Siebten Buchs zum Sozialgesetzbuch – SGB VII zu betrachten. Dort ist sowohl der Versicherungs- und Nachsorgegedanke verankert, wie auch umfassende Überlegungen und Anforderungen zur Prävention. Mit den in § 14 SGB VII gegebenen Grundsätzen besteht eine enge Verknüpfung zu dem im Arbeitsrecht angesiedelten besonderen Rechtsbereich der **Arbeitsschutzgesetzgebung**.

In Deutschland findet man ein spezielles **duales System des Arbeits- und Gesundheitsschutzes** vor:

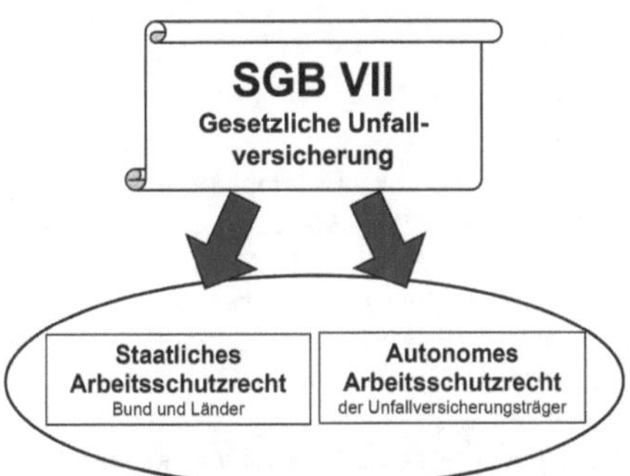

Bild 4: *Duales Rechtssystem im Arbeitsschutz für Deutschland; (Quelle: Jürgen Bialek)*

Auf der Grundlage des Präventionsansatzes aus dem SGB VII sind als die wichtigsten Rechtsvorschriften zum Arbeitsschutz in Deutschland zu nennen:

- Gesetz über Betriebsärzte, Sicherheitsingenieure und andere Fachkräfte für Arbeitssicherheit – ASiG
  Dieses Gesetz regelt im Wesentlichen die Bestellung und die zu erfüllenden Aufgaben der genannten Personen.
- Unfallverhütungsvorschriften der Unfallversicherungsträger
  Hier finden wir neben rechtlich verbindlichen Anforderungen einen umfangreichen Dokumentenpool zu übergeordneten, wie auch zu themenbezogenen Inhalten der Unfallversicherungsträger unter dem Dach der Deutschen Gesetzlichen Unfallversicherung – DGUV. Herausgegeben werden:

- Vorschriften
- Grundsätze
- Regeln
- Informationen
- ergänzende Hilfestellungen und Empfehlungen
- Gesetz über die Durchführung von Maßnahmen des Arbeitsschutzes zur Verbesserung der Sicherheit und des Gesundheitsschutzes der Beschäftigten bei der Arbeit (ArbSchG)
  Letztere Rechtsnorm setzt bereits grundlegende Vorgaben der EU zu einem Mindestschutzniveau der Beschäftigten bei der Arbeit um, im Einzelnen:
  - Richtlinie 89/391/EWG über die Durchführung von Maßnahmen zur Verbesserung der Sicherheit und des Gesundheitsschutzes der Arbeitnehmer bei der Arbeit
  - Richtlinie 91/383/EWG zur Ergänzung der Maßnahmen zur Verbesserung der Sicherheit und des Gesundheitsschutzes von Arbeitnehmern mit befristetem Arbeitsverhältnis oder Leiharbeitsverhältnis

Auf der Grundlage von § 18 ArbSchG werden weitere Rechtsverordnungen als Erläuterung des staatlichen Arbeitsschutzrechts erlassen. In den meisten Fällen sind dies Umsetzungen von Rechtsakten der EU auf dem Gebiet des Schutzes der Arbeitnehmer (Grundlage: § 19 ArbSchG). Dies betrifft u. a.:

- Verordnung über Sicherheit und Gesundheitsschutz bei der Verwendung von Arbeitsmitteln (Betriebssicherheitsverordnung) – BetrSichV als Umsetzung der Europäischen Richtlinie 2009/104/EG
- Verordnung zum Schutz vor Gefahrstoffen – GefStoffV, u. a. als Umsetzung der Europäischen Richtlinie 1999/92/EG

2.3.3 Die Richtlinie 1999/92/EG („Betreiber-ATEX“)

Diese Rechtsvorschrift ist wichtig für Arbeitgeber („Betreiber“), in deren Arbeitssystemen explosionsfähige Atmosphären auftreten können.

Ausgenommen von der Richtlinie 1999/92/EG sind nach dem Artikel 1 Absatz 2:

- Bereiche, die unmittelbar für die medizinische Behandlung von Patienten und während dieser Behandlung genutzt werden
- die Verwendung von Gasverbrauchseinrichtungen, heute gemäß der Verordnung (EU) 2016/426
- die Herstellung, Handhabung, Verwendung, Lagerung und Transport von Sprengstoffen oder chemisch instabilen Stoffen
- Betriebe, in denen durch Bohrungen Mineralien gewonnen werden (hier ist die Richtlinie 92/91/EWG anwendbar) bzw. übertägig oder untertägig mineralgewinnende Betriebe (Richtlinie 92/104/EWG anzuwenden)
- die Benutzung von Transportmitteln auf dem Land-, Wasser- und Luftweg, auf die die einschlägigen Bestimmungen der internationalen Übereinkünfte angewandt werden… Transportmittel zur bestimmungsgemäßen Verwendung in explosionsgefährdeten Bereichen sind jedoch nicht ausgenommen.

Die Richtlinie 1999/92/EG ist die sog. Fünfzehnte Einzelrichtlinie im Rechtsbereich der Sicherheit und des Gesundheitsschutzes der Arbeitnehmer bei der Arbeit, konkret in Bezug auf die Mindestvorschriften, um die Gefährdungen der Arbeitnehmer durch explosionsfähige Atmosphären minimieren zu können.

Im Amtsblatt der EU (seinerzeit der Europäischen Gemeinschaften) Nr. L 23 vom 28.01.2000 wurde die Richtlinie veröffentlicht. Bis zum 30.06.2003 war diese in nationales Recht umzusetzen.

Die rechtliche Umsetzung der Richtlinie erfolgte in Deutschland zunächst in weiten Teilen mit der Betriebssicherheitsverordnung, heute aber korrekterweise durch die bereits o. g. Verordnung zum Schutz vor Gefahrstoffen – GefStoffV (▶ Kap. 2.3.5).

Artikel 2 der Richtlinie definiert den **Begriff „explosionsfähige Atmosphäre“** als ein

 **Gesetz**

„… Gemisch aus Luft und brennbaren Gasen, Dämpfen, Nebeln oder Stäuben unter atmosphärischen Bedingungen, in dem sich der Verbrennungsvorgang nach erfolgter Entzündung auf das gesamte unverbrannte Gemisch überträgt …“

Im Abschnitt II werden die Pflichten des Arbeitgebers umrissen, wie hier nachfolgend erläutert:

1. Verhindern von und Schutz gegen Explosionen (Art. 3 auf der Grundlage von Art. 6 Abs. 2 der Arbeitsschutz-Rahmenrichtlinie 391/89/EWG: Vermeiden von Risiken durch Umsetzen der allgemeinen Grundsätze zur Gefahrenverhütung)
2. Beurteilen von ggf. in den Arbeitssystemen vorhandenen Explosionsrisiken (Art. 4 auf der Grundlage von Art. 6 Abs. 3 und

Art. 9 Abs. 1 der o. g. Richtlinie 391/89/EWG: Gefährdungsbeurteilung)
3. das Erstellen und Unterhalten eines Explosionsschutzdokuments (Art. 8)
4. Zoneneinteilung der Bereiche mit explosionsfähigen Atmosphären nach den Anforderungen des Anhangs I der Richtlinie, um sicherzustellen, dass die Mindestanforderungen des Anhangs II umgesetzt und ggf. eine Kennzeichnung dieser Bereiche nach Anhang III vorgenommen werden können (Art. 7)
5. allgemeine Verpflichtungen zum Schutz der Gesundheit und zur Gewährleistung der Sicherheit der Arbeitnehmer treffen, in Bereichen, in denen eine explosionsfähige Atmosphäre in gefahrbringender Menge auftreten kann (Art. 5)
6. eine Koordinationspflicht, wenn Arbeitnehmer mehrerer Betriebe an derselben Arbeitsstätte tätig sind (Art. 6)

Übergangsfristen in Bezug auf Arbeitsmittel und Arbeitsstätten wurden in Art. 9 der Richtlinie geregelt.

Die hier genannte **Zoneneinteilung** nach Art. 7 Abs. 1 erfolgt nach den folgenden Kriterien des Anhangs I:

Zone 0	Bereich, in dem explosionsfähige Atmosphäre als Gemisch aus Luft und brennbaren Gasen, Dämpfen oder Nebeln ständig, über lange Zeiträume oder häufig vorhanden ist.
Zone 1	Bereich, in dem sich bei Normalbetrieb gelegentlich eine explosionsfähige Atmosphäre als Gemisch aus Luft und brennbaren Gasen, Dämpfen oder Nebeln bilden kann.

Zone 2	Bereich, in dem bei Normalbetrieb eine explosionsfähige Atmosphäre als Gemisch aus Luft und brennbaren Gasen, Dämpfen oder Nebeln normalerweise nicht oder aber nur kurzzeitig auftritt.
Zone 20	Bereich, in dem explosionsfähige Atmosphäre in Form einer Wolke aus in der Luft enthaltenem brennbaren Staub ständig, über lange Zeiträume oder häufig vorhanden ist.
Zone 21	Bereich, in dem sich bei Normalbetrieb gelegentlich eine explosionsfähige Atmosphäre in Form einer Wolke aus in der Luft enthaltenem brennbaren Staub bilden kann.
Zone 22	Bereich, in dem bei Normalbetrieb eine explosionsfähige Atmosphäre in Form einer Wolke aus in der Luft enthaltenem brennbaren Staub normalerweise nicht oder aber nur kurzzeitig auftritt.

Dabei sind dort die folgenden ergänzenden Erläuterungen zu finden:

Gesetz

„Ein Bereich, in dem explosionsfähige Atmosphäre in solchen Mengen auftreten kann, dass besondere Schutzmaßnahmen für die Aufrechterhaltung des Schutzes von Sicherheit und Gesundheit der betroffenen Arbeitnehmer erforderlich werden, gilt als explosionsgefährdeter Bereich.

Ein Bereich, in dem explosionsfähige Atmosphäre nicht in solchen Mengen zu erwarten ist, dass besondere Schutzmaßnahmen erforderlich werden, gilt als nichtexplosionsgefährdeter Bereich.

Brennbare Substanzen sind als Stoffe, die explosionsfähige Atmosphäre bilden können, einzustufen, es sei denn, die Prüfung ihrer Eigenschaften hat ergeben, dass sie in Mischungen mit Luft nicht in der Lage sind, eine Explosion selbsttätig fortzuleiten."

Aus der Zoneneinteilung ergibt sich dann der Umfang der zu ergreifenden Maßnahmen nach Anhang II Abschnitt A der Richtlinie.

Der Abschnitt B des Anhangs II sieht Kriterien vor, für die Auswahl von Geräten und Schutzsystemen, heute nach der („ATEX"-) Richtlinie 2014/34/EU, die in den explosionsgefährdeten Bereichen, wie in der o. g. Zoneneinteilung festgelegt, eingesetzt werden dürfen:

- in Zone 0 oder Zone 20: Geräte der Kategorie 1
- in Zone 1 oder Zone 21: Geräte der Kategorie 1 oder der Kategorie 2
- in Zone 2 oder Zone 22: Geräte der Kategorie 1, der Kategorie 2 oder der Kategorie 3

Bereits mit der Richtlinie 1999/92/EG werden die Grundlagen an die Prüfung von technischen Einrichtungen (Anlagen) formuliert, die in explosionsgefährdeten Bereichen eingesetzt werden dürfen.

So wird im Zusammenhang mit Artikel 3 und den dort geforderten prinzipiellen Maßnahmen zur Verhinderung von und zum Schutz gegen Explosionen gefordert, dass die Funktion und die Wirksamkeit getroffener Maßnahmen regelmäßig überprüft werden müssen. Dies betrifft dann natürlich auch die gewählten technischen Einrichtungen.

Außerdem heißt es in Anhang II Nr. 2.8:

 **Gesetz**

„Vor der erstmaligen Nutzung von Arbeitsstätten mit Bereichen, in denen explosionsfähige Atmosphären auftreten können, muss die Explosionssicherheit der Gesamtanlage überprüft werden. Sämtliche zur Gewährleistung des Explosionsschutzes erforderlichen Bedingungen sind aufrechtzuerhalten."

Die Anforderungen an die Überprüfung auch solcher Anlagen und Einrichtungen in explosionsgefährdeten Bereichen werden darüber hinaus in der sog. Arbeitsmittelbenutzungsrichtlinie (2009/104/EG) allgemein definiert.

2.3.4 Die Richtlinie 2009/104/EG

Die Rechtsvorschrift ist wichtig für Arbeitgeber („Betreiber"), die ihren Arbeitnehmern sog. **Arbeitsmittel** bei der Arbeit zur Verfügung stellen.

Nach Artikel 2 der Richtlinie sind Arbeitsmittel

 **Gesetz**

„alle Maschinen, Apparate, Werkzeuge oder Anlagen, die bei der Arbeit benutzt werden, ..."

Die Richtlinie 2009/42/EG ist die sog. Einzelrichtlinie im Rechtsbereich der Sicherheit und des Gesundheitsschutzes der Arbeitnehmer bei der Arbeit, konkret in Bezug auf die Mindestvorschriften bei der Benutzung von Arbeitsmitteln durch Arbeitnehmer bei der Arbeit.

Im Amtsblatt der EU (seinerzeit der Europäischen Gemeinschaften) Nr. L 260 vom 03.10.2009 wurde die Richtlinie veröffentlicht. Sie ersetzte dabei u. a. die Vorgänger-Richtlinie 89/655/EWG, die bereits bis zum 31.12.1992 in nationales Recht umzusetzen war.

In Deutschland erfolgte diese Umsetzung zunächst in zahlreichen Einzelvorschriften (z. B. Druckbehälterverordnung, Arbeitsmittelbenutzungsverordnung, diverse Unfallverhütungsvorschriften), bevor diese dann Anfang der 2000er-Jahre in der Betriebssicherheitsverordnung konsolidiert wurden (► Kap. 2.3.7).

Ausgehend von allgemeinen Pflichten des Artikels 3 der Richtlinie werden mit dem Artikel 4 und den Anhängen I und II umfassende Schutzziele als spezielle Vorschriften für die Arbeitsmittel festgeschrieben. In diese Richtung zielen auch weitere spezielle Inhalte der Richtlinie, insbesondere:

- Anforderungen bei der Benutzung von spezifisch gefährlichen Arbeitsmitteln (Art. 6)
- Ergonomie und Gesundheitsschutz am Arbeitsplatz (Art. 7)
- Unterrichtung (Art. 8) und Unterweisung (Art. 9) der Arbeitnehmer

Im Artikel 5 werden die Grundsätze der Überprüfung von Arbeitsmitteln dargelegt, und zwar solcher Arbeitsmittel

- deren Sicherheit von den Montagebedingungen abhängt (→ Erstüberprüfungen) und
- die Schäden verursachenden Einflüssen unterliegen (→ wiederkehrende, auch außerordentliche Überprüfungen).

Grundsätzlich gilt die Prüfpflicht auch für Anlagen und Elemente, die in explosionsgefährdeten Bereichen eingesetzt werden, hier jedoch weiterführend nach den speziellen Gesichtspunkten der Richtlinie 1999/92/EG (▶ Kap. 2.3.3).

2.3.5 Die Gefahrstoffverordnung – GefStoffV

Diese Rechtsnorm wurde in Deutschland zur Umsetzung der umfassenden Anforderungen im Zusammenhang mit der Herstellung und dem Gebrauch von gefährlichen Stoffen, Gemischen und Erzeugnissen verabschiedet.

Im Abschnitt 1 der Verordnung werden die Ziele, der Anwendungsbereich und die Begriffsbestimmungen umrissen. Der Abschnitt 7 behandelt abschließend die Festlegungen bei vorkommenden Ordnungswidrigkeiten oder Straftaten der verantwortlichen Akteure. Die Verordnung verfolgt ansonsten zwei Zielrichtungen.

Der Abschnitt 2 ist wichtig beim **Inverkehrbringen** von bestimmten (gefährlichen) Stoffen oder Gemischen für

- Hersteller,
- Importeure und Händler.

Dies wird auch als produkt- oder stoffbezogener Ansatz bezeichnet.

Weiterhin ist die Verordnung mit den Abschnitten 3 bis 6 wichtig beim **Verwenden** bestimmter (gefährlicher) Stoffe oder Gemische für

- Arbeitgeber,
- Unternehmer ohne Beschäftigte,
- Auftraggeber und Zwischenmeister i. S. d. Heimarbeitsgesetzes,

die als sog. nachgeschaltete Anwender diese Stoffe oder Gemische im Rahmen der industriellen bzw. gewerblichen Tätigkeit einsetzen, auch und insbesondere, wenn sie nicht selbst Hersteller, Importeur oder Händler solcher Stoffe oder Gemische sind.

Damit genügt die Verordnung darüber hinaus einem **arbeits- oder betriebsbezogenen Ansatz,** um den es hier vorrangig gehen soll, auch insbesondere im Zusammenhang mit Brand- und Explosionsgefahren.

Aufgrund der beiden, sich ergänzenden Ansätze der GefStoffV, wie oben erläutert, ist die Verordnung auch eine Umsetzungsvorschrift zweier Bereiche der Rechtssystematik. So werden mit dem Grundgedanken der Prävention aus dem SGB VII heraus und den Ansätzen zur „gewerblichen Sicherheit" des Arbeitsschutzgesetzes (ArbSchG) nach den dortigen §§ 18 und 19 einzelne Rechtsverordnungen erlassen.

Einen vergleichbaren Ansatz verfolgt in Deutschland das Chemikaliengesetz (ChemG) in dem dort insbesondere nach dem § 17 auch eine Ermächtigung zum Erlass von Rechtsverordnungen besteht. Dem besonderen Aspekt von Maßnahmen zum Schutz von Beschäftigten wird im sehr ausführlichen § 19 ChemG Rechnung getragen.

Bei dem **arbeits- bzw. betriebsbezogenen Ansatz** der Gefahrstoffverordnung werden folgende Einzelaspekte umgesetzt:

- Schutz der Arbeitnehmer vor Gefährdungen durch chemische Arbeitsstoffe bei der Arbeit (Richtlinie 98/24/EG)
- Festlegung von Arbeitsplatz-Richtgrenzwerten (Richtlinie 2000/39/EG, Richtlinie 2006/15/EG, Richtlinie 2009/161/EU und Richtlinie (EU) 2017/164)
- Schutz der Arbeitnehmer gegen Gefährdungen durch Karzinogene oder Mutagene bei der Arbeit (Richtlinie 2004/37/EG)
- Schutz der Arbeitnehmer gegen Gefährdungen durch Asbest am Arbeitsplatz (Richtlinie 2009/148/EG)

und eben auch:

- Verbesserung des Gesundheitsschutzes und der Sicherheit der Arbeitnehmer, die durch explosionsfähige Atmosphären gefährdet werden können (Richtlinie 1999/92/EG)

Die hierfür anwendbaren Abschnitte 3 bis 6 der Verordnung gelten für alle Tätigkeiten, bei denen Beschäftigte und andere Personen aufgrund dieser Tätigkeiten Gefährdungen ihrer Sicherheit und Gesundheit durch die Wirkungen der hier betrachteten Stoffe, Gemische oder Erzeugnisse ausgesetzt sein können.[3]

Der **Begriff der Beschäftigten** ist dabei insbesondere nach dem Arbeitsschutzgesetz und einer erweiterten Definition nach § 2 Abs. 7 Nr. 1 GefStoffV als schutzbedürftiger Personenkreis sehr weit gefasst:

- Arbeitnehmerinnen und Arbeitnehmer
- Beschäftigte in der Berufsausbildung
- Heimarbeiter, die ausdrücklich im dafür geltenden Heimarbeitsgesetz genannt sind
- Personen, die aufgrund anzunehmender wirtschaftlicher Unselbstständigkeit als arbeitnehmerähnlich anzusehen sind
- Beamtinnen und Beamte
- Richterinnen und Richter
- Soldatinnen und Soldaten
- Beschäftigte in Werkstätten für Behinderte
- Schülerinnen, Schüler und Studierende
- sonstige Personen, insbesondere Personen, die in wissenschaftlichen Einrichtungen beschäftigt sind

[3] vgl. Verordnung (EG) Nr. 528/2012 Art. 3 Abs. 1 Buchstabe a) zweiter Satz

Adressaten der Gefahrstoffverordnung sind regelmäßig die Arbeitgeber.

Darüber hinaus richtet sich aber diese zusätzlich noch an Personen, die

- als Unternehmer eine Tätigkeit mit Stoffen, Gemischen oder Erzeugnissen ausführen, die der Verordnung unterliegen, ohne dass diese Personen selbst Arbeitgeber sind.
- Auftraggeber und Zwischenmeister i. S. d. Heimarbeitsgesetzes sind.

Sofern nicht ausdrücklich etwas anderes bestimmt ist, findet die Verordnung keine Anwendung

- auf biologische Arbeitsstoffe i. S. d. Biostoffverordnung
- in privaten Haushalten (dies gilt jedoch z. B. nicht für die Verwendungsbeschränkung bestimmter gefährlicher Stoffe, Gemische oder Erzeugnisse nach Abschnitt 5 und Anhang II – GefStoffV sowie Anhang XVII der REACH-Verordnung)
- in Betrieben, die dem Bundesberggesetz unterliegen, sofern dort oder in eigenen Rechtsverordnungen entsprechende Bestimmungen auf der Grundlage der Gefahrstoffverordnung erlassen wurden

Das Chemikaliengesetz, als der Gefahrstoffverordnung übergeordnete Rechtsvorschrift, verfügt darüber hinaus, dass entsprechende, ggf. weitergehende Anforderungen aus Spezialgesetzen in jedem Fall (zusätzlich) beachtet werden müssen und nennt als Beispiele das Atomgesetz, das Bundes-Immisionsschutzgesetz, das Pflanzenschutzgesetz und das Sprengstoffgesetz

2.3.6 Gefährdungen beurteilen und Risiken minimieren nach GefStoffV

Die Abschnitte 3 bis 6 der GefStoffV geben die Pflichten wieder, die die Arbeitgeber zum Schutz ihrer Beschäftigten vor Verletzungen und Gesundheitsschädigungen bei auszuführenden Tätigkeiten mit Gefahrstoffen erfüllen müssen.

Rechtsgrundlage für diese relevanten Abschnitte der Verordnung sind:

- §§ 18 und 19 Arbeitsschutzgesetz
- § 19 Chemikaliengesetz

Auf der Grundlage einer umfassenden Informationsermittlung hat der Arbeitgeber zu untersuchen,

1. ob die Beschäftigten Tätigkeiten mit Gefahrstoffen ausüben und/oder
2. ob bei Tätigkeiten Gefahrstoffe entstehen oder freigesetzt werden können.

Liegen dem Arbeitgeber keine ausreichenden Informationen über die eingesetzten Stoffe oder Gemische vonseiten der Lieferanten vor, so muss er eine eigene Einstufung vornehmen. Gleiches gilt auch, wenn im Zuge der auszuführenden Tätigkeiten (Verfahren, Prozesse) intern neue Stoffe oder Gemische entstehen.

Trifft mindestens eine der o. g. Bedingungen zu, so muss der Arbeitgeber alle hiervon ausgehenden Gefährdungen der Gesundheit und der Sicherheit der Beschäftigten beurteilen.

Die **Gefährdungsbeurteilung nach der GefStoffV** ist Bestandteil der umfassenden Beurteilung nach dem Arbeitsschutzgesetz, wie dies in anderen Rechtsverordnungen ebenfalls gefordert ist. Liegt dem Arbeitgeber eine Gefährdungsbeurteilung des Lieferanten der Stoffe oder Gemische vor, darf er diese Beurteilung übernehmen, wenn insbesondere die dort benannten Bedingungen mit seinem konkreten Einsatzfall übereinstimmen.

Die verschiedenen unterschiedlichen Einwirkungen von Gefahrstoffen auf den Menschen sind zunächst unabhängig voneinander zu beurteilen und dann im Zuge der Gesamtschau der Gefährdungsbeurteilung zusammenzufassen. Wechsel- und Kombinationswirkungen unterschiedlicher Gefahrstoffe sind zu berücksichtigen.

Der Arbeitgeber muss die Gefährdungsbeurteilung vor der Aufnahme von Arbeiten mit Gefahrstoffen durchführen. Eine solche Beurteilung muss dabei von einer fachkundigen Person durchgeführt werden. Verfügt der Arbeitgeber selbst nicht über die entsprechende Fachkunde, so muss er sich fachkundig beraten lassen.

Die **Dokumentation der Gefährdungsbeurteilung** ist nach den detaillierten Anforderungen von § 6 Abs. 8 GefStoffV vorzunehmen. Nach § 6 Abs. 12 GefStoffV muss der Arbeitgeber ein **Gefahrstoffverzeichnis** für seinen Betrieb führen, in dem neben dem Verweis auf zutreffende Sicherheitsdatenblätter weitere Angaben verzeichnet sein müssen.

Bei **Tätigkeiten mit geringen Gefährdungen** kann auf diese **umfassende Dokumentation** der Beurteilung, wie auf das Gefahrstoffverzeichnis **verzichtet** werden. In diesem Fall müssen neben den allgemeinen Schutzmaßnahmen nach § 8 GefStoffV auch keine weiteren Vorkehrungen getroffen werden. Der Nachweis der geringfügigen Auswirkungen ist jedoch im Rahmen der Gefährdungsbeurteilung zu führen.

Mit der Revision des Betriebssicherheits- und des Gefahrstoffrechts im Jahr 2015 wurde die **Beurteilung möglicher Brand- und Explosionsgefahren** sowie die Planung und Durchführung geeigneter Maßnahmen gegen diese Gefährdungen auch der Gefahrstoffverordnung zugeschlagen. Dies ist insofern logisch, da die Ursachen für diese Gefährdungsarten weitgehend quasi „stofflicher Natur“ sind. Der bestimmungsgemäße Einsatz von Geräten und Schutzsystemen in explosionsgefährdeten Bereichen wird jedoch weiterhin nach der Betriebssicherheitsverordnung betrachtet.

Es ist also zu untersuchen, ob aufgrund verwendeter Stoffe, Gemische oder Erzeugnisse, der verwendeten Arbeitsmittel, der eingesetzten Verfahren und der Umgebungsbedingungen sowie vorkommender Wechselwirkungen relevante Brand- oder Explosionsgefährdungen auftreten können. Dies ist immer dann der Fall, wenn

- Stoffe, Gemische, auch entstehende Reaktionsprodukte in gefährlichen Mengen oder Konzentrationen vorhanden sind, die zu Bränden oder Explosionen führen können,
- Zündquellen vorhanden sind sowie weitere Bedingungen, die Brände oder Explosionen auslösen können und

- schädliche Auswirkungen von Bränden oder Explosionen auf die Gesundheit und Sicherheit der Beschäftigten entstehen können[4].

Diesen Teil der Gefährdungsbeurteilung hat der Arbeitgeber gesondert als sog. **Explosionsschutzdokument** auszuweisen und dabei nach § 6 Abs. 9 GefStoffV Folgendes zu dokumentieren,

 **Gesetz**

„1. dass die Explosionsgefährdungen ermittelt und einer Bewertung unterzogen worden sind,

2. dass angemessene Vorkehrungen getroffen werden, um die Ziele des Explosionsschutzes zu erreichen (Darlegung eines **Explosionsschutzkonzepts**),

3. ob und welche Bereiche entsprechend Anhang I Nummer 1.7 in Zonen eingeteilt wurden,

4. für welche Bereiche Explosionsschutzmaßnahmen nach § 11 und Anhang I Nummer 1 getroffen wurden,

5. wie die Vorgaben nach § 15 umgesetzt werden und

6. welche Überprüfungen nach § 7 Absatz 7 und welche Prüfungen zum Explosionsschutz nach Anhang 2 Abschnitt 3 der Betriebssicherheitsverordnung durchzuführen sind."

---

[4] siehe § 6 Abs. 4 - GefStoffV

Auch hier kann auf die umfassende **Dokumentation verzichtet** werden, wenn es sich nachweisbar um **Tätigkeiten mit geringer Gefährdung** handelt.

Brände und Explosionen entstehen, wenn drei Faktoren gleichzeitig auftreten (▶ Kap. 2.2.3):

- brennbare Stoffe sind vorhanden
- ausreichende Menge an Oxidationsmittel liegen vor (meist als Luftsauerstoff)
- wirksame Zündquelle mit ausreichender Energie löst die Zündung aus

Unter Beachtung dieser Faktoren wird mit dem § 11 Abs. 2 GefStoffV die vom Arbeitgeber zu beachtende Rangfolge beim Festlegen von Maßnahmen gegen diese Gefährdungsarten definiert:

1. Gefährliche Mengen oder Konzentrationen von Gefahrstoffen, die zu Brand- oder Explosionsgefährdungen führen können, sind zu vermeiden.
2. Zündquellen oder Bedingungen, die Brände oder Explosionen auslösen können, sind zu vermeiden.
3. Schädliche Auswirkungen von Bränden oder Explosionen auf die Gesundheit und Sicherheit der Beschäftigten und anderer Personen sind so weit wie möglich zu verringern.

Absatz 3 umreißt dabei die Grundprinzipien:

 **Gesetz**

„Arbeitsbereiche, Arbeitsplätze, Arbeitsmittel und deren Verbindungen untereinander müssen so konstruiert, errichtet, zusammengebaut, installiert, verwendet und instand gehalten werden, dass keine Brand- und Explosionsgefährdungen auftreten."

Dazu werden in Anhang I Nr. 1 GefStoffV die besonderen Vorschriften bei Brand- und Explosionsgefährdungen dargelegt, im Einzelnen:

- grundlegende Anforderungen, z. B.:
  - Mengenbegrenzung relevanter Gefahrstoffe
  - Einsatz von Arbeitsmitteln, Anlagen etc., die in der Lage sind, relevante Gefahrstoffe sicher zurückzuhalten
  - Vermeiden gefährlicher Anlagen- oder Prozesszustände
  - sichere Unterbrechung von Gefahrstoffströmen im Störungsfall
  - gefährliche Vermischung von Stoffen vermeiden
  - sicheres Auffangen oder Beseitigen ausgetretener Gefahrstoffe
- Schutzmaßnahmen in Arbeitsbereichen, z. B.:
  - ausreichende Zahl von Flucht- und Rettungswegen sowie Ausgängen
  - Übertragung von Bränden und Explosionen in benachbarte Bereiche vermeiden
  - Ausstattung mit ausreichenden, leicht zugänglichen und leicht handhabbaren Feuerlöscheinrichtungen einschließ-

lich der Einrichtung geeigneter Angriffswege zur Brandbekämpfung
- ausreichende Kennzeichnung betroffener Bereiche
- Verbot des Rauchens und des Gebrauchs von offenem Feuer/offenem Licht
- ausreichende Einrichtungen zur Warnung von Personen vorsehen
- Einsatz sicherer Geräte und Schutzsysteme

• organisatorische Maßnahmen, z. B.:
  - Bedeutung der Zuverlässigkeit von Beschäftigten, Bedeutung von Unterweisungen
  - Arbeitsfreigabesysteme einrichten
  - besondere Aufsicht bei Tätigkeiten
• Schutzmaßnahmen für die Lagerung, z. B.:
  - Lagerung an geeigneten Orten, Sicherheitsabstände beachten
  - vereinbar mit dem Schutz der Beschäftigten
  - mögliche Wechselwirkungen bei Zusammenlagerung unterschiedlicher Gefahrstoffe beachten
  - ausreichende Kennzeichnung der Lagerbereiche
• Mindestvorschriften bei Tätigkeiten in Bereichen mit gefährlichen explosionsfähigen Gemischen (auf der Basis der in § 11 Abs. 2 GefStoffV beschriebenen Maßnahmenhierarchie)
• Zoneneinteilung explosionsgefährdeter Bereiche mit der Zuordnung möglicher, einsetzbarer Geräte und Schutzsysteme nach der Richtlinie 2014/34/EU in diesen Zonen (▶ Kap. 2.3.3)

Die aus den vom Arbeitgeber zu erfüllenden Grundpflichten nach § 7 GefStoffV **zu ergreifenden Maßnahmen** sollen die wichtigsten, hier nachfolgend stichpunktartig dargestellt werden:

- Erfüllung der notwendigen Maßnahmen nach dem Arbeitsschutzgesetz und der Gefahrstoffverordnung
- Substitutionsgebot
- weitere Schutzmaßnahmen unter Beachtung der folgenden Maßnahmenhierarchie:
  - Gestaltung geeigneter Verfahren und technischer Steuerungseinrichtungen von Verfahren sowie Verwendung geeigneter Arbeitsmittel und Materialien nach dem Stand der Technik
  - Anwendung kollektiver Schutzmaßnahmen technischer Art an der Gefahrenquelle, wie angemessene Be- und Entlüftung, und Anwendung geeigneter organisatorischer Maßnahmen
  - Anwendung von individuellen Schutzmaßnahmen, auch z. B. von Persönlicher Schutzausrüstung (im Bereich der Explosionsgefährdungen eher nur eingeschränkt wirksam)

und schließlich insbesondere:

- regelmäßige Prüfung technischer Schutzmaßnahmen auf Funktion und Wirksamkeit (nach Anforderung aus der Gefährdungsbeurteilung; ggf. nach anderen Rechtsvorschriften, z. B. zum Explosionsschutz; ansonsten mind. alle drei Jahre), Dokumentation der Ergebnisse dieser Prüfungen

2.3.7 Die Betriebssicherheitsverordnung – BetrSichV

Die Betriebssicherheitsverordnung (BetrSichV) ist wichtig für

- Arbeitgeber
- sonstige gewerbliche Betreiber von überwachungsbedürftigen Anlagen, ohne dass sie selbst Arbeitgeber sind und
- Auftraggeber und Zwischenmeister i. S. d. Heimarbeitsgesetzes,

sofern es um ihre Verantwortung bei der **Bereitstellung von Arbeitsmitteln** geht.

Mit der Betriebssicherheitsverordnung erfolgt in weiten Teilen die Umsetzung der Richtlinie 2009/104/EG des Europäischen Parlaments und des Rates über Mindestvorschriften für Sicherheit und Gesundheitsschutz bei Benutzung von Arbeitsmitteln durch Arbeitnehmer bei der Arbeit.

Der Bereitstellung von Arbeitsmitteln durch den Arbeitgeber und deren Nutzung durch seine Beschäftigten bei der Arbeit kommt in der gewerblichen Wirtschaft und in vergleichbaren Bereichen natürlich größte Bedeutung zu. Deshalb ist dieser Aspekt gerade auch unter Betrachtung von Sicherheitsinteressen einer sinnvollen und umfassenden gesetzlichen Regulierung zu unterziehen.

Als zentrale gesetzliche Grundlage im Zusammenhang mit der Nutzung von Arbeitsmitteln im Zuge der Arbeitsprozesse wird das bereits mit dem Vorgängergesetz aus dem Jahre 2002 verfolgte Konzept eines einheitlichen und umfassenden Schutzkonzepts bei der Betriebssicherheit und der Anlagensicherheit konsequent ausgebaut. Gleichzeitig wurde mit der jetzt geltenden Verordnung die Zuständigkeit der rechtlichen Anforderungen zu den verschiedenen Gefährdungsarten nochmals klar definiert. Dies zeigte sich u. a. in der Abgrenzung zur ebenfalls 2015 revidierten Gefahrstoffverordnung (▶ Kap. 2.3.5 und ▶ Kap. 2.3.6).

Der Begriff des **Arbeitsmittels** entspricht der Definition der Europäischen Richtlinie 2009/104/EG (▶ Kap. 2.3.4).

Mit der Umsetzung der Betriebssicherheitsverordnung durch die Verantwortlichen sollen ausreichende Maßnahmen getroffen werden, um die Sicherheit und die Gesundheit der Nutzer der Arbeitsmittel zu schützen. Dieser Schutzaspekt zielt auch auf Personen ab, die anderweitig Schädigungen durch Arbeitsmittel erlangen können.

Die definierte universelle Schutzwirkung soll nun erreicht werden, insbesondere durch die folgenden grundsätzlichen Maßnahmen:

- Es sind geeignete Arbeitsmittel auszuwählen und zur Benutzung zur Verfügung zu stellen. Die Eignung bezieht sich dabei sowohl auf die auszuführenden Prozesse bzw. Tätigkeiten als auch auf die berechtigten Sicherheitserwartungen. Dies erreicht man z. B. durch die Auswahl neuer und dabei konformer Arbeitsmittel, ansonsten aber mindestens von sicheren Arbeitsmitteln.
- Weiterhin sind Maßnahmen zu ergreifen, dass die als sicher beschafften Arbeitsmittel auch sicher verwendet werden und in diesem sicheren Zustand während der gesamten Nutzungsdauer verbleiben.

- Unmittelbar daraus folgt die Anforderung, die Arbeits- und Fertigungsverfahren so zu gestalten, dass sie die sichere Nutzung von Arbeitsmitteln unterstützen.
- Die Beschäftigten sind (hinsichtlich der Nutzung von Arbeitsmitteln) zu qualifizieren und zu unterweisen.

In der Umsetzung der Verordnung sind alle Tätigkeiten zu berücksichtigen, bei denen Arbeitsmittel verwendet werden. Jede einzelne, neue oder wiederkehrende Tätigkeit von Beschäftigten mit einem Arbeitsmittel ist von den Bestimmungen der Verordnung und allen daraus resultierenden Konsequenzen erfasst.

 **Hinweis**

Nicht unter die Betriebssicherheitsverordnung fallen hingegen:

- Seeschiffe unter fremder Flagge oder auf Schiffen, die die Bundesflagge nur zur ersten Überführungsfahrt in einen fremden Hafen führen
- Bereiche nach Ausnahmefestlegungen des Bundesministeriums für Verteidigung
- Betriebe, die unter das Bundesberggesetz fallen, sofern zu den relevanten Aspekten dort eigenständige Rechtsvorschriften bestehen, ausgenommen die überwachungsbedürftigen Anlagen, die in den Tagesanlagen der Bergbaubetriebe aufgestellt sind
- Druckanlagen in Energieanlagen nach der Definition von § 3Nr. 15 des Energiewirtschaftsgesetzes

Adressaten der Betriebssicherheitsverordnung sind regelmäßig die Arbeitgeber, wie in § 2 Abs. 3 ArbSchG definiert.

Darüber hinaus richtet sich aber die Betriebssicherheitsverordnung u. a. zusätzlich noch an Personen, die eine überwachungsbedürftige Anlage zu gewerblichen oder wirtschaftlichen Zwecken verwenden, ohne dass sie selbst Arbeitgeber sind. Unter diesem Gesichtspunkt wird dem möglicherweise weitreichenden Gefährdungspotenzial solcher überwachungsbedürftiger Anlagen Rechnung getragen, deren „schädigende" Auswirkungen sich natürlich nicht nur auf die unmittelbar daran tätigen Personen (im Zweifel auch der Einzelunternehmer selbst) beziehen.

2.3.8 Gefährdungen beurteilen und Risiken minimieren nach BetrSichV

In Kurzform sollen die Anforderungen der Betriebssicherheitsverordnung in Bezug auf den Einsatz von Arbeitsmitteln wiedergegeben werden. Zur Beurteilung von Gefährdungen beim potenziellen Auftreten von Brand- oder Explosionsgefahren ist die Gefahrstoffverordnung einschlägig (► Kap. 2.3.6).

 **Gesetz**

„Der Arbeitgeber hat vor der Verwendung von Arbeitsmitteln die auftretenden Gefährdungen zu beurteilen (...) und daraus notwendige Schutzmaßnahmen abzuleiten."

So heißt es in § 3 Abs. 1 der Verordnung. Damit definiert der Gesetzgeber gleichzeitig eine der zentralen Pflichten der hier verantwortlichen Akteure (der Arbeitgeber) und das sicher wichtigste Werkzeug, um die dort beschriebenen Anforderungen überhaupt erfüllen zu können.

Die Betriebssicherheitsverordnung ist dabei nur eine Rechtsverordnung innerhalb einer ganzen Reihe von Gesetzen, die die Durchführung einer Gefährdungsbeurteilung fordert. Im § 3 Abs. 2 der Verordnung werden wichtige Aspekte genannt, die zur Feststellung und bei der Beurteilung vorkommender Gefährdungen zu beachten sind.

Die **Gefährdungsbeurteilung** ist grundsätzlich vor der Verwendung von Arbeitsmitteln durchzuführen. Es darf den Beschäftigten kein Arbeitsmittel zur Verfügung gestellt werden, ohne dass die Beurteilung durchgeführt wurde. In § 3 Abs. 3 BetrSichV wird darauf abgestellt, dass die Gefährdungsbeurteilung bereits vor der Auswahl und der Beschaffung von Arbeitsmitteln zumindest begonnen werden sollte. Nur so wird eine frühzeitige Einbindung in alle Sicherheitsaspekte des gesamten Arbeitssystems erreicht. Teure nachträgliche „Verbesserungen" können so vermieden werden.

Im Rahmen der Durchführung und Dokumentation der Ergebnisse der Gefährdungsbeurteilung hat der Arbeitgeber i. S. v. § 3 Abs. 6 BetrSichV u. a. festzulegen:

- Art und Umfang („Prüfinhalte") erforderlicher Prüfungen von Arbeitsmitteln
- Fristen der Prüfungen unter Beachtung der in der Verordnung genannten Höchstfristen
- Personen, die zur Ausführung der festgelegten Prüfungen befähigt und damit betrieblich berechtigt sind

Die Gefährdungsbeurteilung ist schriftlich zu dokumentieren. Die Dokumentation darf auch in elektronischer Form erfolgen. Dabei sind nach § 3 Abs. 8 BetrSichV mindestens anzugeben:

- die bei der Verwendung des Arbeitsmittels (im Arbeitssystem) auftretenden Gefährdungen
- die festgelegten Schutzmaßnahmen
- eine Beschreibung der auszuführenden Schutzmaßnahmen, sofern von den bekannt gemachten Regeln und Erkenntnisse (z. B. den TRBS) abgewichen wird
- Art, Umfang und Fristen der wiederkehrenden Prüfungen (siehe oben)
- die Ergebnisse der Überprüfung der Wirksamkeit der festgelegten Schutzmaßnahmen

Bestandteil aller vorzusehenden Maßnahmen im Zusammenhang mit dem Einsatz sicherer Arbeitsmittel ist dabei immer die Notwendigkeit der **Prüfung** vor erster Nutzung, wiederkehrend nach festzulegenden Fristen oder außerordentlich nach bestimmten Vorkommnissen oder Einwirkungen auf das Arbeitsmittel.

2.3.9 Überwachungsbedürftige Anlagen

Unter den Begriff der überwachungsbedürftigen Anlagen fallen:

- Aufzugsanlagen
- Ex-Anlagen
- Druckanlagen

Jedoch sind solche Anlagen zunächst einmal auch Arbeitsmittel und müssen deshalb selbstverständlich in ihrer Nutzung alle Teile der Betriebssicherheitsverordnung erfüllen. Damit sind die Rechtsanforderungen weitgehend vorgegeben.

Im Abschnitt 3 BetrSichV mit den zusätzlichen Vorschriften für überwachungsbedürftige Anlagen sind die folgenden Aspekte geregelt:

1. Prüfung vor Inbetriebnahme und vor Wiederinbetriebnahme nach prüfpflichtigen Änderungen (§ 15)

Grundsätzlich bezieht sich der Gesetzgeber bei seinen Grundanforderungen zur Prüfung solcher Anlagen auf die Bestimmungen des Anhangs 2 der Verordnung, auf die hier später noch eingegangen werden soll.

Weiter werden die Inhalte der durchzuführenden Prüfungen wie folgt beschrieben:

- Sind die für die Prüfung notwendigen technischen Unterlagen vorhanden und ist deren Inhalt plausibel? Dazu zählen z. B.:
  - die EG-/EU-Konformitätserklärung
  - Betriebsanleitungen, Angaben zu technischen Daten, Nutzungsanleitungen, Prüfanweisungen

- Ist die Anlage einschließlich der darin verbauten Anlagenteile entsprechend der Betriebssicherheitsverordnung errichtet?
- Befindet sich die Anlage einschließlich der darin verbauten Anlagenteile in einem sicheren Zustand, auch unter Berücksichtigung der Aufstellbedingungen?
- Sind die getroffenen sicherheitstechnischen Maßnahmen auch geeignet für den Betrieb und wirksam?
- Wurde die Frist für die nächste wiederkehrende Prüfung zutreffend festgelegt?

Prüfungen an überwachungsbedürftigen Anlagen sind grundsätzlich von einer zugelassenen Überwachungsstelle (ZÜS) durchzuführen, es sei denn, in den entsprechenden Abschnitten der Anlage 2 der Betriebssicherheitsverordnung ist für bestimmte Anlagen oder Anlagenteile etwas anderes festgelegt.

Unabhängig von den hier getroffenen Festlegungen der Betriebssicherheitsverordnung müssen vom Nutzer einer Anlage, sofern zutreffend, weitere Rechtsvorschriften zur Genehmigung und Prüfung beachtet werden, z. B. im Sinne des Immissionsschutzrechts oder des Störfallrechts.

2. Wiederkehrende Prüfung (§ 16)

Überwachungsbedürftige Anlagen sind nach den Bestimmungen des Anhangs 2 BetrSichV wiederkehrend auf ihren sicheren Zustand hinsichtlich des Betriebs zu prüfen. Dies muss im Einvernehmen mit der durchzuführenden Gefährdungsbeurteilung passieren.

Daneben ist bei jeder Prüfung festzustellen, ob die Frist für die nächste wiederkehrende Prüfung weiterhin zutreffend festgelegt wurde.

Der Grundsatz der Durchführung von Prüfungen durch eine zugelassene Überwachungsstelle (ZÜS), sofern im Einzelfall nichts anderes festgelegt ist, gilt auch für die wiederkehrenden Prüfungen. Hinsichtlich der Einordnung von durch die zuständigen Behörden angeordneten (außerordentlichen) Prüfungen wird auf § 14 Abs. 5 der Verordnung verwiesen.

3. Prüfaufzeichnungen und -bescheinigungen (§ 17)

Hier finden sich die Details zu den einzelnen geforderten Prüfaufzeichnungen und -bescheinigungen.

4. Erlaubnispflicht (§ 18)

Hinsichtlich der Errichtung und des Betriebs sowie der Änderung von Bauart oder Betriebsweise, welche die Sicherheit der Anlage beeinflussen, bedürfen einer Genehmigung der zuständigen Behörde:

- Dampfkesselanlagen nach Kategorie IV der Druckgeräterichtlinie
- bestimmte Arten von Druckgasfüllanlagen
- ortsfeste Anlagen zum Befüllen von Land-, Wasser- und Luftfahrzeugen mit entzündbaren Gasen zur Verwendung als Treib- oder Brennstoff
- Lageranlagen für entzündbare Flüssigkeiten mit einem Gesamtrauminhalt von mehr als 10.000 Litern
- bestimmte Arten von Füllanlagen entzündbarer Flüssigkeiten
- Tankstellen zum Befüllen von Land-, Wasser- und Luftfahrzeugen mit entzündbaren Flüssigkeiten
- Flugfeldbetankungsanlagen und weitere Betankungsanlagen

Zu diesen Anlagen gehören auch die Mess-, Steuer- und Regeleinrichtungen, die dem sicheren Betrieb dieser Anlage dienen.

Mit den weiteren Absätzen des § 18 wird der Erlaubnisprozess umfassend beschrieben.

5. Verweis auf Anhang 2: Prüfvorschriften für überwachungsbedürftige Anlagen

Im Abschnitt 1 sind die Bestimmungen hinsichtlich der Zulassung von Überwachungsstellen sowie von Prüfstellen der Unternehmen und Unternehmensgruppen definiert.

Die Prüfung der Aufzugsanlagen ist Inhalt des Abschnitts 2.

Der folgende Abschnitt 3 gilt für Prüfungen von Arbeitsmitteln und für Prüfungen der Maßnahmen in explosionsgefährdeten Bereichen nach § 2 Abs. 14 GefStoffV.

Hinsichtlich von bei überwachungsbedürftigen Anlagen auftretenden Explosionsgefährdungen ist zu prüfen, ob der Schutz vor diesen Gefährdungen durch Explosionen und Brände mindestens bis zur nächsten Prüfung sichergestellt ist.

Dabei sind (die zu prüfenden) Anlagen in explosionsgefährdeten Bereichen definiert als Gesamtheit der explosionsschutzrelevanten Arbeitsmittel einschließlich der Verbindungselemente sowie der explosionsschutzrelevanten Gebäudeteile.

Anlagen, die nach § 18 BetrSichV einer behördlichen Erlaubnispflicht unterliegen, müssen von einer **zugelassenen Überwachungsstelle** überprüft werden. Bei allen anderen Elementen dürfen **zur Prüfung befähigte Personen** eingesetzt werden. Die Anforderungen an diese Personen sind im Abschnitt 3 Punkt 3 ausführlich festgelegt. Unter anderem wird auf die notwendige behördliche Anerkennung im Zusammenhang mit Prüfungen nach einer Instandsetzung hinsichtlich eines Teils, von dem der Explosionsschutz abhängt, verwiesen.

Auch bei den zu prüfenden Anlagen im Zusammenhang mit Explosionsgefährdungen sind Prüfungen vorzunehmen:

- vor Inbetriebnahme
- nach prüfpflichtigen Änderungen
- nach Instandsetzungen
- wiederkehrend (grundsätzlich nach Festlegung der Gefährdungsbeurteilung (Explosionsschutzdokument), mindestens aber alle sechs Jahre)

Weitere zu beachtende Fristen für die wiederkehrenden Prüfungen sind:

- Geräte, Schutzsysteme, Sicherheits-, Kontroll- und Regelvorrichtungen i. S. d. Richtlinie 2014/34/EU mit ihren Verbindungseinrichtungen, auch als Bestandteil von Anlagen in explosionsgefährdeten Bereichen und von erlaubnispflichtigen Anlagen mindestens alle drei Jahre
- Lüftungsanlagen, Gaswarneinrichtungen und Inertisierungseinrichtungen mit ihren Verbindungseinrichtungen, auch als Bestandteil von Anlagen in explosionsgefährdeten Bereichen und von erlaubnispflichtigen Anlagen mindestens jährlich

Bei Festlegung eines geprüften Instandhaltungskonzepts durch den Arbeitgeber, wie im Anhang 2, Abschnitt 3, Nr. 5.4 beschrieben, kann auf die zuletzt genannten Prüfungen verzichtet werden.

Eine wichtige Grundlage für die Durchführung der Prüfungen bildet in jedem Fall das Explosionsschutzdokument und die Zoneneinteilung (► Kap. 2.3.6). Wie im Anhang 2, Abschnitt 3 der Verordnung festgeschrieben, ist bei der Prüfung festzustellen, ob:

 **Gesetz**

„a) die für die Prüfung benötigten technischen Unterlagen vollständig vorhanden sind und ihr Inhalt plausibel ist,

b) die Prüfungen nach den Nummern 5.2 und 5.3 durchgeführt und die dabei festgestellten Mängel behoben wurden, oder ob das Instandhaltungskonzept nach Nummer 5.4 geeignet ist und angewendet wird,

c) sich die Anlage in einem dieser Verordnung entsprechenden Zustand befindet und sicher verwendet werden kann und

d) die festgelegten technischen Maßnahmen geeignet und funktionsfähig und die festgelegten organisatorischen Maßnahmen geeignet sind."

Die Prüfung der erforderlichen Maßnahmen des Brandschutzes ist bei den hier relevanten erlaubnispflichtigen Anlagen zusätzlich auszuführen.

2.4 Technische Regeln für Gefahrstoffe „TRGS“

Basierend auf der Gefahrstoffverordnung (GefStoffV) konkretisieren die Technischen Regeln für Gefahrstoffe (TRGS) die Anwendungsbereiche und Möglichkeiten der Umsetzung im Betrieb. Sie beschreiben den Stand der Technik, Arbeitsmedizin und Arbeitshygiene und bieten somit bei der Umsetzung der Maßnahmen auf Basis der Technischen Regeln Versicherungsschutz. Es gilt hier also die Vermutungswirkung, die besagt, dass bei Umsetzung der Technischen Regeln die Anforderungen der Verordnung erfüllt sind. Bei Abweichung muss der Betreiber, die Zielperson dieser Regeln, mit seiner Lösung mindestens die gleiche Sicherheit und den gleichen Gesundheitsschutz für die Beschäftigten nachweisen können.

Die Technischen Regeln für Gefahrstoffe werden vom Ausschuss für Gefahrstoffe (AGS) bearbeitet und regelmäßig angepasst und daraufhin vom Bundesministerium für Arbeit und Soziales im Gemeinsamen Ministerialblatt bekannt gegeben.

Für den Explosionsschutz sind u. a. die folgenden TRGS relevant:

TRGS-Nr.	Titel	Ausgabe; zuletzt geändert
TRGS 407	Tätigkeiten mit Gasen - Gefährdungsbeurteilung	02/2016; 10/2016
TRGS 507	Oberflächenbehandlung in Räumen und Behältern	03/2009
TRGS 509	Lagern von flüssigen und festen Gefahrstoffen in ortsfesten Behältern sowie Füll- und Entleerstellen für ortsbewegliche Behälter	07/2014; 10/2020
TRGS 510	Lagerung von Gefahrstoffen in ortsbeweglichen Behältern	12/2020; 02/2021
TRGS 529	Tätigkeiten bei der Herstellung von Biogas	02/2015; 10/2017
TRGS 720	Gefährliche explosionsfähige Gemische - Allgemeines	07/2020; 03/2021
TRGS 721	Gefährliche explosionsfähige Gemische - Beurteilung der Explosionsgefährdung	10/2020; 12/2020
TRGS 722	Vermeidung oder Einschränkung gefährlicher explosionsfähiger Gemische	02/2021
TRGS 723	Gefährliche explosionsfähige Gemische - Vermeidung der Entzündung gefährlicher explosionsfähiger Gemische	07/2019; 10/2020

TRGS-Nr.	Titel	Ausgabe; zuletzt geändert
TRGS 724	Gefährliche explosionsfähige Gemische - Maßnahmen des konstruktiven Explosionsschutzes, welche die Auswirkung einer Explosion auf ein unbedenkliches Maß beschränken	07/2019
TRGS 725	Gefährliche explosionsfähige Atmosphäre - Mess-, Steuer- und Regeleinrichtungen im Rahmen von Explosionsschutzmaßnahmen	01/2016; 04/2018
TRGS 727	Vermeidung von Zündgefahren infolge elektrostatischer Aufladungen	01/2016; 07/2016
TRGS 751 (=TRBS 3151)	Vermeidung von Brand-, Explosions- und Druckgefährdungen an Tankstellen und Gasfüllanlagen zur Befüllung von Landfahrzeugen	09/2019; 10/2020

Im Folgenden soll auf die TRGS 720-725 sowie auf die TRGS 509 und 510 spezifisch eingegangen werden.

Die Reihe der TRGS 720 bis 725 beschreibt das Vorgehen der Beurteilung und Wahl der Schutzmaßnahmen und baut hierbei vom allgemeinen Grundwissen zum Spezifischen auf.

Während die TRGS 720 vorwiegend die Grundlagen der Gefährdungsbeurteilung und den Vorgang der Ermittlung der Schutzmaßnahmen beschreibt, konkretisiert die TRGS 721 diese mit Blick auf notwendige sicherheitstechnische Kenngrößen.

Die TRGS 722 mit starkem Bezug auf die TRGS 720 und 721 konkretisiert ihrerseits die Auswahl und Durchführung geeigneter Schutzmaßnahmen zur Vermeidung bzw. Einschränkung gefährlicher explosionsfähiger Gemische.

Mit der Vermeidung wirksamer Zündquellen beschäftigt sich die TRGS 723, während die TRGS 724 sich dem konstruktiven Explosionsschutz widmet. Hiermit sollen die Auswirkungen einer Explosion möglichst kleingehalten werden.

Schließlich finden sich in der TRGS 725 konkretisierte Anforderungen an die Maßnahmen in der Arbeit mit Mess-, Steuer- und Regeltechnik, die in den TRGS 722-724 beinhaltet sind.

Die TRGS 509 und 510 konkretisieren die richtige Lagerung von festen und flüssigen Gefahrstoffen in ortsfesten und ortsbeweglichen Behältern.

2.4.1 TRGS 509

Diese Technische Regel, zuletzt aktualisiert Oktober 2020, beschäftigt sich mit der Lagerung von festen und flüssigen Gefahrstoffen in ortsfesten Behältern, sowie mit Füll- und Entleerstationen für ortsbewegliche Behälter in Räumen und im Freien.

Hierbei werden folgende Aspekte i. S. d. GefStoffV konkretisiert:

- Befüllung und Entleerung der ortsfesten und ortsbeweglichen Behälter mit Blick auf Einrichtungen und sicherheitstechnische Ausrüstungen
- Zusammenlagerung mit ortsbeweglichen Behältern
- aktive Lagerung entzündbarer Flüssigkeiten mit einem Flammpunkt über 55 °C in ortsbeweglichen Behältern
- Probenahme an ortsfesten und beweglichen Behältern während der aktiven Lagerung
- Instandhaltungsarbeiten

Nicht von ihrem Anwendungsbereich umfasst sind:

- Ammoniumnitrate. Hierfür gilt die TRGS 511.
- explosionsgefährliche Stoffe und Gemische, die dem Sprengstoffgesetz zugeordnet sind. Hier ist die 2. SprengV zurate zu ziehen.
- Gase, die gelagert werden. Diese werden in der TRGS 746 behandelt.
- Schüttgüter in Lagerhallen oder ähnlichen Bauten, die von der Seite her abgetragen werden.
- Tankstellen und Füllanalagen i. S. d. TRGS 751
- Umfüllung von Gefahrstoffen von ortsbeweglichen Behältern in einen anderen

Inhaltlich werden bei der TRGS 509 viele bauliche Regelungen vorgegeben, die hier nur am Rande besprochen werden können.

Begrifflichkeiten

Wichtig im Zusammenhang mit der Lagerung sind die Regelungen hinsichtlich der arbeitssicherheitstechnischen Anweisungen und hinsichtlich der Füllvorgänge. Diese spielen auch dadurch eine Rolle, weil sie in der Gefahrgutverordnung (GGVSEB) eine Erwähnung finden. Insbesondere müssen Gefahren bei Flüssigkeiten beachtet werden, deren Flammpunkte bei ≤ 55 °C liegen und die in ortsbeweglichen Behältnissen aktiv gelagert werden. Dabei heißt aktive Lagerung, dass die Behälter während der Lagerung an ein Rohrsystem angeschlossen sind und entleert werden. Nach der Entleerung bzw. auch nach der Befüllung werden diese Behältnisse dann wieder bewegt, also transportiert. Hierbei handelt es sich also um IBC, FIBC (auch „Bigbag" genannt), Kanister, Fässer etc.

Bei Füllstellen handelt es sich um ortsfeste Anlagen, die dazu bestimmt sind, dass in ihnen ortsbewegliche Behälter mit flüssigen oder festen Gefahrstoffen befüllt werden. Mobile Füllstationen gehören nur dann dazu, wenn sie dauerhaft stationär betrieben werden. Beispiel hierfür sind Container, in denen sich eine Füllstation befindet. Fässer auf Plattformwagen, die mobil eingesetzt werden, gehören hingegen nicht in den Bereich der TRGS 509.

Gefährdungen und Maßnahmen

Auch diese Technische Regel verweist zunächst auf die Gefährdungsbeurteilungspflicht nach TRBS 1111 und TRBS 400. Hiermit sind auf Basis der vorhandenen Gefahrenquellen individuelle Schutzmaßnahmen zu bestimmen. Zum Beispiel ist hier auf Masse, Dauer und gelagertes Volumen, auf die Zusammenlagerung der Gefahrstoffe sowie auf die Eigenschaften der gelagerten Gefahrstoffe zu achten. Entsteht z. B. bei Umfüllung oder

Transport dieser eine explosionsfähige Atmosphäre, so müssen Schutzmaßnahmen laut TRGS 721 in Betracht gezogen werden. Des Weiteren ist eine inhalative oder dermale Exposition auszuschließen. Die Beurteilung sowie die gewählten Schutzmaßnahmen sind zu dokumentieren. Außerdem muss sichergestellt sein, dass alle Mitarbeiter sich der Gefahren bewusst sind, korrekt präventiv handeln und im Gefahrenfall sicher reagieren. Dies ist nur durch eine regelmäßige, verpflichtende Unterweisung sichergestellt.

Umgang mit Leckagen

Sollten an einem Behälter Gefahrstoffe austreten, so müssen diese Leckagen als solche erkannt werden und die Gefahrstoffe beseitigt werden können. Dies kann z. B. durch geeignete Auffangmittel oder besondere Staubsauger geschehen. Sie dürfen nicht in andere Bereiche gelangen. Hierfür müssen ausreichende Flächen vorhanden sein (z. B. Auffangräume), die dicht und widerstandsfähig gegen die zu lagernden Gefahrstoffe sind; evtl. sind auch mechanische Beanspruchungen zu berücksichtigen.

Das Fassungsvermögen des Auffangraums ist entsprechend den wasserrechtlichen Regelungen festzulegen. Hier sei auf die Verordnung über Anlagen zum Umgang mit wassergefährdenden Stoffen (AwSV) verwiesen.

Beim Transport, z. B. auf Stetigförderern (u. a. Gurtförderer oder Becherwerk), bzw. beim Befüllen oder Entleeren muss die Beförderung im Gefahrenfall unterbrochen werden. Dazu gibt es Notschalter, die schnellstmöglich erreichbar und funktionstüchtig sein müssen.

Lagerungsspezifische Gesichtspunkte

Ortsfeste Behälter dürfen nicht dort aufgestellt oder errichtet werden, wo dies zu einer Gefährdung von Personen führen kann, insbesondere wenn eine wirksame Gefahrenabwehrmaßnahme nicht gewährleistet ist. Problembereiche sind somit Verkehrswege, Treppenräume, Durchgänge, Durchfahrten, enge Innenhöfe, Dächer und Dachräume von Versammlungsstätten, Bürohäusern und öffentlichen Gebäuden sowie Pausen-, Sanitär-, und Sanitätsräume.

Selbstverständlich sind vor oder hinter Flucht- und Rettungswegen keine Behältnisse zu platzieren.

Zur sicheren Gestaltung des Arbeitsplatzes gehören Hygienemaßnahmen, Rauchverbote, Vermeidungsstrategien zur unbeabsichtigten Freisetzung von Gefahrstoffen und die Bereitstellung von Mitteln zur Gefahrenabwehr.

Sind im Lagerbereich offene Bodenabläufe, so ist von einer zusätzlichen Gefährdung auszugehen, insbesondere, wenn Gefahrstoffe gelagert sowie ein- oder abgefüllt werden, die

- extrem entzündbar, leicht entzündbar oder entzündbar sind,
- mit Wasser entzündbare oder giftige Gase bilden oder
- akut toxisch nach Kategorie 1 sind.

Sollten unter den beschriebenen Umständen tatsächlich betriebs- oder witterungsbedingt Bodenabläufe vorhanden sein, so dürfen diese nur dann geöffnet werden, wenn eine Gefährdung durch evtl. ausgetretene Gefahrstoffe ausgeschlossen ist.

Des Weiteren ist darauf zu achten, dass die Lagerung der verschiedenen Gefahrstoffbereiche im Oberirdischen, die hinsichtlich ihrer Gefährdung getrennt voneinander beurteilt wurden, so räumlich voneinander getrennt sind, dass im Gefahrenfall keine gegenseitige Einwirkung stattfinden kann (vgl. hierzu TRGS 509, Nr. 9.2 und 9.3)

Sicherheitstechnische Anforderungen und Einrichtungen

Je nach Stoff (fest oder flüssig) sind unterschiedliche sicherheitstechnische Anforderungen und Einrichtungen für die Lagerung oder Be- und Entfülleinrichtung erforderlich, die individuell betrachtet werden müssen. Für alle gibt es spezifische Regelungen mit Blick auf

- Ableitung der jeweiligen Gemische,
- Füllstands- bzw. Flüssigkeitsanzeige und Überfüllschutz und
- Absperreinrichtungen.

Für besonders brandgefährliche Gefahrstoffe sind weitere Schutzmaßnahmen erforderlich.

Zusätzliche Maßnahmen zum Explosionsschutz

Für extrem und leicht entzündbare Flüssigkeiten bzw. jene mit einem Flammpunkt unter 55 °C sowie für brennbare staubförmige und staubbildende Feststoffe werden zusätzliche Maßnahmen nötig, wenn ein Auftreten einer explosionsfähigen Atmosphäre nicht ausschließbar ist. Hierzu zählen:

- Es sind Schutzmaßnahmen nach TRGS 723 einzurichten.
- Die Auswirkungen einer möglichen Explosion sind nach TRGS 724 zu beschränken.

- Es ist eine Absprache mit möglicherweise betroffener Nachbarschaft hinsichtlich weiterer erforderlicher Schutzmaßnahmen einzuplanen.
- Einmündungen und Schutzrohre der Rohre, Kabel und Leitungen sind vor dem Eindringen brennbarer Dämpfe, Flüssigkeiten oder Stäube zu schützen (TRGS 722).
- Explosionsgefährdete Bereiche sind von brennbaren Stoffen und Gegenständen freizuhalten.
- Abweichend von Absatz 4 dürfen ortsbewegliche Behälter mit brennbaren Flüssigkeiten, deren Verpackungen und Lager-/Hilfstransportmittel in Lagern und in Füll- und Entleerstellen gelagert werden.
- Gase in verdichteter, verflüssigter und unter Druck gelöster Form dürfen in Ex-Bereichen (ausschließlich Brandschutzeinrichtungen) der Zone 1 nur unterirdisch gelagert werden.

Entsprechend der Zoneneinteilung gibt es klare Regelungen, welche Zündquellen zu vermeiden sind:

- Zone 2 und 22: ständig oder häufig auftretende Zündquellen
- Zone 1 und 21: ständig oder häufig auftretende Zündquellen und zusätzlich jene, die gelegentlich auftreten können (z. B. durch vorhersehbare Störungen der Betriebsmittel)
- Zone 0 und 20: ständig, häufig, gelegentlich bis selten auftretende Zündquellen

All jene Lageranlagen sowie Füll- und Entleerstationen dürfen nicht, da sie in leitender Verbindung zu Anlagen stehen, elektrische Potenzialunterschiede in Richtung Erde aufbauen können, die zu einer Entladung und damit zu einem möglichen zündfähigen Funken, Korrosion oder Personengefährdung führen können. Hier sind Schutzmaßnahmen entsprechend TRGS 723 und TRGS 725 einzusetzen.

Um einen elektrischen Potenzialunterschied zu vermeiden, sind außerdem jegliche Anschluss-, Verbindungs- und Trennstellen gegen Selbstlockern zu sichern. Um eine leichte Prüfung und Instandhaltung zu ermöglichen, sind Trennstellen möglichst oberirdisch anzuordnen. Außerdem ist bei dem Befestigen oder Lösen von Leitungen darauf zu achten, dass die Gefahr einer Entzündung durch mechanische Funken ausgeschlossen sind (TRGS 723).

Ortsbewegliche Behältnisse bei der aktiven Lagerung

Die TRGS besagt, dass die Behältnisse für die aktive Lagerung geeignet sein müssen. Aktive Lagerung bedeutet hier, dass die Behältnisse be- und entladen werden.

Die Anwendungsbereiche hierfür sind vielfältig. Die Befüllung eines IBC für den Transport gehört genauso dazu wie seine stetige Entleerung für die Produktion. Weitere Möglichkeiten sind die Befüllung eines Sondermüllbehältnisses, in dem Gefahrstoffabfälle gesammelt werden, bevor sie vom Entsorger abgeholt werden. Nicht zur TRGS gehören demnach Umfüllarbeiten von großen in kleine Gebinde, wie z. B. von IBC in Kanister.

Bei der Gefährdungsbeurteilung von ortsbeweglichen Behältern ist gemäß der TRGS der Ex-Schutz zu beachten. Hierbei gilt, dass der Innenraum des Behälters die Zone 0 darstellt. Das ist z. B. bei der Lagerung von Gefahrstoffresten (Müll) zu beachten. Hier kann es sein, dass Gefahrstoffe ausgasen und eine explosionsfähige Atmosphäre entstehen lassen. Hierbei ist individuell abzuklären, welche technischen oder organisatorischen

Maßnahmen die Gefahren reduzieren. Denkbar ist z. B. eine Absauganlage oder die Lagerung im Freiraum (nur Überdachung). Im Behälter dürfen keine statischen Ladungen entstehen. Dies könnte durch das Hineinwerfen von Verpackungen entstehen. Das Aneinanderreiben von Kunststoffverpackungen könnte beispielsweise schon eine elektrostatische Entladung zur Folge haben, die dann zu einer Explosion führt.

Oftmals stellt sich die Frage, welche Behältnisse zum Befüllen von Gefahrstoffen geeignet sind. Empfehlenswert ist eine Verpackung, die dem Gefahrgutrecht entspricht.

2.4.2 TRGS 510

Die TRGS 510 (Fassung 16.02.2021) befasst sich mit der Lagerung von Gefahrstoffen in ortsbeweglichen Behältern und konkretisiert Anforderungen der Gefahrstoffverordnung (GefStoffV). Gemäß § 2 Abs. 6 GefStoffV versteht man unter dem Begriff Lagerung das „Aufbewahren zur späteren Verwendung sowie zur Abgabe an andere". Diese Umschreibung schließt auch die Bereitstellung zur Beförderung ein, wenn die Beförderung nicht innerhalb von 24 Stunden nach der Bereitstellung oder am darauffolgenden Werktag erfolgt.

Im Sinne der TRGS 510 umfasst die Lagerung von Gefahrstoffen die folgenden Tätigkeiten:

- Ein- und Auslagern
- Transportieren innerhalb des Lagers

- Beseitigung freigesetzter Gefahrstoffe, beispielsweise durch unbeabsichtigte Freisetzung bei Leckagen oder Unfällen

Im Rahmen der Überarbeitung dieser TRGS wurde der Anwendungsbereich erweitert. So schließt die Lagerung von Gefahrstoffen in der aktualisierten TRGS 510 nun auch das Bereithalten von größeren Mengen ein. Angesprochen werden hierbei solche Mengen, die den Tages- oder Schichtbedarf deutlich übersteigen.

Ausgenommen sind solche Stoffe, die sich in einem Produktions- oder Arbeitsgang befinden, wie z. B. Zwischenprodukte sowie „Schüttgüter als Haufwerk in loser Schüttung". Weitere Ausnahmen bilden explosionsgefährliche Stoffe und Gemische, Ammoniumnitrat und ammoniumnitrathaltige Gemische, organische Peroxide sowie radioaktive und ansteckungsgefährliche Stoffe, da die hier aufgelisteten Stoffe bzw. Stoffgruppen spezifischen regulatorischen Vorgaben unterliegen.

Im Sinne der TRGS 510 zählen zu den ortbeweglichen Behältern:

1. Verpackungen, z. B. Fässer, Kanister, Flaschen oder Säcke
2. Großpackmittel, z. B. Big Bags („flexible Schüttgutbehälter") oder sog. „Gittertanks" (IBC: Intermediate Bulk Container)
3. Großverpackungen
4. Tankcontainer oder ortsbewegliche Tanks
5. Container für Schüttgut
6. Druckgasbehälter
7. Aerosolpackungen oder Druckgaskartuschen
8. Eisenbahnkesselwagen und Tankfahrzeuge

Gefährdungsbeurteilung gemäß TRGS 510

Im Abschnitt 3 („Gefährdungsbeurteilung") der TRGS 510 wird auf die Verpflichtung des Arbeitgebers hingewiesen, im Rahmen einer Gefährdungsbeurteilung abzuklären, „ob sich durch die Lagerung von Gefahrstoffen Gefährdungen für die Beschäftigten oder andere Personen ergeben". Hierbei sind sämtliche potenzielle Gefährdungen und Betriebszustände zu berücksichtigen. Ein spezieller Aspekt stellt die Freisetzung von brennbaren Gasen, Dämpfen, Nebeln oder Stäuben dar. Da in diesen Fällen die Bildung einer explosionsfähigen Atmosphäre nicht ausgeschlossen werden kann, sind in der Gefährdungsbeurteilung explosionsgefährdete Bereiche (Zonen) festzulegen.

Ergänzend zu den bisherigen Ausführungen findet sich in der überarbeiteten TRGS neuerdings ein Verweis auf die DGUV Regel 113-001 (Explosionsschutz-Regeln, Ex-RL), insbesondere zur praktischen Vorgehensweise bei der Festlegung einer Zoneneinteilung. Ebenfalls neu aufgenommen wurde ein äußerst hilfreicher Hinweis auf die TRGS 725. Eine zusätzliche Berücksichtigung dieser empfiehlt sich insbesondere, wenn sog. MSR-Einrichtungen im Rahmen von Explosionsschutzmaßnahmen verwendet werden.

Allgemeine Maßnahmen

Grundsätzlich gilt, dass Maßnahmen zum Schutz der Mitarbeiter ausgearbeitet und umgesetzt werden müssen. Hierzu zählen u. a. die Gestaltung des Lagers, die Organisation der Arbeitsabläufe, die Zurverfügungstellung von passender PSA oder die Bereitstellung von Mitteln zur Gefahrenabwehr.

Des Weiteren fordert die TRGS 510, dass Gefahrstoffe in besonderen Einrichtungen gelagert werden müssen, die im Abschnitt „Schutzmaßnahmen für die Lagerung von Gefahrstoffen" konkretisiert werden. Auch ist eine Lagermenge außerhalb des Lagers von 1.500 kg nicht zu überschreiten. Weitere Schutzmaßnahmen hierfür sind abhängig von Art und Menge des Gefahrstoffs. Eine Zusammenlagerung mit anderen Gefahrstoffen ist auf Basis der Sicherheitsdatenblätter zu prüfen.

Grundsätzlich gilt, dass bei der Lagerung von Gefahrstoffen ein Gefahrstoffverzeichnis mit Art, Menge, Einstufung und Lagerbereich geführt werden muss. Diese müssen besonders für Notfälle jederzeit aktuell gehalten werden.

Schutzmaßnahmen für die Lagerung von Gefahrstoffen

Bei der Lagerung von Gefahrstoffen in ortsbeweglichen Behältern ist ein besonderes Augenmerk auf die Behälter zu legen. Diese müssen so beschaffen sein, dass deren Inhalt nicht ungewollt nach außen gelangen kann. Zum Beispiel jene dem Gefahrgutrecht entsprechend sind hierfür geeignet. Des Weiteren sollten die Gefahrstoffe in Originalbehältern gelagert werden. Alternativ muss gewährleistet sein, dass deren Behälter gegen Korrosion, Versprödung und Bruch sowie gegen Umwelteinflüsse, wie Licht, Wärme oder Feuchtigkeit, beständig sind.

Im Vergleich zur alten Fassung findet sich nun ein erweiterter Hinweis darauf, dass der Arbeitgeber sicherzustellen hat, „dass alle gelagerten Gefahrstoffe identifizierbar sind". Angepasst wurde hier der Hinweis auf § 8 Abs. 2 GefStoffV. An dieser Stelle finden sich präzise Angaben, was der Gesetzgeber unter der Identifizierbarkeit von Gefahrstoffen versteht. Demnach muss die innerbetriebliche Kennzeichnung von gefährlichen Stoffen und Gemischen, aber auch von Apparaturen und Rohrleitungen, eindeutig sein, d. h., die Kennzeichnung und Einstufung sollten vorzugsweise i. S. d. CLP-Verordnung durchgeführt werden. Eine Ausnahme aufgrund fehlender Daten hinsichtlich der Einstufung i. S. d. GefStoffV bilden Stoffe und Gemische, die für Forschungs- und Entwicklungsprozesse eingesetzt werden.

Eine weitere Neuerung findet sich im Abschnitt 4.2 Abs. 4 mit dem direkten Verweis auf § 8 Abs. 5 GefStoffV. Im Sinne dieser hat der Arbeitgeber sicherzustellen, „dass Gefahrstoffe so aufbewahrt und gelagert werden, dass sie weder die menschliche Gesundheit noch die Umwelt gefährden“. Dementsprechend sind wirksame Vorkehrungen zu treffen, um einen Missbrauch oder auch einen Fehlgebrauch zu verhindern. So dürfen Gefahrstoffe nicht in solchen Behältern aufbewahrt werden, die leicht zu einer Verwechslung mit der Aufbewahrung von Lebensmitteln führen können; dies kann z. B. durch Nutzung verwechselbarer Gefäßformen oder unklarer Inhaltsbezeichnungen geschehen. Um dieser Verwechslungsgefahr vorzubeugen, dürfen ferner Gefahrstoffe auch nicht in „unmittelbarer Nähe“ von Arznei-, Lebens- oder Futtermitteln aufbewahrt werden.

Im Sinne der TRGS 510 liegt eine „unmittelbare Nähe“ vor, wenn die Aufbewahrung von toxischen, krebserzeugenden, keimzellmutagenen oder reproduktionstoxischen Gefahrstoffen im selben Raum erfolgt. Grundsätzlich sollten diese Gefahrstoffe immer in einem separaten Raum aufbewahrt werden. Sollte dies aus betriebstechnischen Gründen nicht praktizierbar sein, so muss mindestens ein horizontaler Abstand von 2 m gewährleistet werden.

Weitere Spezifikationen zu nicht stabilen Gasen, Aerosolpackungen, Druckgaskartuschen und angebrochenen Behältern finden sich ebenfalls in diesem Abschnitt.

Zugangsbeschränkung für besondere Gefahrstoffe

Für besondere Gefahrstoffe müssen u. U. Zugangsbeschränkungen bedacht werden. Im Unterschied zur vorherigen TRGS 510 findet sich nun ein direkter Bezug zu § 8 Abs. 7 GefStoffV. Demnach hat der Arbeitgeber sicherzustellen, dass Gefahrstoffe „unter Verschluss oder so aufbewahrt oder gelagert werden, dass nur fachkundige und zuverlässige Personen Zugang haben". Die auch vom Gesetzgeber geforderte Zugangsbeschränkung ist z. B. durch die Lagerung in einem geeigneten, abschließbaren Schrank möglich. Bei größeren Lagermengen kann dies auch durch ein abschließbares Gebäude oder einen abschließbaren Lagerbereich erfolgen.

Ein neuer Aspekt der TRGS 510 ist die Aufnahme eines Industrieparks. Da in einem Industriepark bekanntlich verschiedene Unternehmen ein Industrieareal gemeinsam nutzen, muss der Arbeitgeber sicherstellen, dass nur fachkundige und zuverlässige Personen einen Zugang zu seinem Lager haben. Dementsprechend müssen die hierzu getroffenen Maßnahmen in der Gefährdungsbeurteilung dokumentiert werden. Denkbare Vorkehrungen können sein:

- Tragen von Identitätsnachweisen
- elektronische Zugangskontrollen oder persönliche Kontrollen durch einen Pförtner
- allgemeine Unterweisung zu Verhaltensregeln auf dem Betriebsgelände für Besucher und Fremdfirmen

- spezielle gefahrstoffrechtliche Unterweisung für Beschäftigte von Fremdfirmen
- regelmäßige Kontrolle der Werksgrenzen durch Kameraüberwachung und/oder Werksicherheitspersonal
- Kennzeichnung von Bereichen, die für Unbefugte gesperrt sind (D-P006 – ASR A1.3)

Zusätzliche Schutzmaßnahmen bei der Lagerung in Lagern

In der überarbeiteten Version finden sich nun verschiedene Zusammenstellungen, aus denen alle relevanten Gefahrstoffe mit den zugehörigen Gefahrenhinweisen gemäß der CLP-Verordnung und den entsprechenden Lagerbedingungen ersichtlich sind. Konsequenterweise wurden bei der Überarbeitung die vormaligen Gefahrenhinweise (R-Sätze) durch die nun gültigen H-Sätze i. S. d. CLP-Verordnung ersetzt. In Abhängigkeit von den gelisteten Gefahrstoffen und ihrer jeweiligen Kennzeichnung werden die einzuhaltenden Lagerbedingungen unter Berücksichtigung der Nettolagermengen detailliert vorgestellt.

Lagergutorganisation und Sicherung des Lagerguts

Im Rahmen der „Lagerorganisation" verweist man darauf, dass Gefahrstoffe übersichtlich und zugänglich aufbewahrt oder gelagert werden sollen; dies gilt insbesondere bei der Lagerung von großen Gebinden, beispielsweise in Form von Fässern oder Großpackmitteln. Neu aufgenommen wurde der Hinweis, dass bei einer Blocklagerung jedes einzelne Gebinde oder jede einzelne Palette gut sichtbar sein muss. Praktisch umsetzen lässt sich dies z. B. durch das Errichten von Inspektionsgängen jeweils zwischen zwei Lagerreihen.

Des Weiteren sind u. a. folgende Aspekte bei der Lagerung zu beachten:

- Es muss eine Notfall-Ausrüstung für mögliche Leckagen vorhanden sein.
- Instandsetzungsmaßnahmen sind in regelmäßigen Abständen durchzuführen.
- Maximale Lagermengen pro Lagerbereich sind festzulegen.
- Nahrungs-/Genussmittel dürfen nur in ausgewiesenen Bereichen konsumiert werden.
- Rauchen (auch E-Zigaretten) im gesamten Lagerbereich sowie offenes Feuer in Brand- und Ex-Bereichen sind verboten.
- Lagerabschnitte mit Gefahrstofflagerungen sind gemäß ASR A1.3 zu kennzeichnen.
- Ex-Bereiche mit zusätzlichen Maßnahmen hinsichtlich Zündquellenvermeidung sind an ihren Zugängen zu kennzeichnen.
- Ortsbewegliche Behälter mit Ausrichtungspfeilen müssen entsprechend dieser gelagert sein.
- Lagereinrichtungen müssen statisch und standsicher sein. Es müssen weitere Maßnahmen zum Schutz gegen Heraus- oder Herabfallen gegeben sein.
- Lagergüter sind so zu stapeln, dass sie standsicher entsprechend der mechanischen Stabilität sind und nur bis zu solcher Ebene gelagert werden, dass sie sicher entnommen werden können.

Unterweisung der Beschäftigten

Tätigkeiten bei der Lagerung von Gefahrstoffen sind ausschließlich von unterwiesenen und mit dem Umgang mit Gefahrstoffen vertrauten Beschäftigten durchzuführen. Neben einem Hinweis auf die TRGS 555 („Betriebsanweisung und Information der Beschäftigten“) – dieser Bezug findet sich ebenfalls in der vorherigen TRGS-Fassung aus dem Jahr 2015 – weist die überarbeitete TRGS 510 jedoch explizit auf § 14 Abs. 1 und 2 GefStoffV hin, da sich in diesen Textstellen detaillierte Angaben zur praktischen „Unterrichtung und Unterweisung der Beschäftigten“ befinden.

Besondere Schutzmaßnahmen auf Basis der Stoffgruppen

Die Abschnitte 6 bis 12 der überarbeiteten TRGS 510 behandeln zusätzliche besondere Schutzmaßnahmen, die bei der Lagerung von größeren Gefahrstoffmengen zu beachten sind. Hierbei werden die folgenden Stoffe inkl. der Stoffgruppen angesprochen:

- entzündbare oder selbstzersetzliche Gefahrstoffe
- akut toxische Feststoffe, Flüssigkeiten und Gase, entzündbare Gase, oxidierende sowie keimzellmutagene, karzinogene und reproduktionstoxische Flüssigkeiten
- akut toxische Flüssigkeiten und Feststoffe der Gefahrenkategorien 1, 2 und 3 sowie akut toxische Gase der Kategorien 1, 2 und 3
- oxidierende Flüssigkeiten und Feststoffe
- akut toxische Gase der Gefahrenkategorien 1, 2 und 3 sowie Gase unter Druck
- entzündbare Gase der Gefahrenkategorie 1A, 1B und 2 sowie Aerosole der Kategorien 1, 2 und 3
- entzündbare Flüssigkeiten

Wie in den Ausführungen zum Abschnitt 6 bereits erwähnt, werden für diese tabellarisch die jeweils zugehörenden Lagermengen aufgelistet, bei deren Überschreitung zusätzliche Maßnahmen zu ergreifen sind. Eine Möglichkeit, die in den zuvor erwähnten Abschnitten geforderten Anforderungen zu erfüllen, bietet ferner die Lagerung in Sicherheitsschränken. Die allgemeinen Anforderungen, die bei der Lagerung in Sicherheitsschränken zu beachten sind, finden sich im Anhang 1 der TRGS 510.

Zusammenlagerung, Getrenntlagerung und Separatlagerung

Die Möglichkeit der Lagerung in Sicherheitsschränken besteht ebenfalls, wenn verschiedene Gefahrstoffe zusammen gelagert werden. Die Frage, welche Chemikalien unter welchen Bedingungen miteinander gelagert werden dürfen, lässt sich mithilfe einer Zusammenlagerungstabelle beantworten. Diese wurde in der TRGS 510 in der Fassung vom 06.02.2021 nun völlig überarbeitet. Im Gegensatz zur vorherigen TRGS-Version wurden die Bezeichnungen der einzelnen Lagerklassen aus der Zusammenlagerungstabelle gestrichen. Dementsprechend soll sich die korrekte Zuordnung der Lagerklassen aus dem Fließschema im Anhang 2 der überarbeiten TRGS ableiten.

2.4.3 TRGS 720

Die TRGS 720 „Gefährliche explosionsfähige Gemische – Allgemeines“ wurde mit der Fassung vom 24.07.2020 vollständig überarbeitet und vom Bundesministerium für Arbeit und Soziales bekannt gegeben. Mit dieser Aktualisierung wurde die Vorgängerversion TRBS 2152/TRGS 720 aus dem Jahr 2006 aufgehoben.

Sie bildet die Grundlage der Technischen Regeln 720 bis 725, indem in ihr der Fokus auf die Beurteilung der Explosionsgefährdungen gelegt wird. Hierbei sind jene Stoffe im Mittelpunkt, die eine gefährliche explosionsfähige Atmosphäre bilden können. Zur Sicherheit der Mitarbeiter und des Betriebs sind in diesem Fall Schutzmaßnahmen einzuleiten. Bei der Auswahl und Durchführung ist diese TRGS behilflich. Neben jenen Gemischen, die zu einer explosionsfähigen Atmosphäre führen, werden auch jene betrachtet, die unter nicht-atmosphärischen Bedingungen gefährlich explosionsfähig sind. Nicht-atmosphäre Bedingungen sind z. B anderer Sauerstoffgehalt, andere Oxidationsmittel, andere Drücke oder Temperaturen.

Begriffsbestimmungen

Im Kapitel 2 („Begriffsbestimmungen") der TRGS 720 werden zahlreiche themenspezifische Fachausdrücke näher definiert. Hierzu zählen u. a. die sicherheitstechnischen Kennzahlen, die im Grundlagenkapitel dieses Buches beschrieben sind (vgl ▶ Kap. 1.10). Im Vergleich zu den TRBS 2152/TRGS 720 aus dem Jahr 2006 wurden hingegen keine wesentlichen Änderungen vorgenommen. Eine Ausnahme findet sich jedoch beim Thema „Explosionsgefährdeter Bereich". Im Gegensatz zur Vorgängerversion verzichtet man in der überarbeiteten TRGS-Fassung von 2020 allerdings auf die nähere Definition der Gefahrenzonen 0, 1, und 2 bzw. 20, 21 und 22. Allerdings finden sich im Text der TRGS 720 Verweise auf den Anhang I Nr. 1.7 GefStoffV vom 26.11.2010, zuletzt geändert durch Art. 148 des Gesetzes vom 29.03.2017 (BGBl. I S. 626).

Vorgehensweise Gefährdungsbeurteilung unter atmosphärischen Bedingungen

Die TRGS 720 betont die Verpflichtung des Arbeitgebers, zur Beurteilung der Arbeitsbedingungen seiner Beschäftigten eine Gefährdungsbeurteilung durchzuführen. Dies bedeutet, in einem ersten Schritt Gefährdungen der Beschäftigten am Arbeitsplatz zu ermitteln, diese anschließend zu beurteilen und daraus notwendige Schutzmaßnahmen zu ergreifen. Diese Aufforderung steht in einem direkten Bezug zum § 5 ArbSchG. Detailliertere Angaben zur praktischen Durchführung einer Gefährdungsbeurteilung finden sich ferner im § 6 Abs. 8 GefStoffV. Im § 6 Abs. 9 GefStoffV geht der Gesetzgeber auch auf Gefährdungen ein, die durch gefährliche explosionsfähige Gemische hervorgerufen werden können. In diesem Absatz findet sich bereits ein Hinweis auf die Verpflichtung des Arbeitgebers, in Abhängigkeit von den jeweiligen Feststellungen ein Explosionsschutzdokument zu erstellen.

Ein zentrales Thema der überarbeiteten TRGS 720 bildet die „Beurteilung und Vermeidung von Explosionsgefährdungen bei atmosphärischen Bedingungen". Das Ablaufschema vgl. TRGS 720 Abb. 1 beschreibt die Bewertung der Explosionsgefährdung unter atmosphärischen Bedingungen und verdeutlicht gleichzeitig notwendige Schutzmaßnahmen.

Im Folgenden soll auf die einzelnen Schritte des in Abb. 1 dargestellten Ablaufschemas näher eingegangen werden. In Anlehnung an dieses Schema ist in einem ersten Schritt zu überprüfen, ob überhaupt brennbare feste, flüssige, gas- oder staubförmige Stoffe betriebsmäßig vorhanden sind oder ob diese Stoffe im Rahmen gegebener Betriebsprozesse freigesetzt werden können.

Eine Hilfestellung bei der Beurteilung von Explosionsgefährdungen durch gefährliche explosionsfähige Atmosphäre liefert u. a. die TRGS 721. Ferner sei an dieser Stelle auf die Verordnung (EG) Nr. 1272/2008 hingewiesen.

Sind hingegen brennbare Stoffe betriebsmäßig vorhanden oder können diese durch betriebsinterne Prozessabläufe entstehen, so ist im folgenden Schritt zu überprüfen, ob mit der Bildung einer explosionsfähigen Atmosphäre zu rechnen ist. Im Sinne der TRGS 720 versteht man unter einer „explosionsfähigen Atmosphäre“ ein „explosionsfähiges Gemisch aus Luft und brennbaren Gasen, Dämpfen, Nebeln oder Stäuben unter atmosphärischen Bedingungen“, bezogen auf eine Umgebungstemperatur von -20 bis 60 °C und einem Druck von 0,8 bis 1,1 bar. Weitere Charakteristika einer explosionsfähigen Atmosphäre finden sich in der TRGS 721.

Festlegung von Schutzmaßnahmen

Im Sinne des Anhangs I Nr. 1.6 Abs. 1 GefStoffV sind bei der Festlegung von Schutzmaßnahmen insbesondere solche Stoffe und Gemische zu bevorzugen, die keine explosionsfähigen Gemische bilden können. Dementsprechend stellt sich in Anlehnung an das Ablaufdiagramm der Abb. 1 generell die Frage nach denkbaren Substitutionsmöglichkeiten gefährlicher Stoffe oder Gemische.

Ist eine derartige Substitution beispielsweise aus produktionstechnischen Gründen nicht möglich, so sollte zumindest die Bildung von gefährlichen explosionsfähigen Gemischen unterbunden werden. Dies kann erfolgen durch

- passive technische Maßnahmen (z. B. Sicherstellung der Dichtheit von Behältern oder von technischen Anlagen),
- organisatorische Maßnahmen (z. B. Reinigungsmaßnahmen zur Vermeidung von problematischen Staubablagerungen) oder

- eine gründliche natürliche Lüftung an entsprechenden Arbeitsplätzen.

Zusätzliche Schutzmaßnahmen

Sollten die bisher ergriffenen Maßnahmen nicht ausreichend sein, so muss durch zusätzliche Maßnahmen nach dem Stand der Technik die Bildung von gefährlichen explosionsfähigen Gemischen verhindert oder zumindest eingeschränkt werden. Die ergriffenen Schutzmaßnahmen werden in einem Explosionsschutzdokument im Rahmen eines generellen Explosionsschutzkonzepts dokumentiert, wobei u. U. die Prüfvorschriften gem. Anhang 2 Abschnitt 3 der BetrSichV (überwachungsbedürftige Anlagen) zu berücksichtigen sind.

Lässt sich das Auftreten einer gefährlichen explosionsfähigen Atmosphäre jedoch nicht ausschließen, sind weiterreichende Maßnahmen notwendig. Abzuklären sind gem. Anhang I Nr. 1.6 Abs. 2 GefStoffV zunächst folgende Aspekte:

1. Wahrscheinlichkeit und Dauer des Auftretens gefährlicher explosionsfähiger Gemische
2. Wahrscheinlichkeit des Vorhandenseins, der Entstehung und des Wirksamwerdens von Zündquellen einschließlich elektrostatischer Entladungen
3. Ausmaß der zu erwartenden Auswirkungen von Explosionen. Weiterreichende Informationen finden sich auch in der Richtlinie 1999/92/EG („Explosionsschutz-Betriebsrichtlinie" oder „ATEX 137").

Maßnahmen zur Zündquellenvermeidung

Im Zentrum der weiteren Betrachtungen stehen geeignete Maßnahmen zur Zündquellenvermeidung. Im Sinne der TRGS 720 lassen sich explosionsgefährdete Bereiche in Zonen (0, 1 und 2 für Gase und Dämpfe bzw. 20, 21 und 22 für Stäube) unterteilen. Bei der Handhabung von Stäuben sollte die Gefahr einer Staubexplosion durch fein verteilte Stäube bedacht werden. Welche „Geräte und Schutzsysteme zur bestimmungsgemäßen Verwendung in explosionsgefährdeten Bereichen“ zum Einsatz kommen sollen, beschreibt die Richtlinie 2014/34/EU.

Erfolgt hingegen keine Zoneneinteilung der explosionsgefährdeten Bereiche, so geht man generell von einer „ständig vorhandenen gefährlichen explosionsfähigen Atmosphäre“ aus. In diesen Fällen sind Schutzmaßnamen i. S. d. Zonen 0 bzw. 20 zu ergreifen.

Erstellung: widerspruchsfreies Explosionsschutzkonzept

Lässt sich die Entzündung einer gefährlichen explosionsfähigen Atmosphäre durch geeignete Maßnahmen nach dem Stand der Technik verhindern, so ist ein „widerspruchsfreies Explosionsschutzkonzept“ zu erstellen. Für die getroffenen Schutzmaßnahmen sind die „Prüfvorschriften für überwachungsbedürftige Anlagen“ gemäß Anhang 2 BetrSichV zu beachten. Schließlich sind die Ergebnisse der Gefährdungsbeurteilung in Anlehnung an § 6 Abs. 9 und § 11 GefStoffV in einem Explosionsschutzdokument zu dokumentieren. Kann die Entzündung einer gefährlichen explosionsfähigen Atmosphäre jedoch nicht ausgeschlossen werden, so sind i. S. d. Anhangs I Nr. 1.6 Abs. 4 GefStoffV „Maßnahmen des konstruktiven Explosionsschutzes“ zu ergreifen. Ziel ist es, die Ausbreitung einer Explosion möglichst zu begrenzen und die Auswirkungen einer Explosion auf die Beschäftigten so gering wie möglich ausfallen zu lassen.

Beurteilung und Vermeidung von Explosionsgefährdungen bei Vorliegen explosionsfähiger Gemische unter nichtatmosphärischen Bedingungen

Im Vergleich zu der TRBS 2152/TRGS 720 aus dem Jahr 2006 wurde in der aktuellen TRGS 720 die „Beurteilung und Vermeidung von Explosionsgefährdungen bei Vorliegen explosionsfähiger Gemische unter nichtatmosphärischen Bedingungen“ neu aufgenommen. So findet sich im Kapitel 4 ebenfalls ein Ablaufdiagramm zum Erkennen von Explosionsgefährdungen für „Gemische unter nichtatmosphärischen Bedingungen“ sowie analog zum Kapitel 3 dieser TRGS ergänzende Hinweise. Angesprochen werden in diesem Kapitel explosionsfähige Gemische insbesondere im Inneren von Behältern oder Umschließungen (bspw. Rohrleitungen).

Analog zu den zuvor betrachteten Stoffen muss natürlich auch für Gemische eine Gefährdungsbeurteilung durchgeführt werden. In der Abb. 2 der TRGS 720 wird ein denkbares Ablaufschema zur Bewertung und Festlegung von Schutzmaßnahmen für Gemische unter nichtatmosphärischen Bedingungen dargelegt. Da dieser Prozessablauf keine nennenswerten Unterschiede gegenüber des in Abb. 1 dargelegten Schemas aufweist, soll an dieser Stelle lediglich auf die Seiten 11 und 12 der Originalversion der TRGS 720 (Fassung v. 27.07.2020) verwiesen werden.

2.4.4 TRGS 721

Die TRGS 721 „Gefährliche explosionsfähige Gemische – Beurteilung der Explosionsgefährdung“ wurde mit der Fassung vom 02.10.2020 vollständig überarbeitet und vom Bundesministerium für Arbeit und Soziales bekannt gegeben. Mit dieser Aktualisierung wurde die Vorgängerversion TRBS 2152 Teil 1/TRGS 721 aus dem Jahr 2006 aufgehoben.

Die überarbeitete TRGS 721 vom Oktober 2020 lehnt sich sehr stark an die im Juli 2020 ebenfalls aktualisierte TRGS 720 an, wobei die Vorgehensweise bei der Beurteilung einer Explosionsgefährdung durch den direkten Bezug auf sicherheitstechnische Kenngrößen nun konkretisiert wird. Im Rahmen der allgemeinen Anforderungen zur Durchführung einer Gefährdungsbeurteilung i. S. d. Gefahrstoffverordnung präzisiert die überarbeitete TRGS-Fassung bestehende Ausführungen über gefährliche explosionsfähige Gemische des § 6 Abs. 4 und 9 GefStoffV.

Beurteilung des Auftretens explosionsfähiger Atmosphäre

Während in der Umgebung von Arbeitsmitteln/Anlagen im Normalfall von atmosphärischen Bedingungen auszugehen ist, können im Inneren von Arbeitsmitteln/Anlagen u. U. auch nicht-atmosphärische Bedingungen eine Rolle spielen. Derartige atmosphärische Eigenschaften üben letztendlich einen entscheidenden Einfluss auf die Sauerstoffkonzentration und damit auf das Oxidationsverhalten gegenüber Stoffen oder Gemischen aus.

Bei der Beurteilung des Auftretens einer explosionsfähigen Atmosphäre kommt den physikalischen und chemischen Eigenschaften von Stoffen eine zentrale Bedeutung zu. Abzuklären ist in diesem Zusammenhang, inwieweit bei der Handhabung von Stoffen brennbare Gase, Dämpfe, Nebel oder Stäube vorhanden sind oder bei deren Verarbeitung entstehen können. Informationen über Stoffeigenschaften lassen sich beispielsweise den Sicherheitsdatenblättern der Hersteller von Chemikalien oder der GESTIS-Stoffdatenbank entnehmen.

Die folgenden physikalischen und sicherheitstechnischen Kenngrößen sind für die hier erwähnten Stoffgruppen insbesondere zu beachten:

- Gase: untere und obere Explosionsgrenze (UEG, OEG)
- Flüssigkeiten: Flammpunkt bzw. der untere Explosionspunkt (UEP), der obere Explosionspunkt (OEP), Sättigungsdampfdruck sowie die untere und obere Explosionsgrenze (UEG, OEG)
- Stäube: Korngrößenverteilung, ggf. Feuchte, untere Explosionsgrenze (UEG) und der Schwelpunkt

Sollte der untere Explosionspunkt (UEP) bei Flüssigkeiten oder Lösemittel-Gemischen hingegen nicht bekannt sein, so lässt sich dieser Wert oftmals auch mithilfe der folgenden Faustregel abschätzen:

- bei reinen, nicht halogenierten Flüssigkeiten: der UEP liegt in etwa 5 K (Kelvin) unterhalb des Flammpunkts
- bei Lösemittel-Gemischen ohne halogenierte Komponente: der UEP liegt in etwa 15 K (Kelvin) unterhalb des Flammpunkts

Diese Abschätzung setzt allerdings Tätigkeiten unter Umgebungsdruck sowie Luft als Bestandteil des explosionsfähigen

Gases bzw. Dampf/Luft-Gemisches voraus. Unter anderen Reaktionsbedingungen (Druck liegt bspw. unterhalb des Umgebungsdrucks oder es besteht ein anderer Sauerstoffvolumenanteil im Vergleich zu Luft) lässt sich diese Überschlagsrechnung nicht anwenden.

Grundvoraussetzungen für Explosionen mit gefährlichen Auswirkungen

Neben den zuvor angesprochenen Stoffeigenschaften spielen bestimmte Voraussetzungen eine entscheidende Rolle, um Explosionen mit gefährlichen Auswirkungen auszulösen. Dementsprechend müssen die folgenden vier Bedingungen gleichzeitig erfüllt sein:

1. Es muss ein hoher Dispersionsgrad (hohe Verteilung) der Stoffe vorliegen, z. B. in Form von Gasen, Dämpfen, Aerosolen oder aufgewirbelten Stäuben. Für das Zustandekommen einer explosionsfähigen Atmosphäre reichen oftmals Tröpfchen- oder Teilchengrößen von < 1 mm aus. In der Praxis finden sich für auftretende Nebel, Aerosole und Stäube bereits Teilchengrößen zwischen 0,1 und 0,001 mm.
2. Die Konzentration der brennbaren Stoffe in der Luft oder einem anderen Oxidationsmittel muss innerhalb ihrer Explosionsgrenzen liegen. Das heißt, die Konzentration eines dispergierten brennbaren Stoffes muss einen Mindestwert (untere Explosionsgrenze) überschreiten. Hat die Konzentration hingegen einen maximalen Wert überschritten (obere Explosionsgrenze), so erfolgt i. d. R. keine Explosion mehr. Für Stäube spielt im Normalfall nur die untere Explosionsgrenze eine Bedeutung.
3. Die gefahrdrohende Menge eines brennbaren Stoffes hängt zum einen von seiner Konzentration ab, zum anderen aber

auch von seinem Bearbeitungszustand. So ist zu beachten, dass sich bei der Verarbeitung einer Flüssigkeit, beispielsweise durch Versprühen, Verspritzen, Verdampfen oder Kondensation, mit der Bildung einer explosionsfähigen Atmosphäre bereits unterhalb des unteren Explosionspunkts (UEP) zu rechnen ist. Liegt die maximale Verarbeitungstemperatur eines Stoffs über dem UEP, so können sich ebenfalls explosionsfähige Dampf/Luft-Gemische bilden.
Auch das Aufwirbeln von Ablagerungen oder das Absetzen von aufgewirbeltem Staub kann einen Einfluss auf die oben erwähnten Explosionsgrenzen nehmen, wodurch ein explosionsfähiges Gemisch entstehen kann.

4. Letztendlich muss zur Einleitung einer Explosion immer eine wirksame Zündquelle vorliegen. Hierfür sind notwendig:
   - Energie der Zündquelle
   - physikalisch-chemische Eigenschaften des explosionsfähigen Gemisches
   - Sauerstoffgehalt der Umgebungsatmosphäre (Absenkung der Zündenergie bei hohem Sauerstoffgehalt)

Auswirkungen einer Explosion

Kommt es zu einer Explosion, ausgelöst durch die Zündung einer explosionsfähigen Atmosphäre, so führt dies stets zu einem hohen materiellen Schaden, oftmals begleitet von Personenschäden. Eine derartige Situation entsteht beispielsweise, wenn sich Versammlungsstätten oder Wege mit dichtem Verkehr in unmittelbarer Nähe eines Gefährdungsbereichs befinden.

Ferner sind Auswirkungen im Sinne einer Kettenreaktion zu berücksichtigen, wobei zusätzlich andere gefährliche oder brennbare Stoffe freigesetzt oder entzündet werden können. Durch bauliche Maßnahmen lässt sich diese Gefahrenquelle u. U. entschärfen.

Ermittlung der Menge explosionsfähiger Atmosphäre

Wie bereits weiter oben angesprochen, kommt dem Sauerstoffgehalt der Umgebungsatmosphäre ein entscheidender Einfluss bei der Auslösung einer Explosion zu. So sind bei der Ermittlung der Menge explosionsfähiger Atmosphäre neben den bereits erwähnten physikalisch-chemischen Eigenschaften und den sicherheitstechnischen Kenngrößen der Stoffe insbesondere das Dichteverhältnis, bezogen auf Luft sowie der Diffusionskoeffizient bei Gasen und Dämpfen, zu berücksichtigen. In Abhängigkeit von ihrer Dichte fallen Dämpfe oder „schwere Gase" nach unten, wobei diese sich mit der vorhandenen Luft in Bodennähe vermischen. Umgekehrt steigen Gase geringer Dichte nach oben und vermengen sich dort mit der vorhandenen Luft, sodass sich entweder in Bodennähe oder in höheren Bereichen explosionsfähige Atmosphären bilden können.

Die Formel zur Berechnung des Dichteverhältnisses des Dampf / Luft-Gemisches im Vergleich zur Luft sowie Beispielrechnungen hierzu finden sich in der TRGS 721 Abschnitt 3.4.2. Das auf diese Weise ermittelte Dichteverhältnis dient letztendlich als Grundlage zur Beurteilung des Schwer- oder Leichtgasverhaltens von Dampf/Luft-Gemischen.

Weitere zentrale Aspekte bei der Ermittlung der Menge explosionsfähiger Atmosphäre stellen örtliche und betriebliche Verhältnisse dar. So ist es nicht unerheblich, ob Tätigkeiten unter gas-, flüssigkeits- oder staubdichten Bedingungen stattfinden oder ob diese in offenen Apparaturen durchgeführt werden, beispielsweise bei Beschickungen oder Entleerungen von Anlagen. Selbst wenn Prozessabläufe in geschlossenen Systemen stattfinden, so bilden Ventile, Schieber oder Rohrleitungsverbindungen oftmals kritische Verbindungsstellen, an denen mit Stofffreisetzungen zu rechnen ist.

Bei der Betrachtung gegebener örtlicher und betrieblicher Verhältnisse sind ferner auch Luftbewegungen vor Ort zu berücksichtigen. Insbesondere in unbelüfteten tiefer liegenden Bereichen, wie in Kanälen oder Schächten, kann sich leicht in Gegenwart von brennbaren Stoffen oder Gemischen eine explosionsfähige Atmosphäre bilden. Hier beschleunigt schon eine geringe Luftbewegung die Vermischung von explosionsfähigen Gasen und Dämpfen mit Luft. Bei Flüssigkeiten fördern große Verdunstungsflächen oder hohe Arbeitstemperaturen (Energie) die Bildung einer explosionsfähigen Atmosphäre. Analoges gilt für größere Staubablagerungen oder Staubaufwirbelungen.

Beurteilung der Gefährlichkeit explosionsfähiger Atmosphäre

Die Gefährlichkeit einer explosionsfähigen Atmosphäre wird in erster Linie durch die physikalisch-chemische Eigenschaft und Menge eines explosionsfähigen Stoffs beeinflusst. So gilt unabhängig von der Raumgröße ein Volumen von „mehr als zehn Liter zusammenhängende explosionsfähige Atmosphäre“ grundsätzlich i. S. d. TRGS 721 als „gefährliche explosionsfähige Atmosphäre“. In Räumen mit Volumina von weniger als ca. 100 m^3 kann sich bereits eine Menge von < 10 l als gefahrdrohend erweisen. Gemäß einer groben Abschätzung kann sich in derartigen Räumen bereits eine zusammenhängende explosionsfähige Atmosphäre von mehr als 1/10.000 des Raumvolumens als gefahrdrohend erweisen.

Einfluss nichtatmosphärischer Bedingungen auf die sicherheitstechnischen Kenngrößen

Die bisher angesprochenen Beurteilungen von Explosionsgefährdungen basierten auf atmosphärischen Bedingungen; d. h., beim Umgebungsmedium bezieht man sich auf die Raumluft. Vergleichbare Übertragungen auf nichtatmosphärische Bedingungen sind ebenfalls möglich, sofern die Einflüsse durch die veränderten atmosphärischen Bedingungen bekannt sind; was aber in der Praxis oftmals nicht der Fall ist. Analoges gilt ebenfalls für die Parameter Druck und Temperatur.

Sicherheitstechnische Kenngrößen beziehen sich i. d. R. auf Normalbedingungen, d. h. bezogen auf einen Druck von 1.013 hPa ≈ 1 bar und einer Raumtemperatur von 20 °C. Im Anhang zur TRGS 721 werden die Einflüsse der Prozessparameter Druck, Temperatur und „Sauerstoffvolumenanteil im Inertgas + O_2-Gemisch" tabellarisch für Stäube und Gase/Dämpfe erfasst. Hierbei werden Kenngrößen, wie beispielsweise Brennzahl, Zündtemperatur, Zündenergie, Explosionsgrenze, Explosionspunkt oder die Sauerstoffgrenzkonzentration, beschrieben und deren jeweilige Abhängigkeit gegenüber einem höheren oder tieferen Umgebungsdruck bzw. gegenüber einer höheren oder tieferen Umgebungstemperatur qualitativ erfasst.

2.4.5 TRGS 722

Die TRGS 722 „Vermeidung oder Einschränkung gefährlicher explosionsfähiger Gemische“ wurde im Februar 2021 vollständig überarbeitet und vom Bundesministerium für Arbeit und Soziales bekannt gegeben. Damit hat die bisherige TRBS 2152 Teil 2/TRGS 722 ihre Gültigkeit verloren.

Generell konkretisiert die überarbeitete TRGS 722 Anforderungen der Gefahrstoffverordnung. Im Rahmen ihres Anwendungsbereichs bildet sie einen Leitfaden zur Beurteilung von Explosionsgefährdungen, die durch Stoffe und Gemische, im Folgenden auch als Gefahrstoffe bezeichnet, hervorgerufen werden können. Gleichzeitig werden zahlreiche Schutzmaßnahmen zur Vermeidung oder zur Einschränkung explosionsfähiger Gemische vorgestellt.

Begriffsbestimmungen

Im ersten Schritt wurde der Abschnitt „Begriffsbestimmungen“ neu aufgenommen, wobei der Begriff „Betriebskonzept“ näher definiert wird. So bilden „alle Einrichtungen, Prozess- und Betriebsbedingungen, die für den bestimmungsgemäßen Betrieb der Anlage [...] erforderlich sind“, ein Betriebskonzept. Darin eingeschlossen sind neben dem bestimmungsgemäßen Betriebsablauf u. a. auch An- und Abfahrprozesse sowie Wartungsarbeiten. Beispiele für die oben genannten Einrichtungen können u. a. Lüftungs- oder Absauganlagen darstellen oder eine prozessbedingte Überschreitung der oberen Explosionsgrenze sein.

Informationsermittlung Gefährdungsbeurteilung

Ebenfalls neu aufgenommen wurde das sehr ausführlich behandelte Thema „Informationsermittlung Gefährdungsbeurteilung". Zu Beginn dieses Abschnitts werden konzeptionelle Überlegungen vorgestellt, welche bei der Planung einer entsprechenden Anlage berücksichtigt werden sollten.

Werden große Mengen brennbarer Gefahrstoffe gehandhabt, so sollte dies immer in geschlossenen Anlagen erfolgen. Diese grundlegende Sicherheitsüberlegung ist bereits bei der Planung einer Anlage zu berücksichtigen. Ein grundlegendes Problem bei der Handhabung in geschlossenen Systemen stellt das Befüllen und Entleeren von Behältern dar. Eine Möglichkeit, betriebsbedingte Stoffaustritte möglichst zu vermeiden, bildet z. B. ein Vollschlauchsystem. Des Weiteren muss auch die Mengenbegrenzung bedacht werden. So ist es aus sicherheitstechnischen Überlegungen heraus empfehlenswert, möglichst kleine Portionen brennbarer Gefahrstoffe zu handhaben.

Gefährdungsbeurteilung erstellen

Grundsätzlich bildet die Gefährdungsbeurteilung die Basis bei der Entwicklung eines betriebsinternen Explosionsschutzkonzepts. Ein Explosionsschutzkonzept ist immer dann erforderlich, wenn das Auftreten explosionsfähiger Gemische weder durch technische noch organisatorische Maßnahmen unterbunden werden kann. Die grundsätzliche Vorgehensweise bei der praktischen Umsetzung einer Gefährdungsbeurteilung werden in der TRGS 720 und 721 detailliert beschrieben.

Neu aufgenommen wurde ein „Beispiel für den Ablauf einer Gefährdungsbeurteilung" (sh. TRGS 722, Anhang 1). Im Rahmen einer Destillation werden alle notwendigen Schritte bei der Erstellung einer praxistauglichen Gefährdungsbeurteilung konkret beschrieben.

Ausgangspunkt einer Gefährdungsbeurteilung stellt im Regelfall das im Abschnitt 2 dieser TRGS vorgestellte Betriebskonzept dar. Aus diesem leitet sich dann die Bewertung der Auftretenswahrscheinlichkeit explosionsfähiger Gemische und wirksamer Zündquellen ab. Aus dieser Bewertung lassen sich dann die zu ergreifenden Schutzmaßnahmen ableiten, wobei die folgende Rangfolge zu beachten ist:

1. Verhinderung oder Einschränkung des Auftretens explosionsfähiger Gemische
2. Vermeidung von Zündquellen
3. Beschränkung der Auswirkung von Explosionen

Grundsätzlich müssen relevante Informationen über den verwendeten Gefahrstoff und die durchzuführenden Prozesse und Tätigkeiten bekannt sein, wobei natürlich die jeweiligen betriebsinternen Verhältnisse zu beachten sind.

Im Kapitel zur „Festlegung explosionsgefährdeter Bereiche“ wird auf die Zoneneinteilung explosionsgefährdeter Bereiche hingewiesen. Eine Definition der Zonen 0, 1 und 2 bzw. 20, 21 und 22 findet sich im Anhang I Nr. 1.7 GefStoffV.

Tabelle 1: *Beispielsammlung möglicher gefährlicher Ex-Bereiche hinsichtlich Zoneneinteilung; Quelle: Kalweit*

Zone	Gemische mit Luft	Beispiele
0	brennbare Gase, Dämpfe oder Nebel	Inneres von Rohrleitungen, Behältern oder Apparaturen
1	brennbare Gase, Dämpfe oder Nebel	unmittelbare Nähe zu Bereichen der Zone 0, wie • Beschickungsöffnungen (Füll- und Entleerungseinrichtungen) • leicht zerbrechlichen Anlagenteilen aus Glas, Keramik oder ähnlichem • nicht ausreichend dichtenden Stopfbuchsen, z. B. an Pumpen oder Schiebern
2	brennbare Gase, Dämpfe oder Nebel	Bereiche angrenzend an Zonen 0 und 1 sowie jene um technisch dichte Rohrleitungen und Anlagenteile
20	brennbare Stäube	Inneres von Rohrleitungen, Behältern oder Apparaturen
21	brennbare Stäube	Inneres von Anlagen, wie Silos oder Mischer
22	brennbare Stäube	in der Nähe zu staubenthaltenden Apparaturen

Schutzmaßnahmen

Im Abschnitt 4 der TRGS 722 werden verschiedene „Maßnahmen, die gefährliche explosionsfähige Gemische verhindern oder einschränken", detailliert beschrieben. Im Folgenden sollen diese vorgestellt werden.

1. Vermeidung brennbarer Gefahrstoffe

Grundsätzlich ist zu prüfen, ob sich brennbare Gefahrstoffe durch weniger problematische Ersatzstoffe substituieren lassen:

- Verwendung wässriger Lösungen statt brennbarer Löse- und Reinigungsmittel
- Einsatz von Reinstoffen oder Gemischen mit jeweils möglichst hohem unterem Explosionspunkt (UEP) statt der Verwendung von Stoffen mit niedrigem UEP
- Ersatz von brennbaren staubförmigen Füllstoffen durch nicht brennbare Füllstoffe
- Zusatz von nicht brennbaren Stoffen zu brennbaren Stäuben
- Verwendung von Pasten statt Pulvern

2. Konzentrationsbegrenzung

Durch sinnvolle Maßnahmen zur Konzentrationsbegrenzung sollte grundsätzlich die Konzentration brennender Gefahrstoffe unterhalb der unteren oder oberhalb der oberen Explosionsgrenze liegen. So wird bei der Handhabung brennbarer Flüssigkeiten die Bildung einer explosionsfähigen Atmosphäre vermieden.

Explosionsfähige Gemische können auch durch Aerosol/Luft-Gemische entstehen. Ein entscheidender Parameter bildet hierbei die Tropfenverteilung als Maß der lokalen Konzentration. Neben der lokalen Konzentration spielt allerdings auch die Tropfengrößenverteilung eine entscheidende Rolle. Bedingt durch ihre größere Oberfläche begünstigen kleine Tropfen ihre Entzündbarkeit.

Im Rahmen der Beurteilung von staubexplosionsfähigen Gemischen muss man generell von einer inhomogenen Staubverteilung in Anlagen ausgehen. Im Sinne der TRGS 722 bedeutet dies, dass „in Teilen von Anlagen, Behältern oder Räumen auch dann Explosionsgefahr besteht, wenn die auf das Gesamtvolumen bezogene Staubmenge unterhalb der untere Explosionsgrenze liegt". Folglich ist die Angabe einer mittleren Staubkonzentration innerhalb von Anlagen wenig aussagekräftig.

Zusätzlich bildet die Aufwirbelung bereits abgelagerter Staubschichten eine weitere Gefährdung. Grundsätzlich sollten also größere Staubablagerungen (auch durch Betriebsstörungen) vermieden werden. Einfache Maßnahmen bilden z. B. das Aufsaugen oder die Nassreinigung von Stäuben.

3. Inertisierung für das Innere von Anlagen

Die Bildung explosionsfähiger Gemische lässt sich durch die Zugabe von Inertstoffen häufig elegant unterbinden. Hierbei handelt es sich oftmals um Gase, wie Stickstoff (N_2), Kohlendioxid (CO_2) und Edelgase; aber auch Wasserdampf findet häufig Verwendung. Die Voraussetzung einer Inertisierung ist, dass die beigefügten Stoffe mit dem Brennstoff nicht reagieren. Der Zweck einer Inertgaszugabe besteht immer darin, eine Sauerstoffgrenzkonzentration zu erzeugen, in der eine Explosion bei beliebigem Brennstoffanteil nicht mehr auftreten kann. Detaillierte Informationen hinsichtlich Grenzwerte und Methoden zur Sauerstoffkonzentration und Inertisierung finden sich im Anhang 2.

4. Schutzmaßnahmen durch Druckabsenkung

Zur Vermeidung gefährlicher explosionsfähiger Gemische innerhalb von Anlagen kann eine Druckabsenkung unterhalb des atmosphärischen Drucks genutzt werden. Hierbei wird der Druck innerhalb einer Anlage unterhalb des Zündgrenzdrucks abgesenkt, da unterhalb dieses Drucks der Zerfall eines chemisch instabilen Gases, Dampfes oder Gemisches ohne Anwesenheit von Sauerstoff unter den gegebenen Reaktionsbedingungen nicht mehr eingeleitet werden kann. Als potenzielle Betriebsstörung sollte ein Lufteinbruch berücksichtigt werden. Die für diesen Fall zu ergreifenden Schutzmaßnahmen sind in der Gefährdungsbeurteilung und den sich daraus ableitenden Explosionsschutzmaßnahmen zu berücksichtigen.

5. Dichtheit von Anlagenteilen

Auch die Dichtheit einer Anlage ist eine der relevanten Schutzfaktoren. Folglich kommen den eingesetzten Werkstoffen bei der Konstruktion derartiger Anlagen eine besondere Bedeutung zu. Bei der Auswahl geeigneter Materialien sind v. a. mechanische, thermische und chemische Beanspruchungen zu beachten. Ferner dürfen keine chemischen Reaktionen wie beispielsweise Korrosionsprozesse zwischen dem verwendeten Wandmaterial und den eingesetzten Gefahrstoffen stattfinden können. Hierbei unterscheidet die TRGS 722 zwischen

a) auf Dauer technisch dichten Anlagenteilen,
b) technisch dichten Anlagenteilen und
c) Anlagenteilen mit betriebsbedingtem Austritt brennbarer Gefahrstoffe

Zu a) „Auf Dauer technisch dichte Anlagenteile“

Bei diesem Anlagentyp sind keine Freisetzungen von Stoffen außerhalb einer Anlage bzw. außerhalb von Anlagenteilen zu erwarten. Folglich fordert die TRGS 722 zur Einhaltung dieser hohen Schutzfunktion neben speziellen Konstruktionsanforderungen zusätzlich strenge Kontrollmaßnahmen. Zur Überprüfung der Dichtheit derartiger Anlagen bzw. Anlagenteile gehören neben permanenten Wartungen und Überwachungen auch Kontrollen (vor Inbetriebnahme bzw. Wiederinbetriebnahme, nach Änderungs- oder Reparaturarbeiten). Eine grundsätzliche Maßnahme bei der Überprüfung der Dichtheit bildet die Begehung einer Anlage. Folgendes kann auffallen:

- sichtbare Defekte oder Beschädigungen
- Schlieren oder Eisbildung (Hinweise auf Undichtheiten bei Gasen und Dämpfen)
- ungewohnte Geräusche oder Gerüche

Zur Lokalisierung einer undichten Stelle können u. a. schaumbildende Substanzen oder technische Messgeräte (wie Leckanzeigegeräte oder Gaswarneinrichtungen) eingesetzt werden. Auch Staubaustritte und-ablagerungen weisen auf Undichtheiten hin.

Neben den bereits weiter oben erwähnten Materialanforderungen, die bei der Konstruktion derartiger Anlagen zu beachten sind, kommen den eingesetzten Dichtungselementen ebenfalls eine zentrale Bedeutung zu. So stellt die TRGS 722 eine Fülle von Dichtungselementen vor, die beim Betrieb von „auf Dauer technisch dichten Anlagenteilen“ die einzuhaltenden Anforderungen erfüllen können.

Zu b) „Technisch dichte Anlagenteile"

Im Sinne der TRGS 722 können bei Anlagenteilen, die „technisch dicht" sind, seltene Freisetzungen auftreten. Im Gegensatz zu den im Teil a) erwähnten Angaben bestehen für „technisch dichte Anlagenteile" keine besonderen konstruktiven Anforderungen an Dichtungen. Die zuvor erwähnten allgemeinen Hinweise zu denkbaren Kontroll- und Überwachungsmaßnahmen gelten hier aber ebenfalls.

Zu c) „Betriebsbedingte Austritte brennbarer Gefahrstoffe"

In diese Kategorie fallen alle Anlagen bzw. Anlagenteile, die weder als „auf Dauer technisch dicht" noch als „technisch dicht" einzustufen sind. Außerhalb dieser Anlagen bzw. Anlagenteile ist mit der Bildung gefährlicher explosionsfähiger Atmosphäre durch betriebsbedingten Austritt brennbarer Flüssigkeiten, Gase, Dämpfe oder Stäube zu rechnen. Relevante Austrittsstellen können sein:

- Entlüftungs- und Entspannungsleitungen
- Umfüllanschlussstellen
- Peilventile
- Probenahmestellen
- Entwässerungseinrichtungen
- Übergabestellen (bei Stäuben)

6. Lüftungsmaßnahmen

Das generelle Ziel von Lüftungsmaßnahmen besteht darin, durch eine wirksame Luftführung die Konzentration brennbarer Gefahrstoffe in der Raumluft möglichst weitgehend zu reduzieren oder gänzlich zu eliminieren.

Ein entscheidendes Kriterium stellt hierbei die Dichte der vorliegenden brennbaren Gase und Dämpfe dar. Sind diese dichter als Luft, so sammeln sich diese bevorzugt in Bodennähe, z. B. Bodenvertiefungen oder Gruben, an (sog. „Schwergasverhalten"). Mit geringer Dichte finden sich diese in Deckenbereichen (sog. „Leichtgasverhalten").

Bei Stäuben sind Lüftungsmaßnahmen normalerweise nur sinnvoll, wenn der Staub an der Entstehungsstelle erfasst wird, da anderenfalls nur eine weiträumige Staub-Umverteilung stattfindet. Folgende Lüftungstechniken gibt es laut TRGS 722:

a) natürliche Lüftung
b) technische Lüftung (Raumlüftung)
c) Objektabsaugung

Im Folgenden sollen diese Techniken kurz vorgestellt werden.

Zu a) natürliche Lüftung

Bei der natürlichen Lüftung erfolgt der Austausch von Raumluft durch Frischluft ohne besondere technische Hilfsmittel. Physikalische Grundlage des Luftaustauschs bilden Temperatur- bzw. Dichtedifferenzen zwischen dem Außen- und Innenbereich, die dann als Luftzug oder Wind wahrgenommen werden. Die größte

Wirksamkeit erzielt man bei der natürlichen Querlüftung, insbesondere in kleinen Räumen.

Zu b) technische Lüftung (Raumlüftung)

Bei der technischen Lüftung erfolgt der Austausch von Raumluft mit Frischluft durch Nutzung spezieller technischer Hilfsmittel, wie Ventilatoren oder Luftinjektoren raumlufttechnischer Anlagen. Hierbei ist immer der Explosionsschutz zu beachten. Die wichtigsten Aspekte i. S. d. TRGS 722 sind:

- Die Ansaugung von Frischluft muss aus einem ungefährdeten Bereich erfolgen, d. h. keine Luftzufuhr aus Bereichen mit bestehender Explosionsgefährdung.
- Gegebene räumliche Thermik und Druckverhältnisse sind zur Unterstützung der vorhandenen Bewegungsrichtung der abzuführenden Luftströme zu beachten.
- Eine vorhandenen Querlüftung ist ggf. zu unterstützen.
- Der gesamte Raum ist durch sinnvolle Anordnung von An- und Absaugöffnungen abzudecken.
- Elektrische Kurzschlüsse sind zu vermeiden.
- Explosionsfähige Atmosphäre ist in Bereiche ohne Zündgefahren abzuleiten.
- Der Kontakt zwischen abgesaugter Luft mit erneut angesaugter Frischluft ist zu vermeiden. Erfolgt dies aus ökologisch-energetischen Überlegungen, so muss eine gründliche Reinigung oder ausreichende Verdünnung der erneut zugeführten Abluft gewährleistet sein.

Zur Überwachung von Luftströmen empfehlen sich z. B. sog. Strömungswächter oder Gaswarneinrichtungen. Abschließend sei darauf hingewiesen, dass auch ein denkbarer Ausfall derartiger technischer Lüftungsanlagen innerhalb einer Gefährdungsbeurteilung berücksichtigt werden muss und entsprechende Schutzmaßnahmen eingeplant sein sollen.

Zu c) Objektabsaugung

Bei einer Objektabsaugung werden die Gefahrstoffe an ihrer Entstehungs- bzw. Austrittsstelle erfasst und abgeführt. Der Wirkungsgrad derartiger Absauganlagen hängt entscheidend vom Erfassungsgrad der Gefahrstoffe und damit letztendlich von der Bauart der genutzten Objektabsaugungsanlage ab. Die Vor- und Nachteile der verschiedenen Anlagen sind in der folgenden Tabelle abgebildet.

Tabelle 2: *Bewertung der verschiedenen Objektabsauganlagen; Quelle: Kalweit*

Absauganlage	Wirkungsgrad	Grund	Beispiel
geschlossen	sehr hoch	vollständige Erfassung	Kapselung, Einhausung ganzer Anlagen
halboffen	mittel	teilweise Erfassung	Absaug-/Abzugsstände
offen	niedrig	große Distanz zwischen Austritt und Erfassung	Saugrohr mit Flansch, Absaughaube oder Badabsaugung

7. Überwachung der Konzentration in der Umgebung von Anlagen oder Anlagenteile

Im Rahmen der Erkennung einer gefährlichen explosionsfähigen Atmosphäre wird in der TRGS 722 auf die Einsatzmöglichkeit von Gaswarneinrichtungen hingewiesen. Eine Liste funktionsgeprüfter Gaswarngeräte, herausgegeben von der Berufsgenossenschaft Rohstoffe und chemische Industrie (BG RCI) findet sich auf der Seite der BG RCI. Ferner sind auch solche Gaswarngeräte geeignet, deren Messfunktion den Anforderungen der Norm DIN EN 60079-29-1:2017-09 entsprechen.

2.4.6 TRGS 723

Aufbauend auf die Technischen Regeln Nr. 720 bis 722 konkretisiert die TRGS 723 „Gefährliche explosionsfähige Gemische – Vermeidung der Entzündung gefährlicher explosionsfähiger Gemische“ in der Ausgabe 2019 die Anforderungen der Gefahrstoffverordnung zur Vermeidung der Entzündung gefährlicher explosionsfähiger Gemische durch die Wirkung einer Zündquelle. Sie regelt Schutzmaßnahmen zur Vermeidung von Zündquellen in Ex-Bereichen, die auf Basis einer Gefährdungsbeurteilung in Zonen eingeteilt wurden. Die Erkenntnisse und Anforderungen aus dieser Technischen Regel sind auf nicht-atmosphärische Bedingungen übertragbar, insofern Kenntnisse über Zündwirksamkeiten in diesen Bereichen bekannt sind.

Für Reaktionen energiereicher Stoffe und Gemische in kondensierter Form sowie chemisch instabiler Gase zieht die TRGS 723 keine Rückschlüsse. Sind Instandhaltungsmaßnahmen notwendig, ist die TRBS 1112 Teil 1 zu beachten.

Ermittlung und Vermeidung wirksamer Zündquellen

Bevor Schutzmaßnahmen gewählt werden können, müssen mögliche Zündquellen im Betrieb erkannt und beurteilt werden. Hierbei ist die Energie der einzelnen Zündquellen sowie die Entflammbarkeit der explosionsfähigen Gemische zu betrachten. Nicht jedes Gemisch hat dieselbe Zündtemperatur, somit ist nicht jede mögliche Zündquelle tatsächlich wirksam.

Um die Wirksamkeit einschätzen zu können, gibt es für einige Zündquellen Grenzwerte, die im Betriebsalltag nicht überschritten werden sollten; eine Entzündung wäre hier gewiss. Andernfalls müssen zusätzliche Schutzmaßnahmen eingerichtet werden.

In dem Dokument der Gefährdungsbeurteilung (= Explosionsschutzdokument) sind alle Beurteilungen und Schutzmaßnahmen zu beschreiben.

Mögliche Zündquellen sind:

- heiße Oberflächen
- Flammen und heiße Gase
- Zündquellen durch mechanische Reib-, Schlag- und Abtrennvorgänge
- elektrische Anlagen
- elektrische Ausgleichsströme, kathodischer Korrosionsschutz
- statische Elektrizität
- Blitzschlag
- elektromagnetische Felder im Bereich der Frequenzen von 9 x 103 Hz bis 3 x 1011 Hz

- elektromagnetische Strahlung im Bereich der Frequenzen von 3 x 1011 Hz bis 3 x 1015 Hz bzw. Wellenlängen von 1.000 µm bis 0,1 µm (optischer Spektralbereich)
- ionisierende Strahlung
- Ultraschall
- adiabatische Kompression, Stoßwellen, strömende Gase
- chemische Reaktionen

Relevant im Betriebsalltag sind neben den möglichen Zündquellen die Häufigkeit und Dauer des Auftretens dieser Zündquellen. Anhand dieser können Explosionsschutz-Zonen eingeteilt werden, auf Basis derer Schutzmaßnahmen zu ergreifen sind.

Entsprechend der Zoneneinteilung gem. GefStoffV Anhang 1, Nr. 1.7, sind in Zone 2 und 22 dann Schutzmaßnahmen einzubauen, wenn ständig oder häufig auftretende wirksame Zündquellen wie im Normalbetrieb auftreten. In den Zonen 1 und 21 müssen Schutzmaßnahmen dann eingesetzt werden, wenn neben ständig und häufig auch gelegentlich auftretende wirksame Zündquellen, wie z. B. durch vorhersehbare Fehlerfälle oder Betriebsstörungen, gegeben sind. In Zone 0 und 20 gilt hingegen, dass jederzeit, selbst bei nur seltenen Fehlerfällen, bereits entsprechend Schutzmaßnahmen einzusetzen sind.

Weiterhin ist zu beachten, dass im Falle von Maßnahmen zur Zündquellenvermeidung in Ex-Bereichen gemäß Anhang 1 Nr. 1.6 Abs. 3 GefStoffV Geräte und Schutzsysteme entsprechend der 11. ProdSV i. V. m. der Richtlinie 2014/34/EU auszuwählen sind.

Besteht die explosionsfähige Atmosphäre aus Gasen und Dämpfen, empfiehlt sich zudem die Möglichkeit, Warneinrichtungen einzusetzen. Hierbei ist die TRGS 725 zu beachten.

Schutzmaßnahmen

Für die oben genannten Zündquellen gibt es verschiedenste Gefahrenquellen sowie Schutzmaßnahmen der Zonen 0 bis 22. Exemplarisch soll an dieser Stelle auf die ersten drei genannten eingegangen werden:

- heiße Oberflächen
- Flammen und heiße Gase
- Zündquellen durch mechanische Reib-, Schlag- und Abriebvorgänge

Die übrigen Zündquellen sind in der TRGS 723 ab Nummer 5.5 aufgelistet und erklärt.

Heiße Oberflächen

Bereits heiße Oberflächen, wie Heizkörper, Trockenschränke, Gehäuse elektrischer Geräte oder mechanische Reibung, reichen aus, um aus einer Umgebung mit explosionsfähiger Atmosphäre eine Entzündung auszulösen. Somit ist es in diesem Fall besonders wichtig, auf die Oberflächentemperaturen, die noch nicht zur Entflammung der Gemische führen, zu achten. Hierbei ist immer die untere Entflammungsgrenze bzw. Zündtemperatur der Stoffe zu beachten.

Folgende Schutzmaßnahmen entsprechend der zugehörigen Zone, in der die Zündquelle wirksam werden kann, sind laut TRGS 723 vorgesehen:

Zone	Schutzmaßnahmen
Zone 0	Die Oberflächentemperatur ist ständig zu überwachen und zu begrenzen. Die Oberflächen dürfen max. 80 % der festgelegten Zündtemperatur haben. Temporäre Temperaturerhöhungen sind einzukalkulieren/zu beachten.
Zone 1	Die Oberflächen dürfen selten mehr als 80 % der festgelegten Zündtemperatur haben. Dauerhafte Überschreitung ist erlaubt, wenn die Oberflächentemperatur unter den Betriebsverhältnissen begrenzt bleibt.
Zone 2	Beim Normalbetrieb darf auf den Oberflächen die Zündtemperatur nicht überschritten werden Ausnahmen: in Freianlagen in Sonderfällen mit hinreichender Sicherheit durch betriebliche Verhältnisse
Zone 20	Die Oberflächen dürfen max. 66 % der festgelegten Zündtemperatur haben, die mit Staubwolken in Berührung kommen können (auch nicht bei selten auftretenden Betriebsstörungen). Ein Sicherheitsabstand der Temperatur von Oberflächen im Vergleich zur Mindesttemperatur im Verhältnis zur dicksten möglichen Staubschicht (Bsp.: 75 °C) ist einzuhalten.
Zone 21	Die Oberflächen dürfen max. 66 % der festgelegten Zündtemperatur haben, die mit Staubwolken in Berührung kommen können (auch nicht bei Betriebsstörungen) Ein Sicherheitsabstand der Temperatur von Oberflächen im Vergleich zur Mindesttemperatur im Verhältnis zur dicksten möglichen Staubschicht (Bsp.: 75 °C) ist einzuhalten.
Zone 22	Die Oberflächen dürfen max. 66 % der festgelegten Zündtemperatur haben, die mit Staubwolken in Berührung kommen können (im Normalbetrieb) Ein Sicherheitsabstand der Temperatur von Oberflächen im Vergleich zur Mindesttemperatur im Verhältnis zur dicksten möglichen Staubschicht (Bsp.: 75 °C) ist einzuhalten.

Flammen und heiße Gase

Flammen und heiße Gase sind äußerst wirksame Zündquellen. Sie entzünden durch die offene Flamme explosionsfähige Atmosphären. Passiert dies innerhalb oder außerhalb einer Apparatur oder einer Anlage, so kann die Flamme durch Öffnungen, wie z. B. durch Entlüftungsleitungen, in benachbarte Bereiche dringen. Hierfür sind Schutzmaßnahmen, wie ein Flammendurchschlag, nötig, die in der TRGS 724 beschrieben sind.

Zone	Schutzmaßnahmen
Zone 0 und 20	Einrichtungen mit Flammen dürfen hier nicht verwendet werden. Gase aus Flammenreaktionen dürfen nur unter Anwendung spezieller Schutzmaßnahmen zum Einsatz kommen: Temperaturbegrenzung, Abscheiden von zündfähigen Partikeln, Verhinderung von Gasrückschlägen und Flammendurchschlägen
Zone 1, 2, 21 und 22	Einrichtungen mit Flammen nur zulässig, wenn Flammen sicher eingeschlossen sind und die festgelegten Temperaturen an den Außenflächen nicht überschritten werden. Flammendurch-/-rückschlag ist zu verhindern, Materialbeständigkeit gegen Einwirkung der Flammen ist zu berücksichtigen. Heiße Gase dürfen eingeführt werden, wenn sie an der Eintrittsstelle die explosionsfähige Atmosphäre nicht entzünden können (Beachtung der Zündtemperatur).

Zündquellen durch mechanische Reib-, Schlag- und Abriebvorgänge

Mechanische Reibung, wie Schleifen oder Trennschleifen, führt dazu, dass durch abgeriebene Partikel bei erhöhter Temperatur, glühende Funken oder partiell heiße Oberflächen entstehen können. Bestehen diese Partikel aus oxidierten Stoffen, wie Eisen, und kommen diese in Verbindung mit Rost oder Titan, so können zusätzlich zu den Funken als Zündquelle auch Oxidationsprozesse entstehen, die die Oberflächen weiter erhitzen. Hier reicht folglich nur noch Staub, um durch diese Oberflächen oder Funken ein Glimmnest entstehen zu lassen.

Auch das Eindringen von Fremdmaterialien in Anlagenteile, wie z. B Steine, Sande oder Metallstücke, können eine Ursache für Funken sein.

Schließlich gelten auch Heißarbeiten, die außerhalb von Ex-Bereichen vollzogen werden, als mögliche Zündquelle, da zündfähige Funken aus Schweiß-, Schneid- oder Schleifarbeiten über weite Strecken in Ex-Bereiche getragen werden können.

Dies sind nur wenige der Beispiele, die in der TRGS 723 genannt werden. Ein prüfender Blick in die Technische Regel hilft, die individuelle Situation noch besser abschätzen zu können.

Zone	**Schutzmaßnahmen**
Zone 0 und 20	Hier dürfen keine Reib-, Schlag- oder Abriebvorgänge auftreten, die zu wirksamen Zündquellen führen können. Reibvorgänge zwischen Aluminium, Magnesium, Zirkonium, Titan, Eisen oder Stahl sind auszuschließen. Für Titan und Zirkonium gilt zusätzlich: keine Reib- und Schlagvorgänge mit diesen und einem weiteren harten Werkstoff
Zone 1 und 21	Anforderungen laut Zone 0 und 20 sind, wenn möglich, zu erfüllen. Werkstoffe dürfen nicht mehr als 7,5 % Massenanteile Magnesium enthalten. Sind derartige Vorgänge durchzuführen, so sind zusätzliche spezielle Maßnahmen einzuleiten: z. B. Wasserkühlung an der Schleifstelle oder Abscheiden zündfähiger Partikel in Abgasen, z. B. in Wasservorlagen Arbeitsmittel sind so zu wählen, dass an Reib-, Schlag- oder Schleifstellen die Materialkombination aus Leichtmetall und Stahl vermieden wird.
Zone 2 und 22	Anforderungen laut Zone 1 und 21 bei Vorgängen, die ständig oder häufig durchgeführt werden und zu einer wirksamen Zündquelle führen können

2.4.7 TRGS 724

Die TRGS 724 mit der Ausgabe vom Juli 2019 beschäftigt sich mit den Maßnahmen des konstruktiven Explosionsschutzes, mit dem Ziel, die Auswirkungen einer Explosion zu beschränken. Hierbei konkretisiert diese TRGS die Anforderungen der GefStoffV mit Blick auf Schutzmaßnahmen, wie

- die explosionsfeste Bauweise,
- die Explosionsdruckentlastung,
- die Explosionsunterdrückung sowie
- die explosionstechnische Entkopplung von Flammen und Druck

für Anlagen, Geräte und Ausrüstung i. S. d. Richtlinie 2014/34/EU. Sind für nicht-atmosphärische Bedingungen Sauerstoffgehalte, Drücke, Temperaturen oder Oxidationsmittel bekannt, so können diese Maßnahmen auch hier angewendet werden.

Werden MSR-Einrichtungen verwendet so ist die TRGS 725 zu Rate zu ziehen.

Diese TRGS gilt auch für Verbrennungsreaktionen chemisch stabiler Gase, jedoch nicht für deren Zerfallsreaktionen sowie für weitere Reaktionen von energiereichen Stoffen oder Gemischen in kondensierter Form (Verweis: TRGS 400).

Um einen guten Überblick über diese Thematik zu erhalten, werden im ersten Kapitel die hierin verwendeten Begrifflichkeiten definiert und erklärt (Nachzulesen im Abschnitt 2 der TRGS 724).

Bevor die spezifischen Anforderungen vorgestellt werden, gibt es zunächst einen kurzen Überblick über die allgemeinen Anforderungen laut TRGS 724:

- Bei Auswahl, Bemessung, Installation, Betrieb, Wartung, Prüfung und Instandhaltung von Einrichtungen zum konstruktiven Ex-Schutz sind funktionsbeeinflussende Umwelteinflüsse einzukalkulieren (z. B. Korrosion und Alterung).
- Zur sicheren Funktion der Einrichtungen sind Betriebsanleitungen sowie bei der Prüfung und Instandhaltung die TRBS 1201-1 und die TRBS 1201-3 zu berücksichtigen.
- Ist im Falle einer Explosion auf die Ausbreitung dieser auf andere Anlagenteile zu rechnen, so müssen die Schutzmaßnahmen „explosionsfeste Bauweise" und „explosionstechnische Entkopplung" immer Bestandteil der konstruktiven Schutzmaßnahmen sein.
- Zahlreiche Randbedingungen, u. a. auch Brennstoffart und -konzentration sowie Sauerstoffkonzentration, sind zur Berechnung des zu erwartenden Explosionsdrucks zu berücksichtigen (Übersicht über alle Einflussgrößen vgl. Abschnitt 3, Abs. 5)
- Wird im Behälter nur ein Teilvolumen mit explosionsfähiger Atmosphäre ausgefüllt bzw. kann die Konzentration des brennbaren Stoffs begrenzt werden, so können niedrigere Drücke erwartet werden.

Anforderungen an die explosionsfeste Bauweise

Explosionsfest bedeutet, dass derartige Anlagenteile im Falle einer Explosion nicht bersten. Um den Mindestauslegungsdruck für diese Bauteile zu wählen, ist der zu erwartende Explosionsdruck zu bestimmen. Nach einer Explosion oder Detonation sind die betroffenen Anlagenteile auf deren Festigkeit hin zu überprüfen.

Anforderungen an die Explosionsdruckentlastung

Mit dem Ziel, den Explosionsdruck in dem betroffenen Anlagenteil durch eine Öffnung in der Anlagenwand zu reduzieren, muss besonders bei der Planung auf den Schutz der Mitarbeiter geachtet werden. Druck- und Flammenwirkung oder herausgeschleuderte Teile sind zu vermeiden. Die Umgebung dieser Druckentlastungsbereiche ist entsprechend so zu wählen, dass weitere Anlagenbereiche im Falle einer Druckentlastung nicht zerstört oder in Mitleidenschaft gezogen werden sowie Personenschäden verhindert werden. Ist eine Explosionsdruckentlastung vorzunehmen, so muss diese auf möglichst kurzem und geradem Weg durchgeführt werden.

Langfristig gesehen müssen derartige Einrichtungen sowie Hilfsmittel regelmäßig geprüft und instand gehalten werden.

Anforderungen an die Explosionsunterdrückung

Bei einer Explosionsunterdrückung wird bereits bei Entstehung einer möglichen Explosion vorgesorgt, indem ein geeignetes Löschmittel hinzugegeben und somit die Explosion eingedämmt wird.

Bei der Auslegung dieses Systems ist auf Spezifikationen der vorhandenen Anlagentechnik zu achten. Wichtig ist grundsätzlich, dass die vorhandenen Anlagenteile dem reduzierten Explosionsdruck nach einer Explosionsunterdrückung standhalten. Des Weiteren muss bei Instandhaltung, Störungsbeseitigung oder Reinigung auf die Sicherheit und den Schutz der Mitarbeiter vor dem verwendeten Löschmittel geachtet werden.

Anforderungen an die explosionstechnische Entkopplung

Entsteht eine Explosion, so ist es besonders wichtig, die übrigen Anlagenteile vor der Explosion und deren Auswirkungen zu schützen. Hierbei hilft es, die Anlagenteile durch Rohre oder Kanäle voneinander trennen zu können.

Hierfür gibt es unterschiedliche Maßnahmen, die von dem Brennstoff bzw. Gemisch abhängig sind:

- Gase, Dämpfe und Nebel
- Stäube
- hybride Gemische

Bei Gasen, Dämpfen und Nebeln

Um Anlagenteile mit Gasen, Dämpfen und Nebeln voneinander zu entkoppeln, bestehen die folgenden Möglichkeiten:

- Flammendurchschlagsicherungen: Diese Sicherung ermöglicht den Durchfluss von Gasen, Dämpfen und Nebeln, verhindert jedoch den Durchlag von Flammen. (genaueres hierzu: Abschnitt 7.2)
- strömungsüberwachte rückzündsichere Einrichtungen: Hier wird die Strömungsgeschwindigkeit der Gase, Dämpfe und Nebel aufrechterhalten und v. a. so hochgehalten, dass die Flammenausbreitungsgeschwindigkeit darunterliegt. So wird ein Flammenrückschlag verhindert. (genaueres hierzu: Abschnitt 7.3)
- Rückgewinnungs- oder Abluftreinigungsanlagen: Explosionen bzw. Brände in diesen Anlagen werden zumeist mit Schutzmaßnahmen gegen Flammendurchschlag unterdrückt. So kann die Abluft mit Gasen, Dämpfen und Nebeln gereinigt und rückgewonnen werden, ohne dass diese in Er-

gänzung mit den vorhandenen Zündmöglichkeiten zur Entflammung führen. Die notwendigen Schutzmaßnahmen bzw. die Anzahl derer sind auch hier zonenspezifisch zu wählen. (genaueres hierzu: Abschnitt 7.4)

- Flammendurchschlag bei Dauerbrand: Bei einem permanenten Ausströmen von Dampf/Luft-Gemischen in ins Freie mündende Öffnungen von Tanks oder Anlagen besteht die Gefahr eines Dauerbrands. Hier müssen Maßnahmen zur Dauerbrandsicherung angebracht werden. (genaueres hierzu: Abschnitt 7.5)

Bei Stäuben

Zur Entkopplung bei Stäuben gibt es zwei Systeme: die vollständige Entkopplung und die Teil-Entkopplung.

Bei der vollständigen Entkopplung ist das Ziel, die Ausbreitung der Flammen und des Drucks zu verhindern. Entsprechend ist hier meist keine explosionsfeste Bauweise notwendig

Durch die Teil-Entkopplung wird nur die Flammen- oder die Druckausbreitung verhindert. Weitere Maßnahmen können notwendig sein.

Für diese Entkopplungssysteme gibt es zahlreiche Schutzeinrichtungen, die in den Abschnitten 8.2 bis 8.8 zusammengestellt und erläutert werden.

Hierbei handelt es sich um die Folgenden:

- aktive Explosionsschutzventile
- passives Explosionsschutzventil
- Zellenradschleusen

- explosionssichere Taktschleuse
- Löschmittelsperren
- Entlastungsschlot
- Produktvorlage

Bei hybriden Gemischen

Für hybride Gemische sind v. a. die oben beschriebenen Entkopplungseinrichtungen wie jene für Stäube anwendbar. Wichtig ist hierbei darauf zu achten, dass die gewählten Entkopplungseinrichtungen darauf ausgelegt sind, dass sie die Explosionsauswirkungen, die durch den Dampf- oder Gasanteil verursacht werden, aushalten und die Auswirkungen sicher begrenzen. Die Entkopplungseinrichtungen für Gase, Dämpfe und Nebel sind beim Wirken von hybriden Gemischen nicht geeignet.

2.4.8 TRGS 725

Die TRGS 725 mit der Ausgabe Januar 2016, zuletzt geändert und ergänzt im April 2018, konkretisiert die Technischen Regeln 720 bis 724. Der Fokus dieser TRGS liegt hierbei auf den Anforderungen an die Zuverlässigkeit von MSR-Einrichtungen. Zu diesen Mess-, Steuer- und Regelungseinrichtungen gehören mechanische, pneumatische, hydraulische, elektrische, elektronische und programmierbare elektronische MSR-Einrichtungen.

Diese TRGS bewertet weder die Wirksamkeit der Maßnahmen der TRGS 720-724 noch die organisatorischen Maßnahmen.

 **Hinweis**

Die Technische Regel „TRGS 725“ befindet sich aktuell (Stand Juni 2021) in der Überarbeitung in den Gremien und soll voraussichtlich Ende 2021 neu erscheinen.

Ermittlung der Anforderungen an Ex-Vorrichtungen

Auf Basis einer Gefährdungsbeurteilung, die durch den Arbeitgeber durchzuführen und zu dokumentieren ist, werden Gefahrenquellen und darauf aufbauend notwendige Schutzmaßnahmen festgelegt. Hierzu zählen neben organisatorischen Maßnahmen, Zonenreduzierung und Zündquellenvermeidung oder Installation geeigneter Geräte und Schutzsysteme auch Ex-Vorrichtungen, wie u. a. MSR-Einrichtungen mit dem Ziel der Begrenzung der Explosionsauswirkungen. Die Auswahl, die Bewertung sowie die Wirksamkeitsprüfung wird in den TRGS 720-724 genauer erläutert.

Um den gewünschten Schutz zu gewährleisten, muss auch die Zuverlässigkeit bzw. die Ausfallwahrscheinlichkeit der Ex-Vorrichtung betrachtet werden (vorhersehbar, selten, sehr selten). Hierfür wird diese in Funktionseinheiten unterteilt, die i. d. R. herstellerseitig nach oben genannten Aspekten bewertet werden. Für unbewertete Einheiten ist die Bewertung im Abschnitt 3.3 nachzulesen.

Ex-Vorrichtungen als Maßnahmen der Zonenreduzierung / Zündquellenvermeidung

Ex-Vorrichtungen können sich aus einer oder mehrerer MSR-Einrichtungen zusammensetzen, die eingesetzt werden, um eine Zonenreduzierung zu erreichen, um Zündquellen zu vermeiden oder die Auswirkungen von möglichen Explosionen zu reduzieren.

Bevor tatsächliche Maßnahmen gewählt werden, müssen im ersten Schritt jedoch jegliche Ex-Vorrichtungen nach ihrer Ausfallwahrscheinlichkeit bzw. Zuverlässigkeit bewertet werden. Hierzu zählen auch die in den Ex-Vorrichtungen beinhalteten Ex-Einrichtungen bzw. deren Überwachungsfunktionen. Das Ziel hierbei ist, eine Reduzierungsstufe der Ex-Vorrichtung (das erforderliche Maß an Sicherheit der Maßnahmen) zu erhalten. Genauere Verfahrensweisen, wie hier vorzugehen, sind in den Abschnitten 4.1 bis 4.3 nachzulesen.

Ex-Vorrichtungen zur Zonenvermeidung und -reduzierung

Um eine geringere Zonenbeurteilung zu erreichen bzw. die Zonenausdehnung zu reduzieren (z. B. Lüftungsanlagen), können Ex-Vorrichtungen eingesetzt werden. Diese sollen z. B. mögliche Zündquellen sicher verhindern. Ist der Ausfall dieser Vorrichtung als sehr selten zu bewerten, ist eine Überwachung dieser Einrichtung nicht notwendig. Wird durch die Nutzung einer Ex-Vorrichtung eine wirksame Zündquelle nicht sicher verhindert, so verbleibt diese Zone. Weitere Schutzmaßnahmen müssen entsprechend dieser gewählt werden, alternativ kann auch die Ex-Vorrichtung verbessert werden. Jederzeit sind alle Maßnahmen und somit auch diese Ex-Vorrichtung auf Basis der Ergebnisse aus der Gefährdungsbeurteilung zu überwachen.

Ex-Vorrichtungen zur Zündquellenvermeidung

Auch für das Ziel der Zündquellenvermeidung kann eine Ex-Vorrichtung genutzt werden. Diese muss denselben Schutz und dieselbe Fehlersicherheit aufweisen wie vergleichbare Vorrichtungen i. S. d. Richtlinie 2014/34/EU für die entsprechende Gerätekategorie. Um diesen Vergleich zu ermöglichen bzw. eine Bewertung der Vorrichtung durchführen zu können, beschreibt die Tabelle 8 (Abschnitt 4.5) die Vorgehensweise zur Festlegung der Klassifizierungsstufe für Überwachungen zur Vermeidung einer Zündquelle.

Auch bei diesen Vorrichtungen gilt grundsätzlich, dass eine Überwachung der Ex-Einrichtung nur dann nicht notwendig ist, wenn der Ausfall dieser als sehr selten bewertet wird.

Werden Ex-Vorrichtungen zur Zonenreduzierung in Kombination mit Überwachungen zur Vermeidung von Zündquellen eingesetzt, so ist Abschnitt 4.6 zu beachten. Hier wird auf die Bestimmung der erforderlichen Klassifizierungsstufe, den Umgang mit gemeinsamen Funktionseinheiten sowie auf das hieraus resultierende alternative Verfahren des Blockschaltbildes eingegangen.

Ex-Vorrichtungen zur Reduzierung der Auswirkungen einer Explosion

Ex-Vorrichtungen zur Reduzierung der Ex-Auswirkungen können auch Schutzsysteme gemäß. TRGS 724 verwendet werden. Sind hierfür Überwachungen erforderlich, muss die Überwachung Ein-Fehler-sicher (HFT = 1) sein und die Klassifizierungsstufe K2 erfüllt sein. (Genaueres hierzu siehe Abschnitt 5)

Umsetzung der Klassifizierungsstufen in ein Konzept der funktionalen Sicherheit

Im Abschnitt 6 finden sich Hinweise auf die Umsetzung der Klassifizierungsstufen in ein Konzept der funktionalen Sicherheit. Hier werden die Informationen der Herstellernormen bzw. der

Arbeitgeber-Aussagen zur Betriebsbewährung in Klassifizierungsstufen zusammengestellt und geordnet.

Prüfung der MSR-Einrichtung mit Sicherheitsfunktion

Jede Einrichtung bedarf einer regelmäßigen Prüfung und Wartung, so auch die MSR-Einrichtungen. Hierfür ist die BetrSichV sowie die TRBS 1201 Teil 1 zu beachten.

Prüfungen sind vor Inbetriebnahme, nach Änderung sowie wiederkehrend durchzuführen. Vor Inbetriebnahme und nach Änderung ist v. a. die Anwendersoftware auf Richtigkeit und auf richtige Umsetzung in das Programm zu prüfen. Laut Abschnitt 7 Abs. 3 gilt für redundante Funktionseinheiten, dass deren Ausfall durch einen passiven Fehler, durch Prüfung oder Überwachung erkannt werden muss.

Abhängig von der Klassifizierungsstufe und der Architektur der MSR-Einrichtung mit Sicherheitsfunktion ist die Prüftiefe zu wählen. Die Gefährdungsbeurteilung beschreibt neben Regelungen hinsichtlich der Prüftiefe auch die Prüffristen (i. d. R. zwölf Monate) auf Basis weiterer Einflussfaktoren, wie u. a. Herstellerangaben und verwendete Technologien.

2.5 Normative Rechtsgrundlagen

Die Normen rund um den Explosionsschutz sind vielfältig. Einige legen Grundlagen fest, andere richten sich zu bestimmten Anforderungen an die Hersteller von Geräten für den Ex-Bereich oder an die Betreiber von Ex-Bereichen. Dabei können alle der hier genannten Normen auch für Betreiber eine Rolle spielen.

Die Aufstellungen in den folgenden Abschnitten sollen einen Überblick über die wesentlichen Normen geben.

2.5.1 Allgemeine Normen

DIN	Titel/Inhalt
Explosionsschutz Grundlagen und Kennzahlen	
Grundlagen	
DIN EN 1127-1	Explosionsfähige Atmosphären - Explosionsschutz - Teil 1: Grundlagen und Methodik
DIN EN 1127-2	Explosionsfähige Atmosphären - Explosionsschutz - Teil 2: Grundlagen und Methodik in Bergwerken
DIN EN 13237	Explosionsgefährdete Bereiche - Begriffe für Geräte und Schutzsysteme zur Verwendung in explosionsgefährdeten Bereichen
DIN EN 60079-32-2 (VDE 0170-32-2)	Explosionsgefährdete Bereiche - Teil 32-2: Elektrostatische Gefährdungen – Prüfverfahren
Kennzahlen brennbarer Gase, Dämpfe und Stäube	
DIN EN 15967	Verfahren zur Bestimmung des maximalen Explosionsdruckes und des maximalen zeitlichen Druckanstiegs für Gase und Dämpfe
DIN 51794	Prüfung von Mineralölkohlenwasserstoffen - Bestimmung der Zündtemperatur

DIN	Titel/Inhalt
DIN 14522	Bestimmung der Zündtemperatur von Gasen und Dämpfen
DIN EN ISO 80079-20-2	Explosionsfähige Atmosphären - Teil 20-2: Werkstoffeigenschaften - Prüfverfahren für brennbare Stäube
DIN EN 50281-2-1 VDE 0170-15-2-1	Elektrische Betriebsmittel zur Verwendung in Bereichen mit brennbarem Staub - Teil 2-1: Untersuchungsverfahren; Verfahren zur Bestimmung der Mindestzündtemperatur von Staub
Herstellung & Qualitätsmanagementsystem	
DIN EN 80079-34	Explosionsgefährdete Bereiche - Teil 34: Anwendung von Qualitätsmanagementsystemen für die Herstellung von Geräten
Explosionsschutz in Anlagen	
Einstufung gefährdeter Bereiche brennbare Gase, Dämpfe und Stäube	
DIN EN 60079-10-1	Explosionsfähige Atmosphäre - Teil 10-1: Einteilung der Bereiche - Gasexplosionsgefährdete Bereiche
DIN EN 60079-10-2	Explosionsfähige Atmosphäre - Teil 10-2: Einteilung der Bereiche - Staubexplosionsgefährdete Bereiche

DIN	Titel/Inhalt
Allgemein	
DIN VDE V 0170-100 (VDE V 0170-100)	Digitales Typenschild Teil 100: Digitale Produktkennzeichnung

2.5.2 Normen für Zündschutzarten und andere Geräteanforderungen

Tabelle 1: ** die unterstrichenen Elemente sind die Titel der zurückgezogenen Normen. Die Inhalte dieser wurden in ausgewählte Normen integriert bzw. zusammengefasst.*

DIN	Titel/Inhalt
Explosionsschutz an Geräten/Zündschutzarten	
Zündschutzarten explosionsgeschützter elektrischer und nicht-elektrischer Geräte - brennbare Gase, Dämpfe und Stäube	
DIN EN 60079-0 (VDE 0170-1)	Explosionsfähige Atmosphäre - Teil 0: Geräte - Allgemeine Anforderungen
DIN EN ISO 80079-36	Explosionsfähige Atmosphären - Teil 36: Nicht-elektrische Geräte für den Einsatz in explosionsfähigen Atmosphären - Grundlagen und Anforderungen

Tabelle 1: ** die unterstrichenen Elemente sind die Titel der zurückgezogenen Normen. Die Inhalte dieser wurden in ausgewählte Normen integriert bzw. zusammengefasst.*

DIN	Titel/Inhalt
DIN IEC/TS 60079-42 (VDE V 0170-42)	Explosionsgefährdete Bereiche Teil 42: Elektrische Sicherheitseinrichtungen zur Überwachung potenzieller Zündquellen von Ex-Geräten *(Betrifft elektrische als auch nicht-elektrische Ex-Geräte)*
DIN IEC/TS 60079-46 (VDE V 0170-46)	Explosionsgefährdete Bereiche Teil 46: Gerätegruppen *(Betrifft einzelne Geräte der IEC 60079 oder ISO 80079 Normenreihen)*
Zündschutzarten explosionsgeschützter elektrischer Geräte - brennbare Gase, Dämpfe und Stäube	
DIN EN 60079-1 (VDE 0170-5)	Explosionsfähige Atmosphäre - Teil 1: Geräteschutz durch **druckfeste Kapselung "d"** *(auch für nicht-elektrische Geräte anwendbar)*
DIN EN 60079-2 (VDE 0170-3)	Explosionsfähige Atmosphäre – Teil 2: Geräteschutz durch **Überdruckkapselung "p"**
DIN EN 60079-5 (VDE 0170-4)	Explosionsfähige Atmosphäre – Teil 5: Geräteschutz durch **Sandkapselung "q"**

Tabelle 1: ** die unterstrichenen Elemente sind die Titel der zurückgezogenen Normen. Die Inhalte dieser wurden in ausgewählte Normen integriert bzw. zusammengefasst.*

DIN	Titel/Inhalt
DIN EN 60079-6 (VDE 0170-2)	Explosionsfähige Atmosphäre – Teil 6: Geräteschutz durch **Ölkapselung "o"**
DIN EN 60079-7 (VDE 0170-6)	Explosionsfähige Atmosphäre – Teil 7: Geräteschutz durch **erhöhte Sicherheit "e"**
DIN EN 60079-11 (VDE 0170-7)	Explosionsfähige Atmosphäre – Teil 11: Geräteschutz durch **Eigensicherheit "i"** *(vgl. Teil 39: Eigensichere Systeme mit elektronisch gesteuerter Begrenzung der Funkendauer)*
DIN VDE 0170-39	Explosionsgefährdete Bereiche – Teil 39: **Eigensichere Systeme** mit elektronisch gesteuerter Begrenzung der Funkendauer *(vgl. Teil 11: Geräteschutz durch Eigensicherheit "i")*
DIN EN 60079-13 (VDE 0170-313)	Explosionsfähige Atmosphäre – Teil 13: Schutz von Einrichtungen durch einen **überdruckgekapselten Raum "p"** und einen **fremdbelüfteten Raum "v"**

***Tabelle 1:** * die unterstrichenen Elemente sind die Titel der zurückgezogenen Normen. Die Inhalte dieser wurden in ausgewählte Normen integriert bzw. zusammengefasst.*

DIN	Titel/Inhalt
DIN EN 60079-15 (VDE 0170-16)	Elektrische Betriebsmittel für gasexplosionsgefährdete Bereiche – Teil 15: Konstruktion, Prüfung und Kennzeichnung von elektrischen Betriebsmitteln der **Zündschutzart "n"**
DIN EN 60079-18 (VDE 0170-9)	Explosionsfähige Atmosphäre – Teil 18: Betriebsmittel mit der Schutzart **Vergusskapselung "m"**
DIN EN 60079-25 (VDE 0170-10-1)	Explosionsfähige Atmosphäre – Teil 25: Eigensichere Systeme
DIN EN 60079-26 (VDE 0170-12-1)	Explosionsfähige Atmosphäre – Teil 26: Betriebsmittel mit Geräteschutzniveau (EPL) Ga
DIN EN 60079-27	Explosionsfähige Atmosphäre – Teil 27: Konzept für eigensichere Feldbussysteme (FISCO)
DIN EN 60079-28 (VDE 0170-28)	Explosionsfähige Atmosphäre – Teil 28: Schutz von Einrichtungen und Übertragungssystemen, die mit optischer Strahlung arbeiten ***(Zündschutzart „op“)***
DIN EN 60079-29-1 (VDE 0400-1)	Explosionsfähige Atmosphäre – Teil 29-1: Gasmessgeräte - Anforderungen an das Betriebsverhalten von Geräten für die Messung brennbarer Gase

Tabelle 1: ** die unterstrichenen Elemente sind die Titel der zurückgezogenen Normen. Die Inhalte dieser wurden in ausgewählte Normen integriert bzw. zusammengefasst.*

DIN	Titel/Inhalt
DIN EN 60079-29-2 (VDE 0400-2)	Explosionsfähige Atmosphäre – Teil 29-2: Gasmessgeräte - Auswahl, Installation, Einsatz und Wartung von Geräten für die Messung von brennbaren Gasen und Sauerstoff
DIN EN 60079-29-4 (VDE 0400-40)	Explosionsfähige Atmosphäre – Teil 29-4: Gasmessgeräte – Anforderungen an das Betriebsverhalten von Geräten mit offener Messstrecke für die Messung brennbarer Gase
DIN EN 60079-30-1 (VDE 0170-30-1)	Explosionsfähige Atmosphäre – Teil 30-1: Elektrische Widerstands-Begleitheizungen - Allgemeine Anforderungen und Prüfanforderungen
DIN EN 60079-30-2 (VDE 0170-30-2)	Explosionsfähige Atmosphäre – Teil 30-2: Elektrische Widerstands-Begleitheizungen - Anwendungsleitfaden für Entwurf, Installation und Instandhaltung
DIN EN 60079-31 (VDE 0170-15-1)	Explosionsfähige Atmosphäre – Teil 31: Geräte - **Staubexplosionsschutz durch Gehäuse "t"**

Tabelle 1: ** die unterstrichenen Elemente sind die Titel der zurückgezogenen Normen. Die Inhalte dieser wurden in ausgewählte Normen integriert bzw. zusammengefasst.*

DIN	Titel/Inhalt
DIN EN 60079-35-1 (VDE 0170-14-1)	Kopfleuchten für die Verwendung in schlagwettergefährdeten Grubenbauen Teil 35-1: Allgemeine Anforderungen – Konstruktion und Prüfung in Relation zum Explosionsrisiko
DIN EN 60079-35-2 (VDE 0170-14-2)	Explosionsfähige Atmosphäre Teil 35-2: Kopfleuchten für die Verwendung in schlagwettergefährdeten Grubenbauen – Gebrauchstauglichkeit und andere sicherheitsrelevante Themen
Zündschutzarten explosionsgeschützter nicht-elektrischer Geräte - brennbare Gase, Dämpfe und Stäube	
DIN EN ISO 80079-37	Explosionsgefährdete Bereiche - Teil 37: Nicht-elektrische Geräte für den Einsatz in explosionsgefährdeten Bereichen - **Schutz durch konstruktive Sicherheit "c", Zündquellenüberwachung "b", Flüssigkeitskapselung "k"**
DIN EN ISO/IEC 80079-38	Explosionsfähige Atmosphären - Teil 38: Geräte und Komponenten in explosionsfähigen Atmosphären in untertägigen Bergwerken

Tabelle 1: ** die unterstrichenen Elemente sind die Titel der zurückgezogenen Normen. Die Inhalte dieser wurden in ausgewählte Normen integriert bzw. zusammengefasst.*

DIN	Titel/Inhalt
Zündschutzarten explosionsgeschützter nicht-elektrischer Geräte - brennbare Gase, Dämpfe und Stäube – zurückgezogene Normen mit Verschiebung in andere Norm*	
alt: DIN EN 13463-2 neu: DIN EN IEC 60079-15	Nicht-elektrische Geräte für den Einsatz in explosionsgefährdeten Bereichen - Teil 2: Schutz durch schwadenhemmende Kapselung 'fr' *übernommen als* **Zündschutzart „nR“ Schwadensicheres Gehäuse**
alt: DIN EN 13463-3 neu: DIN EN 60079-1	Nicht-elektrische Geräte für den Einsatz in explosionsgefährdeten Bereichen - Teil 3: Schutz durch druckfeste Kapselung 'd' *Dafür ist diese nun auch für nicht-elektrische Geräte anwendbar.*
alt: DIN EN 13463-5 neu: DIN EN ISO 80079-37	Nicht-elektrische Geräte für den Einsatz in explosionsgefährdeten Bereichen - Teil 5: Schutz durch sichere Bauweise 'c'
alt: DIN EN 13463-6 neu: DIN EN ISO 80079-37	Nicht-elektrische Geräte für den Einsatz in explosionsgefährdeten Bereichen - Teil 6: Schutz durch Zündquellenüberwachung 'b'

Tabelle 1: ** die unterstrichenen Elemente sind die Titel der zurückgezogenen Normen. Die Inhalte dieser wurden in ausgewählte Normen integriert bzw. zusammengefasst.*

DIN	Titel/Inhalt
alt: DIN EN 13463-8 neu: DIN EN ISO 80079-37	<u>Nicht-elektrische Geräte für den Einsatz in explosionsgefährdeten Bereichen - Teil 8: Schutz durch Flüssigkeitskapselung 'k'</u>

2.5.3 Normen für Betrieb, Instandhaltung, Prüfungen

Die hier genannten Normen sind auf jeden Fall für Betrieb, Instandhaltung oder Prüfungen relevant. Zusätzlich sind einige der in den beiden vorhergehenden Abschnitten auch für Betrieb, Instandhaltung und Prüfungen relevant. Nicht zuletzt die beiden grundlegenden Normen DIN EN 60079-0 und DIN EN ISO 80079-36.

DIN	Titel/Inhalt
Explosionsschutz in Anlagen	
Installation, Instandhaltung und Reparatur elektrischer Anlagen	
DIN EN 60079-14	Explosionsfähige Atmosphäre - Teil 14: Projektierung, Auswahl und Errichtung elektrischer Anlagen
DIN EN 60079-17	Explosionsfähige Atmosphäre - Teil 17: Prüfung und Instandhaltung elektrischer Anlagen
DIN EN 60079-19	Explosionsfähige Atmosphäre - Teil 19: Gerätereparatur, Überholung und Regenerierung

2.6 Prüfaspekte und Grundlagen zur Durchführung einer Prüfertätigkeit nach BetrSichV

Die BetrSichV fordert die Prüfung von Anlagen in explosionsgefährdeten Bereichen, die als überwachungsbedürftig im Sinne dieser Verordnung gelten. Demnach ist eine Anlage vor der erstmaligen Inbetriebnahme (BetrSichV § 15), nach prüfpflichtigen Änderungen (BetrSichV § 15) sowie wiederkehrend nach festgelegten Prüffristen (BetrSichV § 16) zu prüfen. Die Anforderungen für Anlagen mit explosionsgefährdeten Bereichen werden in der BetrSichV in Anhang 2 Abschnitt 3 konkretisiert. Die Durchführung dieser Prüfungen muss entweder durch eine zur Prüfung befähigte Person nach BetrSichV (Anhang 2 Abschnitt 3 Nr. 3) oder eine zugelassene Überwachungsstelle (ZÜS) erfolgen. Anlagen, die unter die Erlaubnispflicht der BetrSichV (§ 18) fallen, dürfen ausschließlich durch eine ZÜS geprüft werden.

Nach BetrSichV (§ 3 Abs. 6) hat der Arbeitgeber zu ermitteln und festzulegen, welche Voraussetzungen die **zur Prüfung befähigten Personen** erfüllen müssen. Die Anforderungen werden in der folgenden Tabelle zusammengefasst

Zur Prüfung befähigte Person nach	Qualifikation der zur Prüfung befähigten Person
Grundanforderung	§ 2 Abs. 6 BetrSichV: „Eine zur Prüfung befähigte Person ist eine Person, die durch ihre Berufsausbildung, ihre Berufserfahrung und ihre zeitnahe berufliche Tätigkeit über die erforderlichen Kenntnisse zur Prüfung von Arbeitsmitteln verfügt (...).“
a) Anhang 2 Abschnitt 3 Nr. 3.1 BetrSichV	einschlägige technische Berufsausbildung oder eine andere für die vorgesehenen Prüfungsaufgaben ausreichende technische Qualifikation mindestens einjährige Berufserfahrung mit der Herstellung, dem Zusammenbau, dem Betrieb oder der Instandhaltung der zu prüfenden Anlage/den zu prüfenden Anlagenkomponenten regelmäßige Schulungen oder Unterweisungen zu Explosionsgefährdungen
b) Anhang 2 Abschnitt 3 Nr. 3.2 BetrSichV	wie Nr. 3.1 und behördliche Anerkennung muss über die zur Prüfung erforderlichen Prüfeinrichtungen verfügen

Zur Prüfung befähigte Person nach	Qualifikation der zur Prüfung befähigten Person
c) Anhang 2 Abschnitt 3 Nr. 3.3 BetrSichV	Qualifikation durch einschlägiges Studium, einschlägige Berufsausbildung, eine vergleichbare technische Qualifikation oder langjährige Erfahrung auf dem Gebiet der Sicherheitstechnik Kenntnisse im Explosionsschutz inkl. des Regelwerks einschlägige Berufserfahrung aus zeitnaher Tätigkeit Kenntnisse zum Explosionsschutz auf aktuellem Stand (Schulungen, Unterweisungen) regelmäßige Fortbildung durch einschlägigen Erfahrungsaustausch z. B. Ingenieur, Meister oder Techniker mit langjähriger Erfahrung

Hinweis

Beispiele zur Bewertung der Qualifikation zur Prüfung befähigter Personen sind in der TRBS 1201 Teil 1 („Prüfung von Anlagen in explosionsgefährdeten Bereichen") enthalten.

Prüfanforderungen nach BetrSichV

Die Prüfanforderungen für Anlagen mit explosionsgefährdeten Bereichen nach BetrSichV (Anhang 2 Abschnitt 3) können, wie in der folgenden Tabelle dargestellt, zusammengefasst werden:

Tabelle 1: *Prüfungen nach BetrSichV; Quelle: Inburex Consulting GmbH*

Prüfung (ZÜS = zugelassene Überwachungsstelle)	**Prüfer**	**Höchstfrist gemäß BetrSichV**
Prüfung gemäß Nr. 4.1: Prüfung auf Explosionssicherheit (Konzeptprüfung) vor Inbetriebnahme der Anlage und nach prüfpflichtigen Änderungen	zur Prüfung befähigte Person nach Nr. 3.3 oder ZÜS	vor erstmaliger Inbetriebnahme oder nach prüfpflichtigen Änderungen
Prüfung gemäß Nr. 4.2: Prüfung von Geräten, Schutzsystemen und Sicherheits-, Kontroll- oder Regeleinrichtungen i. S. d. Richtlinie 2014/34/EU vor der Inbetriebnahme nach einer Instandsetzung in einem Teil, von dem der Explosionsschutz abhängt	zur Prüfung befähigte Person nach Nr. 3.2 oder ZÜS oder Hersteller	nach Instandsetzung

***Tabelle 1:** Prüfungen nach BetrSichV; Quelle: Inburex Consulting GmbH*

Prüfung (ZÜS = zugelassene Überwachungsstelle)	**Prüfer**	**Höchstfrist gemäß BetrSichV**
Wiederkehrende Prüfungen:		
Prüfung gemäß Nr. 5.1: Prüfung auf Explosionssicherheit (Konzeptprüfung) - im Rahmen der Konzeptprüfung sind das Explosionsschutzkonzept sowie die Zoneneinteilung zu berücksichtigen, welche nach § 6 Abs. 9 Nr. 2 GefStoffV festgelegt wurde.	zur Prüfung befähigte Person nach Nr. 3.3 oder ZÜS	mindestens alle 6 Jahre
Prüfung gemäß Nr. 5.2: Prüfung von Geräten, Schutzsystemen und Sicherheits-, Kontroll- oder Regelvorrichtungen i. S. d. Richtlinie 2014/34/ EU mit ihren Verbindungseinrichtungen als Bestandteil einer Anlage in einem explosionsgefährdeten Bereich und deren Wechselwirkung mit anderen Anlagenteilen.	zur Prüfung befähigte Person nach Nr. 3.1 oder ZÜS	mindestens alle 3 Jahre

Tabelle 1: *Prüfungen nach BetrSichV; Quelle: Inburex Consulting GmbH*

Prüfung (ZÜS = zugelassene Überwachungsstelle)	**Prüfer**	**Höchstfrist gemäß BetrSichV**
Prüfung gemäß Nr. 5.3: Prüfung von Lüftungsanlagen, Gaswarneinrichtungen und Inertisierungseinrichtungen	zur Prüfung befähigte Person nach Nr. 3.1 oder ZÜS	mindestens jährlich
Instandhaltungskonzept gemäß 5.4: Auf die wiederkehrenden Prüfungen nach Nr. 5.2 und Nr. 5.3 kann verzichtet werden, wenn im Rahmen der Gefährdungsbeurteilung ein Instandhaltungskonzept gemäß TRBS 1201-1 Nr. 6 festgelegt wurde, das die Anlagen- und Explosionssicherheit dauerhaft gewährleistet. Die Eignung des Instandhaltungskonzepts muss im Rahmen der Prüfungen gemäß Nr. 4.1 und 5.1 geprüft werden.		

Hinweise zum Inhalt der einzelnen Prüfungen können der TRBS 1201-1 („Prüfung von Anlagen in explosionsgefährdeten Bereichen") entnommen werden.

Weiterhin sind **Blitzschutzanlagen** als Teil des Explosionsschutzes wiederkehrend zu prüfen. Die Prüfung des Blitzschutzes muss abhängig von der Schutzklasse (I – IV) des Blitzschutzsystems alle 2 bis 6 Jahre erfolgen. Dabei gelten die folgenden Anforderungen:

- Bescheinigung der Wirksamkeit des Blitzschutzes durch das Fachunternehmen, welches die Installation vorgenommen hat, und
- periodische Überprüfung der Wirksamkeit des Blitzschutzes (Korrosion an Leitungen, Klemmen und Erdern, Erdungswiderstand der gesamten Erdungsanlage, Zustand der Potenzialausgleichsverbindungen usw.) und
- Prüfung nach Veränderungen/Reparaturen, die Auswirkungen auf den Blitzschutz haben können

MSR-Einrichtungen, die eine Sicherheitsfunktion i. S. d. Explosionsschutzes erfüllen, sind vor Inbetriebnahme, nach Anlagenänderungen und wiederkehrend zu prüfen. Gemäß TRGS 725 sind folgende Punkte zu beachten:

- Vor Inbetriebnahme und nach Änderung muss die Anwendersoftware auf Richtigkeit und richtige Umsetzung in das Programm geprüft werden. Hinweise hierzu können den allgemeinen Anforderungen (TRGS 725 Anhang 1) entnommen werden.
- Für redundante Funktionseinheiten gilt, dass ein Ausfall einer Redundanz durch einen passiven Fehler durch Prüfung oder Überwachung erkannt werden muss.
- Die Prüftiefe hängt von der gewählten Klassifizierungsstufe und Architektur der MSR-Einrichtung mit Sicherheitsfunktion ab und muss die Prüfung der sicheren Funktion beinhalten.

- Die Prüffristen und die Prüftiefe sind unter Berücksichtigung der Ergebnisse der Gefährdungsbeurteilung nach § 3 BetrSichV festzulegen. In der Regel ist eine Prüffrist von zwölf Monaten ausreichend.
- Für die Durchführung der Prüfung von MSR-Einrichtungen mit Sicherheitsfunktion ist die Betriebssicherheitsverordnung und die TRBS 1201 Teil 1 zu beachten.

Der Arbeitgeber hat die **Fristen für wiederkehrende Prüfungen** zu ermitteln und festzulegen (§ 3 Abs. 6 BetrSichV). Dabei dürfen die in der o. a. Tabelle genannten Höchstfristen nicht überschritten werden. Im Rahmen der wiederkehrenden Prüfungen ist ebenfalls zu prüfen, ob die festgelegten Prüffristen zutreffend sind oder ggf. angepasst werden müssen.

Die **Ergebnisse der Prüfungen** sind gem. § 17 Abs. 1 BetrSichV aufzuzeichnen. Wird die Prüfung durch eine zugelassene Überwachungsstelle durchgeführt, muss der Arbeitgeber von dieser eine Prüfbescheinigung über das Ergebnis der Prüfung fordern. Aufzeichnungen und Prüfbescheinigung sind über die gesamte Verwendungsdauer der Anlage am Betriebsort aufzubewahren.

Änderungsmanagement

Bei Anlagenänderungen muss erneut eine Bewertung der Gefährdungen vorgenommen werden. Der Einfluss der Änderung auf die Explosionsschutzmaßnahmen ist zu prüfen, ggf. sind ergänzende oder geänderte Schutzmaßnahmen erforderlich. Das bestehende Explosionsschutzdokument muss entsprechend fortgeschrieben werden. Vor der Wiederinbetriebnahme der geänderten Anlage ist eine Prüfung und Freigabe nach den Vorgaben der BetrSichV erforderlich.

Des Weiteren ist zu überprüfen, ob die Änderungen Einfluss auf das Brandschutzkonzept der Anlagen haben. Dabei sind insbesondere die Zoneneinteilung (explosionsgefährdeter Bereich = erhöhte Brandgefahr) und konstruktive Schutzmaßnahmen (Explosionsdruckentlastung) zu berücksichtigen.

Eine **prüfpflichtige Änderung** ist jede Maßnahme, bei der die Sicherheit der Anlage beeinflusst wird. Darüber hinaus gelten auch Instandsetzungen als Änderungen. Im Sinne der TRBS 1123 gelten als Maßnahmen:

- Ersatz von Geräten, Schutzsystemen, Sicherheits-, Kontroll- oder Regelvorrichtungen i. S. d. Richtlinie 2014/34/EU
- Erweiterung der Anlage durch Hinzufügen von Geräten, Schutzsystemen, Sicherheits-, Kontroll- oder Regelvorrichtungen i. S. d. Richtlinie 2014/34/EU
- Änderungen an hinsichtlich ihrer Funktion für den Explosionsschutz relevanten Arbeitsmitteln, z. B. Gaswarneinrichtungen, Lüftungsanlagen oder Inertisierungseinrichtungen,
- Eingriffe an Geräten, Schutzsystemen, Sicherheits-, Kontroll- oder Regelvorrichtungen i. S. d. Richtlinie 2014/34/EU
- verfahrenstechnische Vorhaben, wie:
  - Änderung von Stoffen oder Betriebsparametern
  - Änderung des Explosionsschutzkonzepts oder Anpassung der sicherheitstechnischen Maßnahmen, z. B. PLT-Einrichtungen nach TRGS 725

Kommt es durch die getroffenen Maßnahmen zu sicherheitsrelevanten Veränderungen der Arbeitsbedingungen einschließlich der Änderung von Arbeitsmitteln, so ist der Arbeitgeber zu einer unverzüglichen Aktualisierung der Gefährdungsbeurteilung/des Explosionsschutzdokuments verpflichtet.

 **Hinweis**

Maßnahmen, die den Einsatz von Stoffen mit geänderten sicherheitstechnischen Kennzahlen beinhalten oder Änderungen des Verfahrens mit sich bringen, sind dann keine Änderungen oder wesentlichen Veränderungen der bestehenden Anlage, wenn sie bereits im Explosionsschutzdokument und dem darin niedergelegten Explosionsschutzkonzept sowie dessen Umsetzung berücksichtigt wurden (Angabe von Grenzwerten). Dies betrifft häufig Mehrzweckanlagen.

3 Planung, Auswahl und Errichtung

Mit Blick auf die Sicherheit wird in der Normung für den Explosionsschutz eine Maßnahmenhierarchie beschrieben: Austausch – Kontrolle – Abschwächung.

Austausch bedeutet dabei, dass z. B. brennbare Stoffe durch solche ersetzt werden, die nicht oder schwerer entzündbar sind.

Mit **Kontrolle** ist gemeint, das Auftreten explosionsfähiger Atmosphäre „unter Kontrolle" zu halten, also definierte Bedingungen zu erreichen. Maßnahmen sind z. B.

- Verringerung der brennbaren Stoffe
- Vermeidung, Verringerung oder Kontrolle der Freisetzung
- Vorbeugung gegen die Bildung explosionsfähiger Atmosphäre
- Sammeln oder Aufnehmen freigesetzter explosionsfähiger Atmosphäre
- Vermeidung von Zündquellen

Mit **Abschwächung** werden die Auswirkungen reduziert, wenn es tatsächlich zur Zündung einer Explosion kommt. Einfach gesagt: wenn es zu einer Explosion kommen könnte, werden Maßnahmen getroffen, um das Ausmaß möglichst gering zu halten.

Zur Abschwächung gehören

- Verringerung der Anzahl exponierter Personen,
- Explosionsausbreitung vermeiden,
- Explosionsdruckentlastung,
- Explosionsunterdrückung und
- Persönliche Schutzausrüstungen.

Die für Betreiber geltende EU-Richtlinie 1999/92/EG (ATEX 153) sieht in Abschnitt II „Pflichten des Arbeitgebers“, Artikel 3 „Verhinderung von und Schutz gegen Explosionen“ die entsprechende Rangordnung mit anderen Begriffen vor:

- **Verhinderung** der Bildung explosionsfähiger Atmosphären

Wenn die Verhinderung nicht möglich ist:

- **Vermeidung** der Zündung explosionsfähiger Atmosphären und
- **Abschwächung** der schädlichen Auswirkungen einer Explosion

Eine ähnliche Einteilung ist die in Primären, Sekundären und Tertiären Explosionsschutz:

Primär

Primär: Entstehen einer explosionsfähigen Atmosphäre **verhindern** (Austausch, Kontrolle)

- Substitution
- Inertisierung
- Begrenzung der Konzentration

Sekundär

Sekundär: Zündung explosionsfähiger Atmosphäre **verhindern** (Kontrolle)

- Zündquellenvermeidung
- Zoneneinteilung, Zündquellenbewertung, Schutzniveau ermitteln
- Geräteauswahl mit entsprechenden Zündschutzarten

Tertiär

Tertiär: Auswirkungen einer Explosion **einschränken** (Abschwächung)

- explosionsfeste Bauweise
- Explosionsdruckentlastung
- Explosionsunterdrückung und Verhindern der Explosionsübertragung

Für die Planung ergibt sich, dass zunächst die Möglichkeiten für Austausch/Verhinderung und Kontrolle/Vermeidung geklärt werden. Bei verbleibender Explosionsgefährdung ist die Einteilung in Zonen unterschiedlicher Gefährdung vorzunehmen. Diese Einteilung ist – i. V. m. den weiteren kennzeichnenden Merkmalen der explosionsfähigen Atmosphäre – die Grundlage für die Auswahl geeigneter Geräte.

Geräte i. S. d. für Hersteller gültigen EU-Richtlinie 2014/34/EU (ATEX 114) sind Anlagen, Maschinen, Geräte, Steuerungs- und Ausrüstungsanteile, sowie Warn- und Vorbeugungssysteme, die jeweils eigene potenzielle Zündquellen aufweisen können.

Grundsätzlich wird bei den Schutzmaßnahmen von Geräten für explosionsgefährdete Bereiche nach elektrischem und nichtelektrischem (mechanischem) Explosionsschutz unterschieden. Das ergibt sich aus den unterschiedlichen Ursachen und Mechanismen der möglichen Zündquellen.

Abhängig von den möglichen Zündquellen werden durch die Hersteller der Geräte entsprechende Zündschutzarten angewendet, die jeweils in Normen festgelegt sind.

Bei Planung und Auswahl sind durch Betreiber die vorliegenden oder zu erwartenden Bedingungen zu ermitteln und dann die Anforderungen an geeignete Geräte mit den erforderlichen Schutzmaßnahmen festzulegen. Eine der rechtlichen Grundlagen für den Betrieb ist die oben bereits erwähnte EU-Richtlinie 1999/92/EG (ATEX 153), die aber auch schon bei der Planung zu berücksichtigen ist; zusammen mit der nationalen Gesetzgebung, z. B. Arbeitsschutzgesetz, Betriebssicherheitsverordnung und Gefahrstoffverordnung. Insbesondere die Letzteren spielen für den Explosionsschutz eine wesentliche Rolle. Eine der Vorgaben: Es muss eine Gefährdungsbeurteilung vorgenommen werden. Genau damit beginnt die Planung.

3.1 Systematische Gefährdungsbeurteilung

Zentrale Vorgaben für den Explosionsschutz ergeben sich aus der Gefahrstoffverordnung (GefStoffV) und der Betriebssicherheitsverordnung (BetrSichV). Beide Verordnungen verlangen die Beurteilung der Gefährdungen im Betrieb, wie sie auch im Arbeitsschutzgesetz bereits verankert ist, und zwar vor Aufnahme der Tätigkeiten. Idealerweise aber schon vor Einrichtung explosionsgefährdeter Bereiche oder Anschaffung von Arbeitsmitteln.

Für den Explosionsschutz könnte man in diesem Zusammenhang von einer Arbeitsteilung reden:

- GefStoffV: Beurteilung auf explosionsfähige Atmosphäre
- BetrSichV: Beurteilung der Arbeitsmittel in explosionsgefährdeten Bereichen

Natürlich ist die Beurteilung der explosionsfähigen Atmosphäre Voraussetzung dafür, die Gefährdungen durch einzelne Arbeitsmittel beurteilen zu können. Umgekehrt kann sich auch bei der Beurteilung von Arbeitsmitteln ergeben, dass z. B. beim Betrieb einer Anlage eine gefährliche explosionsfähige Atmosphäre entstehen könnte.

Die Gefährdungsbeurteilung sollte nicht nur als Gesetzespflicht betrachtet werden. Mit ihr können Gefahren bereits vorbeugend erkannt und entsprechende Schutzmaßnahmen festgelegt werden. Sie ist damit für Unternehmer/Betreiber ein wertvolles

Instrument in der betrieblichen Planung und kann dazu beitragen, Betriebsstörungen mit möglicherweise schweren Folgen für Beschäftigte und Unternehmen zu vermeiden.

Wichtig zu beachten: Die Gefährdungsbeurteilung muss in jedem Fall dokumentiert werden. Details zur Form sind nicht vorgegeben; bis auf die Mindestinhalte: Gefährdungen, Maßnahmen, Wirksamkeitskontrolle.

3.1.1 Prinzipielles Vorgehen bei der Gefährdungsbeurteilung

Als Grundlage für die Beurteilung explosionsfähiger Atmosphäre und erforderlicher Maßnahmen kann die Technische Regel TRGS 720 herangezogen werden. Übersetzt auf die Situation der Planung einer Anlage i. V. m. Explosionsgefahren bedeutet das: Es müssen die vorhandenen oder zu erwartenden Explosionsgefahren bekannt sein, um dann als Maßnahmen u. a. die Geräte, Maschinen und Anlagen mit der geeigneten Beschaffenheit auszuwählen und geeignet zu errichten.

In der TRGS 720 wird für die Gefährdungsbeurteilung folgender prinzipieller Ablauf beschrieben:

- Sind brennbare Stoffe vorhanden?
- Kann durch ausreichende Verteilung (verdunsten, vernebeln, aufwirbeln, ...) eine explosionsfähige Atmosphäre daraus entstehen?
  Details abschätzen: Was, woher, wieviel; Lüftung; Organisatorisches.

Bestehende Maßnahmen prüfen: natürliche Lüftung; passive technische Maßnahmen (z. B. Dichtheit); organisatorische Maßnahmen (z. B. Staubablagerungen entfernen)

- Ist das Auftreten gefährlicher explosionsfähiger Atmosphäre damit verhindert?
  Falls nicht:
  Aktive technische Maßnahmen zum sicheren Verhindern einer gefährlichen explosionsfähigen Atmosphäre ermitteln.
- Kann durch die vorgesehenen Ex-Schutzmaßnahmen die Bildung gefährlicher ex-fähiger Atmosphäre sicher verhindert werden?
  Falls nicht:
  Wahrscheinlichkeit des Auftretens gefährlicher ex-fähiger Atmosphäre und einer wirksamen Zündquelle feststellen.
  Zoneneinteilung vornehmen. Wird keine Einteilung vorgenommen: Schutzmaßnahmen wie bei Zone 0/20 mit ständig vorhandener gefährlicher ex-fähiger Atmosphäre wählen.
- Maßnahmen zur Zündquellenvermeidung
  Es dürfen nur Arbeitsmittel eingesetzt werden, die nach Richtlinie 2014/34/EU (ATEX 114) für den Einsatz in der jeweiligen Zone geeignet sind. Für Arbeitsmittel, die nicht zu den Geräten nach ATEX 114 gehören, müssen Eignung und ggf. Schutzmaßnahmen gesondert festgelegt werden.
- Kann die Entzündung einer gefährlichen ex-fähigen Atmosphäre mit den bisher getroffenen Maßnahmen nicht sicher verhindert werden?
  Falls nicht:
  Schutzmaßnahmen zur Beschränkung der Ausbreitung oder der Auswirkung der Explosion treffen.

Weitere Festlegungen sind in der Technischen Regel TRGS 721 getroffen. Danach muss für die Beurteilung von allen Einrichtungen, Prozess- und Betriebsbedingungen ausgegangen werden, die für den bestimmungsgemäßen Betrieb der Anlage oder die Ausführung von Tätigkeiten erforderlich sind. Dazu gehören auch ggf. prozessnotwendige Sonderzustände, wie z. B. An- oder Abfahren von Anlagen oder Prozessen. Auch Wartung und Instandhaltung sollten bereits bedacht und evtl. erforderliche zusätzliche Maßnahmen festgelegt werden.

3.1.2 Beurteilung des Auftretens explosionsfähiger Atmosphäre

Diese Beurteilung muss nach TRGS 721 sowohl für das Innere als auch die Umgebung von Arbeitsmitteln oder Anlagen vorgenommen werden.

 **Beispiel**

In der Holzverarbeitung entstehen Späne und Stäube, die eine gefährliche explosionsfähige Atmosphäre bilden können. Werden die Späne und Stäube über eine Absaugung in Spänesilos verbracht, ist in den Bauteilen der Absaugung, Rohrleitungen, Gebläsen und Silos ständig mit gefährlicher ex-fähiger Atmosphäre zu rechnen. Aber auch außerhalb, z. B. rund um die Bearbeitungsmaschinen, kann trotzdem mit gefährlichen ex-fähigen Staubwolken oder Staubschichten zu rechnen sein. In der Gefährdungsbeurteilung sind daher alle inneren wie äußeren Bereiche zu betrachten.

Für das Auftreten von Explosionen mit gefährlichen Auswirkungen ist zu rechnen, wenn folgende vier Voraussetzungen gleichzeitig erfüllt sind:

- hoher Dispersionsgrad der brennbaren Stoffe (feine Tröpfchen bei Nebel, kleine Partikel bei Staub)
- Konzentration der brennbaren Stoffe in Luft oder einem anderen Oxidationsmittel innerhalb ihrer Explosionsgrenzen
- gefahrdrohende Mengen explosionsfähiger Atmosphäre
- wirksame Zündquelle

Zur Beurteilung sind u. a. die physikalischen Eigenschaften und sicherheitstechnischen Kenngrößen der Stoffe zu berücksichtigen. Dazu zählen z. B. die bereits in Kapitel 1 (▶ Kap. 1.10) beschriebenen Kenngrößen:

- unterer/oberer Explosionspunkt UEP/OEP
- untere/obere Explosionsgrenze UEG/OEG
- maximale/minimale Verarbeitungs- bzw. Umgebungstemperaturen
- Zündeigenschaften von Staubschichten, je nach Stoff und Feinheit

Für die Beurteilung kann tiefgehendes Spezialwissen erforderlich sein. In diesem Zusammenhang wird darauf hingewiesen, dass sowohl die GefStoffV als auch die BetrSichV verlangen, dass die Gefährdungsbeurteilung mit der entsprechenden Fachkunde vorgenommen wird. Kann der Arbeitgeber/Betreiber diese selbst nicht vorweisen, muss er sich ggf. auch extern unterstützen lassen.

3.1.3 Zoneneinteilung

Die Zoneneinteilung ist eine wesentliche Verantwortung der Betreiber bei der Planung. Zusätzlich kann sie auch nach Inbetriebnahme noch erforderlich werden, falls sich betriebliche Änderungen ergeben.

Für die Gefährdungsbeurteilung im Zusammenhang mit der Planung und Auswahl von Geräten ist die Zoneneinteilung u. a. in folgenden Fällen wichtig:

- Beschaffung von Geräten zum Einsatz in ex-gefährdeten Bereichen.

  Hier müssen die Verhältnisse im jeweiligen Bereich bekannt sein, um Geräte der entsprechenden Gerätekategorie für die verschiedenen Zonen auszuwählen.

- Beschaffung von Geräten, die möglicherweise selbst zu Explosionsgefahren führen können.

  Hier muss für das Gerät und seine Umgebung ggf. eine Zoneneinteilung vorgenommen werden.

Die Grundsätze der Zoneneinteilung wurden bereits in Kapitel 1 (▶ Kap. 1.5) behandelt. Zur Wiederholung und zum Überblick:

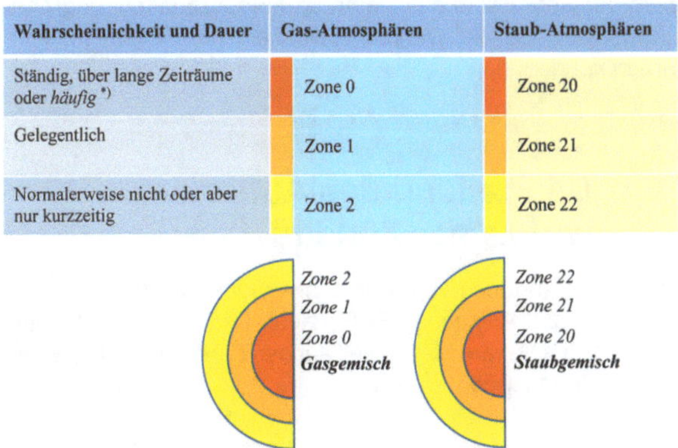

Wahrscheinlichkeit und Dauer	Gas-Atmosphären	Staub-Atmosphären
Ständig, über lange Zeiträume oder *häufig* *)	Zone 0	Zone 20
Gelegentlich	Zone 1	Zone 21
Normalerweise nicht oder aber nur kurzzeitig	Zone 2	Zone 22

***Bild 1:** Kurzübersicht der Zonen*

**) Der Begriff „häufig" ist i. S. v. „zeitlich überwiegend" zu verwenden.*

Zusammenhang zwischen Zoneneinteilung und Geräteauswahl

So wie die Zonen nach Wahrscheinlichkeit des Auftretens gefährlicher explosionsfähiger Atmosphäre festgelegt werden, ist bei den Geräten die Wahrscheinlichkeit des Auftretens von Zündquellen ein Kriterium. Es liegt auf der Hand, dass sich beides ergänzt. Die Kategorisierung von Geräten wird daher u. a. daran ausgerichtet, für welche Zone sie geeignet sind.

Es ist aber zu bedenken, dass es außer der Wahrscheinlichkeit des Auftretens gefährlicher explosionsfähiger Atmosphäre noch andere wesentliche Kriterien gibt. Aufseiten der Gefahrstoffe ist das z. B. die Art des Gefahrstoffs, siehe oben, und damit die Zündeigenschaften der explosionsfähigen Atmosphäre. Aufseiten der Geräte sind das die Art und Eigenschaften möglicher Zündquellen und die Wahrscheinlichkeit, mit der sie wirksam werden können.

3.1.4 Beurteilung des Auftretens wirksamer Zündquellen

In diesem Handbuch liegt der Schwerpunkt auf den Geräten, Maschinen und Anlagen in Ex-Bereichen (nach ATEX 114 alles Geräte). Deshalb wird hier gezielt auf die Zündquellen in bzw. an Geräten eingegangen.

Eine wichtige Unterscheidung ist die nach elektrischen Geräten und nicht-elektrischen Geräten. Diese Einteilung ist im ersten Schritt wichtig und sinnvoll. Mit Blick auf die möglichen Zündquellen zeigt sich aber, dass oft eine differenziertere Betrachtung notwendig ist.

Beispiel einzelnes Gerät, einzelne Komponente

Bei einem elektrischen Antrieb könnte u. U. ausschließlich auf die Explosionsgefahren durch die elektrische und elektronische Ausrüstung geachtet und entsprechende Schutzmaßnahmen getroffen werden. Das greift aber möglicherweise zu kurz. Schließlich wird es bei einem Antrieb sehr wahrscheinlich auch Wellen und Lager geben, oder sogar ein Getriebe. An diesen mechanischen Teilen kann es z. B. durch normale Reibung oder infolge von Pittingschäden zu erhöhten Temperaturen kommen, die im schlimmsten Fall eine explosionsfähige Atmosphäre zünden können. Die Hersteller entsprechender Komponenten müssen derartige Zusammenhänge berücksichtigen und entsprechende Maßnahmen treffen, z. B. durch konstruktive Sicherheit oder geeignete Vorgaben für die Wartung. Die Betreiber haben das bei der Auswahl von Geräten oder Komponenten und ggf. im Betrieb (Wartungsplan) zu berücksichtigen.

Beispiel mehrere Geräte mit Schnittstellen

Es gibt viele Anlagen, in denen mehrere einzelne Geräte z. B. auch mechanisch miteinander verbunden sind. Kommt es im normalen Betrieb an einem der Geräte ständig zu Vibrationen, kann es an Verbindungs- oder Berührungsstellen zu Reibungen und in der Folge zu Erhitzung oder Funkenbildung kommen. Kann Gleiches bei Störungen auftreten, ist das auch zu betrachten. Hier liegt ein Effekt vor, den die Hersteller der einzelnen Komponenten nur begrenzt beeinflussen können. Trotzdem müssen die möglichen Gefährdungen ermittelt, eingeschätzt und notwendige Schutzmaßnahmen getroffen werden. Die Betreiber tragen dafür eine besondere Verantwortung.

Bei der Unterscheidung, was zum elektrischen oder nichtelektrischen Explosionsschutz gehört, hilft der Blick auf die Zündquellen. Die Technische Regel TRGS 723 und DIN EN 1127-1 nennen 13 mögliche Zündquellen, hier ergänzt um eine Zuordnung zu elektrisch/nicht-elektrisch:

***Tabelle 1:** Zündquellen nach TRGS 723 und DIN EN 1127-1 mit Beispielen*

Zündquellen	Beispiele
heiße Oberflächen	*nicht-elektrisch:* Heizkörper, Kesselwände, mechanische Vorgänge durch Reibung und Spanabhebung, erwärmte Betriebsmitteloberflächen, Bremsen oder heiß gelaufene Lager *elektrisch:* Leitungen, Spulen, Widerstände, Lampen, Lötkolben
Flammen, heiße Gase (einschließlich heißer Partikel)	*nicht-elektrisch:* Flammen und Reaktionsprodukte, wie heiße Gase oder glühende Feststoffpartikel (Rußpartikel), Auspuffanlagen von Verbrennungsmotoren *elektrisch:* Partikel, die durch Schaltfunken von Leistungsschaltern von den Schaltkontakten abgelöst werden

Tabelle 1: *Zündquellen nach TRGS 723 und DIN EN 1127-1 mit Beispielen*

Zündquellen	Beispiele
Zündquellen durch mechanische Reib-, Schlag- und Abtrennvorgänge	*nicht-elektrisch:* Reib-, Schlag-, Abtragvorgänge, z. B. beim Schleifen oder auch Sandstrahlen; Schweißperlen; Werkzeuge wie Zangen oder Schraubenschlüssel; Hilfsmittel wie Leitern und Gerüste; Arbeiten mit Alu-Werkzeug an rostigen Bauteilen oder mit rostigem Werkzeug (Hammer, Meißel) an Leichtmetallen (Thermitreaktion)
elektrische Anlagen	*elektrisch:* Öffnen und Schließen von elektrischen Stromkreisen, Ausgleichströme, elektromagnetische Felder, leitfähige Stäube, schlechte Kontakte oder Klemmstellen *Achtung: Schutzkleinspannung dient nur dem Personenschutz. Auch bei Schutzkleinspannung können Funken eine wirksame Zündquelle sein.*
elektrische Ausgleichsströme, kathodischer Korrosionsschutz	*elektrisch:* Rückströme zur Stromquelle, Induktion, Körper- oder Erdschluss

Tabelle 1: *Zündquellen nach TRGS 723 und DIN EN 1127-1 mit Beispielen*

Zündquellen	Beispiele
statische Elektrizität	*nicht-elektrisch:* Transmissionsriemen aus Kunststoff, Gehäuse tragbarer Geräte, synthetische Kleidung, Schüttvorgänge von Flüssigkeiten oder Schüttgut, Trennvorgänge beim Abrollen von Papier oder Kunststofffolien, Kunststoff-Rohrsysteme
Blitzschlag	
elektromagnetische Felder im Bereich der Frequenzen von 9 kHz bis 300 GHz	*elektrisch:* Hochfrequenzanlagen, wie Funkanlagen oder Hochfrequenzgeneratoren.
elektromagnetische Strahlung mit Wellenlängen von 100 nm bis 1 mm (UV- bis IR-Strahlung)	*elektrisch:* optische Strahlung, wie Laser, Blitzlichtquellen, Lichtbögen usw. *nicht-elektrisch:* Sonnenlicht
ionisierende Strahlung	Entzündung durch Energieabsorption, die durch z. B. kurzwellige UV-Strahler, Röntgenröhren oder radioaktive Stoffe verursacht wird.

Tabelle 1: *Zündquellen nach TRGS 723 und DIN EN 1127-1 mit Beispielen*

Zündquellen	Beispiele
Ultraschall	Entzündung durch Absorption der Energie, die z. B. von kurzwelligen UV-Strahlern, Röntgenröhren oder radioaktiven Stoffen ausgehen.
adiabatische Kompression, Stoßwellen, strömende Gase	*nicht-elektrisch:* z. B. beim plötzlichen Entspannen von Hochdruckgasen in Rohrleitungen; strömender Sauerstoff unter Druck; zerbrechende lange Leuchtstofflampen in einer Wasserstoff-Luft- oder Acetylen-Luft-Atmosphäre; *Bei der adiabatischen Kompression können hohe Temperaturen auftreten, die geeignet sein können, eine explosionsfähige Atmosphäre zu entzünden.*
chemische Reaktionen	*nicht-elektrisch:* Durch chemische Reaktionen, die eine Wärmeentwicklung verursachen (exotherme Reaktionen), erhitzen sich Stoffe und können zu einer Explosion führen. Selbstentzündung, z. B. mit Leinöl getränkte Lappen

Die ersten sechs genannten Zündquellen sind die in der Praxis am häufigsten vorkommenden.

Zuordnung der Zündschutzarten

Bei der Zuordnung zum elektrischen oder nicht-elektrischen Explosionsschutz nach Zündquellen bleibt eine gewisse Unschärfe. Klar ist dagegen die Zuordnung der Zündschutzarten. Diese werden in der entsprechenden Normung eindeutig zugeordnet und definiert. (▶ Kap. 3.2.2)

3.2 Kriterien zur Geräteauswahl

Die Sachverhalte gebieten es und die gesetzlichen Vorgaben schreiben es vor: in explosionsgefährdeten Bereichen dürfen nur Geräte eingesetzt werden, von denen keine Gefahr ausgeht. Das könnte zunächst einfach sein, da ja die Hersteller die entsprechenden Geräte anbieten und auch beschreiben bzw. kennzeichnen, wofür sie geeignet sind. Doch so unterschiedlich die Explosionsgefährdungen sein können, so unterschiedlich sind auch die Gerätespezifikationen. Wie schon insgesamt bei der Gefährdungsbeurteilung ist auch bei der Teilaufgabe der Geräteauswahl systematisches Herangehen gefragt. Was in der Gefährdungsbeurteilung bereits ermittelt wurde, ist dafür eine Grundlage.

Es beginnt damit, dass der Betreiber klären muss, welche Bedingungen im Einsatzbereich herrschen und welche Betriebsmittel dafür geeignet sind:

Tabelle 1: *Grundlegende Klärungen für die Geräteauswahl; Quelle: Karl Donath*

Bedingungen im Einsatzbereich nach Gefährdungsbeurteilung	**Eigenschaften der Betriebsmittel nach Betriebsanleitung**
Art der Gefahr (z. B. Zündeigenschaften der Atmosphäre)	**Welche Zündquellen** sind vorhanden bzw. wie verhindert
Ausmaß der Gefahr (Häufigkeit und Dauer; Zoneneinteilung)	**Welches Schutzniveau** ist gegeben

Die Eigenschaften der Betriebsmittel sind nach EU-Richtlinie und Normung in Gruppen, Kategorien und weitere Spezifikationen eingeteilt.

3.2.1 Gerätegruppen, Kategorien und weiteres

Gruppen/Gerätegruppen

Die erste Einteilung ist die nach grundsätzlichen Einsatzbereichen.

Die EU-Richtlinie 2014/34/EU unterscheidet **Gerätegruppe** I und II

DIN EN IEC 60079-0 unterscheidet **Gruppe** I, II und III.

Die Einteilungen sind sehr ähnlich, aber leider doch unterschiedlich. Immerhin gilt für den Bergbau in beiden Benennungen gleichlautend die Ziffer römisch I:

Tabelle 2: *Gerätegruppen/Gruppen und Einsatzbereiche; Quelle: Karl Donath*

<table>
<tr><th>2014/34/EU</th><th colspan="2">Einsatzbereich</th><th>EN 60079-0</th></tr>
<tr><td>Gerätegruppe I</td><td colspan="2">Untertägige Bergwerke sowie ggf. auch deren Übertageanlagen</td><td>Gruppe I</td></tr>
<tr><td rowspan="2">Gerätegruppe II</td><td rowspan="2">Gas, Dampf, Nebel, Staub</td><td>Gas, Dampf, Nebel</td><td>Gruppe II</td></tr>
<tr><td>Staub</td><td>Gruppe III</td></tr>
</table>

3.2.1.1 Gerätekategorien nach 2014/34/EU

Für die Gerätegruppen sieht die EU-Richtlinie 2014/34/EU eine weitere Einteilung in Gerätekategorien vor, abhängig vom gegebenen Schutzgrad. Die Ziffer zur Bezeichnung der Gerätekategorie wird jeweils noch ergänzt um den Buchstaben D oder G, um die Eignung für Bereiche mit brennbaren Stäuben (D *dust*) oder für Gasexplosionsgefährdete Bereiche (G) anzugeben.

Tabelle 3: *Gerätekategorien – Einteilung nach jeweiligem Maß an Sicherheit; Quelle: Karl Donath*

2014/34/ EU	Geräte-kategorie	Maß an Sicherheit	Zone nach GefStoffV
Geräte-gruppe I	*M 1*	*sehr hoch*	-
	M 2	*hoch*	-
Geräte-gruppe II	1G/1D	sehr hoch	0/20
	2G/2D	hoch	1/21
	3G/2D	Normalmaß	2/22

Gerätekategorien der Gerätegruppe I

Gerätekategorie M 1

Die Geräte sind so konstruiert, dass sie ein „sehr hohes“ Maß an Sicherheit gewährleisten. Sie sind für den Einsatz in Bereichen mit vorliegender Gefährdung durch Grubengas und/oder brennbare Stäube geeignet sowohl untertage als auch in zugehörigen Bereichen/Anlagen übertage.

Das „sehr hohe" Maß an Sicherheit gewährleisten diese Geräte auch bei seltenen Gerätestörungen, indem

- beim Versagen einer apparativen Schutzmaßnahme mindestens eine zweite unabhängige apparative Schutzmaßnahme die erforderliche Sicherheit gewährleistet oder
- auch beim Auftreten von zwei unabhängigen Fehlern noch die erforderliche Sicherheit gewährleistet wird.

Gerätekategorie M 2

Die Geräte sind so konstruiert, dass sie ein „hohes" Maß an Sicherheit gewährleisten. Sie sind für den Einsatz in Bereichen mit möglicher Gefährdung durch Grubengas und/oder brennbare Stäube geeignet sowohl untertage als auch in zugehörigen Bereichen/Anlagen übertage.

Es muss möglich sein, dass die Geräte beim Auftreten einer explosionsfähigen Atmosphäre abgeschaltet werden.

Die Geräte müssen so robust beschaffen sein, dass die apparativen Explosionsschutzmaßnahmen auch bei schweren Betriebsbedingungen, rauer Behandlung und wechselnden Umgebungseinflüssen wirksam bleiben.

Gerätekategorien der Gerätegruppe II

Gerätekategorie 1

Diese Geräte können in Bereichen eingesetzt werden, in denen eine explosionsfähige Atmosphäre ständig, langzeitig oder häufig vorhanden ist, also Zone 0/20.

Das „sehr hohe“ Maß an Sicherheit gewährleisten diese Geräte auch bei Gerätestörungen, indem

- beim Versagen einer apparativen Schutzmaßnahme mindestens eine zweite unabhängige apparative Schutzmaßnahme die erforderliche Sicherheit gewährleistet oder
- auch beim Auftreten von zwei unabhängigen Fehlern noch die erforderliche Sicherheit gewährleistet wird.

Gerätekategorie 2

Die Geräte dieser Kategorie können in Bereichen eingesetzt werden, in denen damit zu rechnen ist, dass eine explosionsfähige Atmosphäre gelegentlich auftritt, also Zone 1/21.

Die apparativen Explosionsschutzmaßnahmen dieser Geräte sind so gestaltet, dass auch bei zu erwartenden Gerätestörungen oder Fehlern das „hohe“ Maß an Sicherheit gewährleistet bleibt.

Gerätekategorie 3

Die Geräte dieser Kategorie können in Bereichen eingesetzt werden, in denen eine explosionsfähige Atmosphäre aller Wahrscheinlichkeit nach nur selten oder kurzzeitig auftritt, im Normalbetrieb aber nicht, also Zone 2/22.

Geräte dieser Kategorie gewährleisten bei normalem Betrieb das erforderliche Maß an Sicherheit.

3.2.1.2 Geräteschutzniveau EPL nach DIN EN IEC 60079-0

Ähnlich zur Einteilung der Gerätekategorien nach EU-Richtlinie 2014/34/EU wird in der Norm DIN EN IEC 60079-0 eine Einteilung nach Geräteschutzniveau vorgenommen. Es wird als Equipment Protection Level EPL bezeichnet.

Tabelle 4: *Gerätekategorien – Einteilung nach jeweiligem Maß an Sicherheit; Quelle: Karl Donath*

IEC 60079-0	Geräte-kategorie	Schutzniveau	Zone nach GefStoffV
Bergbau	*Ma*	*sehr hoch*	-
	Mb	*hoch*	-
G: Gas, Dampf, Nebel	Ga/Da	sehr hoch	0/20
	Gb/Db	hoch	1/21
D: Staub	Gc/Dc	normal/erhöht	2/22

EPL Ma

Die Geräte weisen ein „sehr hohes" Schutzniveau auf. Es besteht im Normalbetrieb und auch bei vorhersehbaren oder seltenen Fehlern keine Zündgefahr. Geräte mit EPL Ma können somit auch bei vorliegender explosionsfähiger Atmosphäre sicher betrieben werden.

EPL Mb

Die Geräte weisen ein „hohes“ Schutzniveau auf. Es besteht im Normalbetrieb oder bei vorhersehbaren Fehlern für die Zeit zwischen Gasaustritt und Trennung von der Stromversorgung keine Zündgefahr.

EPL Ga/Da

Die Geräte weisen ein „sehr hohes“ Schutzniveau auf. Es besteht im Normalbetrieb und auch bei vorhersehbaren oder seltenen Fehlern keine Zündgefahr. Geräte mit EPL Ga oder Da können somit auch bei vorliegender explosionsfähiger Atmosphäre, also Zone 0/20, sicher betrieben werden.

EPL Gb/Db

Die Geräte weisen ein „hohes“ Schutzniveau auf. Es besteht im Normalbetrieb und auch bei vorhersehbaren Fehlern keine Zündgefahr. Geräte mit EPL Gb/Db können in Zone 1 bzw. 21 sicher betrieben werden.

EPL Gc/Dc

Die Geräte weisen ein „normales“ Schutzniveau auf. Sie müssen bei vorhersehbaren Störungen das erforderliche Maß an Sicherheit gewährleisten und Zündquellen vermeiden. Geräte mit EPL Gc/Dc können in Zone 2 bzw. 22 eingesetzt werden.

3.2.1.3 DIN EN IEC 60079-0 Untergruppen nach Zündeigenschaften – Explosionsgruppen

Die in IEC 60079-0 vorgenommene Einteilung in Gruppen wird für die Gruppen II und III in der Norm noch weiter unterteilt, nämlich nach Zündeigenschaften. Dabei handelt es sich nicht um Geräteeigenschaften, sondern um Kenngrößen der Stoffe (Gas, Dampf, Nebel, Staub). Es geht darum, wie zündwillig die Atmosphäre ist, also wie „stark" eine Zündquelle sein muss, um zur Entzündung zu führen.

Bei Gruppe II Gas, Dampf, Nebel ist diese Einteilung der Umgebungsbedingungen bei der Geräteauswahl speziell für Geräte mit den Zündschutzarten „Druckfeste Kapselung" und „Eigensicherheit" relevant. Die Angabe der „Grenzspaltweite" in der Tabelle stellt Mindestanforderungen für druckfeste Geräte dar.

Tabelle 5: *IEC 60079-0 Untergruppen zu Gruppe II*
** MESG Maximum experimental safe gap, Quelle: Karl Donath, angelehnt an IEC 60079-0*

Untergruppe	Min. Zündenergie	Stoffe (Beispiele)	Gefahr/ Zündwilligkeit	Grenzspaltweite (MESG*)
IIA	ca. 300 μWs	Benzin, Propan	geringer	≥ 0,9 mm
IIB	ca. 150 μWs	Ethylen, Stadtgas	mittel	0,5 mm < MESG < 0,9 mm
IIC	< 50 μWs	Acetylen, Wasserstoff	hoch	≤ 0,5 mm

Für Gruppe III Staub werden die Untergruppen abhängig von Arten von Stäuben und deren spezifischem elektrischem Widerstand gebildet.

Tabelle 6: *IEC 60079-0 Untergruppen zu Gruppe III; Quelle: Karl Donath, angelehnt an IEC 60079-0*

Untergruppe	Spezifischer elektrischer Widerstand	Stoffe (Beispiele)	Gefahr/ Zündwilligkeit
IIIA	-	brennbare Flusen z. B. Flock	geringer
IIIB	> $10^3\ \Omega$	nicht leitfähige Stäube z. B. Pulverlacke	mittel
IIIC	< $10^3\ \Omega$	leitfähige Stäube z. B. Metallstaub	hoch

3.2.1.4 Zündtemperatur und Temperaturklassen

Temperaturklassen für Geräte der IEC 60079-0 Gruppe II / Gase und Dämpfe

Wie bei den Zündquellen zu sehen war, können auch Oberflächentemperaturen von Geräten oder generell von Gegenständen Zündquellen darstellen. Eine weitere Klassifizierung ist deshalb die nach zulässigen Oberflächentemperaturen der Geräte. Sie gilt für explosionsfähige Atmosphären aus Gasen oder Dämpfen.

Bei der Geräteauswahl ist darauf zu achten, dass die angegebene Temperaturklasse und die damit möglichen Oberflächentemperaturen nicht im Zündtemperaturbereich der explosionsfähigen Atmosphäre liegen. Bestimmt werden die Temperaturklassen nach dem in DIN EN ISO/IEC 80079-20-1 festgelegten „Verfahren zur Ermittlung der Zündtemperatur". Diese Ermittlung ist Aufgabe der Hersteller, die für ihre Geräte die jeweils ermittelte Temperaturklasse angeben.

Tabelle 7: *Temperaturklassen; Quelle: Karl Donath*

Temperaturklasse	max. Oberflächentemperatur der Geräte	Stoffe (Beispiele)	Einsetzbar bei Gasen/Dämpfen mit Zündtemperaturen
T1	450 °C	Aceton, Propan, Stadtgas, Wasserstoff	> 450 °C
T2	300 °C	Acetylen, Ethylalkohol, Ethylen	> 300 °C
T3	200 °C	Benzin, Diesel, Schwefelwasserstoff	> 200 °C
T4	135 °C	Acetaldehyd, Ethylether	> 135 °C
T5	100 °C		> 100 °C
T6	85 °C	ausschließlich Schwefelkohlenstoff	> 85 °C

 **Hinweis**

Geräte einer Temperaturklasse können auch in Bereichen für die jeweils niedrigeren Temperaturklassen eingesetzt werden. So sind z. B. Geräte der Temperaturklassen T3 mit der maximalen Oberflächentemperatur von 200 °C auch in Bereichen für T2 und T1 einsetzbar. Die dort zulässigen Oberflächentemperaturen werden mit Temperaturklasse 3 sicher nicht erreicht.

Zündtemperatur von Staubwolken und maximale Oberflächentemperatur

Für explosionsgefährdete Bereiche mit brennbaren Stäuben sind keine Temperaturklassen für die Geräte definiert. Trotzdem sind auch hier Maximaltemperaturen zu beachten: die Zündtemperatur der Staubwolke und die Zündtemperatur/Glimmtemperatur einer Staubschicht.

Das Bestimmungsverfahren der Zündtemperatur ist in der Norm DIN EN ISO/IEC 80079-20-2 festgelegt. Das bedeutet aber nicht, dass Betreiber nach dieser Norm die Zündtemperatur der vorkommenden Stäube bestimmen müssen. Vielmehr gibt es dafür verschiedene umfangreiche Datensammlungen. Als Beispiel soll hier nur die „GESTIS-STAUB-EX Datenbank Brenn- und Explosionskenngrößen von Stäuben“ des Instituts für Arbeitsschutz der Deutschen Gesetzlichen Unfallversicherung genannt werden. In dieser Datenbank stehen die Kennwerte von über 7.000 Staubproben zur Verfügung.

Ausgehend von den Zündtemperaturen von Wolke und Staubschicht ist die maximal zulässige Oberflächentemperatur von Geräten oder Gegenständen im explosionsgefährdeten Bereich zu berechnen.

Beispiel

Berechnungsbeispiel zulässige Oberflächentemperatur:

$T_{OmaxW} = 2/3\ T_{ZW}$; $T_{OmaxS} = T_{GS} - 75\ K$ Die maximal zulässige Oberflächentemperatur TO_{max} ist der kleinere der beiden Werte: $\mathbf{T_{Omax}} < T_{OmaxW}$ und $\mathbf{T_{Omax}} < T_{OmaxS}$ Beispiel Mehlstaub Weizenmehl Typ 405: $T_{ZW} = 400\ °C$; $T_{GS} = 450\ °C$ $T_{OmaxW} = 2/3 * 400\ °C = 266\ °C$ $T_{OmaxS} = 450\ °C - 75\ K = 375\ °C$ $\mathbf{T_{Omax}} = 266\ °C$;	T_{ZW} Zündtemperatur der Staubwolke T_{GS} Glimmtemperatur der Staubschicht T_{OmaxW} max. zulässige Oberflächentemperatur wegen Staubwolke T_{OmaxS} max. zulässige Oberflächentemperatur wegen Staubschicht $\mathbf{T_{Omax}}$ resultierende **max. zulässige Oberflächentemperatur**

Es ist bei der Bestimmung noch eine Randbedingung zu beachten: Die in Datenbanken angegebene Glimmtemperatur gilt üblicherweise für eine Schichtdicke von 5 mm. Wenn im Betrieb mit größeren Schichtdicken zu rechnen ist, muss die maximale Oberflächentemperatur herabgesetzt werden. Für Schichtdicken bis 50 mm enthält DIN EN 60079-14 (VDE 0165-1) ein Diagramm mit Beispielen für Stäube, die bei 5 mm eine Glimmtemperatur von über 250 °C haben. Das Diagramm ist in der folgenden Abbildung mit einem Beispiel für Mehlstaub mit einer Schichtdicke von 35 mm dargestellt.

In folgenden Fällen sind weitere Klärungen und ggf. Maßnahmen erforderlich:

- Schichtdicke > 50 mm
- Staubschicht um die Seiten und unter dem Boden eines Geräts
- Glimmtemperaturen < 250 °C

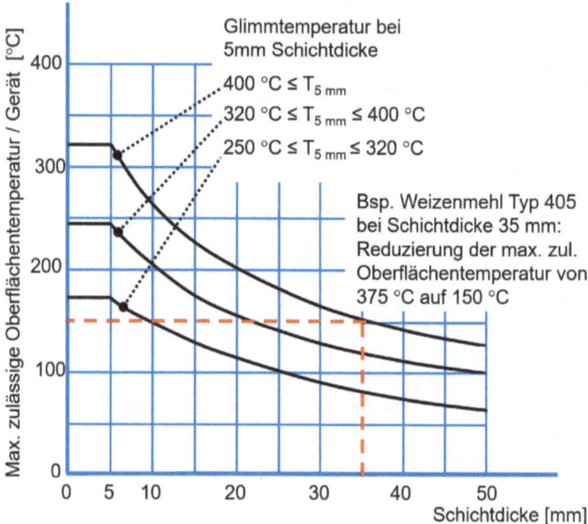

***Bild 1:** Zusammenhang zwischen der maximal zulässigen Oberflächentemperatur und der Dicke von Staubschichten (Quelle: Karl Donath, Diagramm angelehnt an DIN EN 60079-14 (VDE 0165-1))*

3.2.2 Zündschutzarten

In Kapitel 3.2.1 wurden die Gerätegruppen, Kategorien und weitere Vorgaben, Anforderungen und relevanten Vorbedingungen für die Auswahl von Geräten in explosionsgefährdeten Bereichen beschrieben. Mit den Zündschutzarten werden Schutzmaßnahmen beschrieben, mit denen Geräte den Anforderungen gerecht werden und entsprechenden Schutz vor der Zündung einer Explosion gewährleisten.

Zunächst wird durch Verwendung geeigneter Materialien und durch konstruktive Maßnahmen ausgeschlossen, dass Zündquellen in Form von elektrostatischen Aufladungen oder Reib- und Schlagfunken auftreten.

Ansonsten können für die Schutzmaßnahmen vier grundlegende Ansätze unterschieden werden, die in den einzelnen Zündschutzarten zur Anwendung kommen:

- Durch eine Kapselung wird verhindert, dass explosionsfähige Atmosphäre in das Gerät eindringen bzw. mit vorhandenen Zündquellen in Kontakt kommen kann.
  Angewendet bei: Überdruckkapselung, Schutz durch Gehäuse, Ölkapselung, Flüssigkeitskapselung, Vergusskapselung
- Explosionsfähige Atmosphäre kann in das Gerät eindringen. Eine Zündung im Gerät wird aber ausgeschlossen, indem Funkenbildung oder zündfähige Temperaturen verhindert werden.
  Angewendet bei: erhöhte Sicherheit, konstruktive Sicherheit
- Explosionsfähige Atmosphäre kann in das Gerät eindringen. Eine Zündung im Gerät wird aber ausgeschlossen, indem Funkenbildung oder zündfähige Temperaturen nur begrenzt auftreten.
  Angewendet bei: Eigensicherheit, Zündquellenüberwachung
- Explosionsfähige Atmosphäre kann in das Gerät eindringen. Eine Zündung im Gerät ist möglich. Es werden aber Maßnahmen ergriffen, die eine Fortsetzung der Explosion außerhalb des Gehäuses ausschließen.

Angewendet bei: druckfeste Kapselung, teilweise Sandkapselung

Die Anforderungen zu den einzelnen Zündschutzarten sind in Normen festgelegt:

- Zündschutzarten für elektrische Geräte: DIN EN 60079-xx
- Zündschutzarten für nicht-elektrische Geräte: DIN EN ISO 80079-xx

Übersicht der wichtigsten Zündschutzarten und Zuordnung zu den möglichen Einsatzbereichen:

Tabelle 8: *Übersicht der wichtigsten Zündschutzarten mit Einsatzbereichen; Quelle: Karl Donath*

		Gas, Dampf, Nebel			Staub		
	Gerätekategorie / EPL	**1G/Ga**	**2G/Gb**	**3G/Gc**	**1D/Da**	**2D/Db**	**3D/Dc**
elek-trisch	**d** – druckfeste Kapselung	da	db	dc			
	p – Überdruckkapselung		pxb pyb	pzc		pxb pyb	pzc
	q – Sandkapselung		q				
	o – Öl-/Flüssigkeitskapselung		ob	oc			
	e – erhöhte Sicherheit		eb	ec			
	i – Eigensicherheit	ia	ib	ic	ia	ib	ic
	n – Gehäuse schwadensicher/ hermetisch verschlossene Einrichtung			nR/nC			
	m – Vergusskapselung	ma	mb	mc	ma	mb	mc
	op – optische Strahlung	op is	op sh op pr				
	t – Schutz durch Gehäuse				ta	tb	tc

***Tabelle 8:** Übersicht der wichtigsten Zündschutzarten mit Einsatzbereichen; Quelle: Karl Donath*

		Gas, Dampf, Nebel			Staub		
	Gerätekategorie / EPL	**1G/Ga**	**2G/Gb**	**3G/Gc**	**1D/Da**	**2D/Db**	**3D/Dc**
	d – druckfeste Kapselung		d	d			
	h / c – konstruktive Sicherheit	c	c	c	c	c	c
nicht-elektrisch	**h** / b – Zündquellenüberwachung	b	b	b	b	b	b
	h / k – Flüssigkeitskapselung	k	k	k	k	k	k
	p – Überdruckkapselung		p	p		p	p
	t – Schutz durch Gehäuse				ta	tb	tc
	geeignet für Zone:	0/1/2	1/2	2	20/21/22	21/22	22

In den folgenden Kapiteln werden diese Zündschutzarten als Auswahl kurz beschrieben.

3.2.2.1 Zündschutzarten für elektrische Geräte

Erläuterung zu den Angaben in den Zeilen „Einsatz“:

Die Angaben setzen sich zusammen aus „Ex“ für elektrische Zündschutzart, dem Kleinbuchstaben für die Benennung der Zündschutzart („d“, „p“, „q“, ...), dem Kleinbuchstaben für das Schutzniveau EPL (a, b oder c).

Beispiel „Ex da“: Elektrische Zündschutzart „d“, druckfest mit EPL „a“, Schutzniveau „sehr hoch“, damit einsetzbar in Zone 0, 1, 2 (also nur für Gase, nicht für Stäube).

Weitere Kurzerklärungen zu den verschiedenen elektrischen Zündschutzarten: ▶ Kap. 1.8

Druckfeste Kapselung "d"

Bild 2: *Druckfeste Kapselung "d"; (Quelle: Karl Donath)*

Mögliche Zündquellen sind in ein Gehäuse eingeschlossen. Explosionsfähige Atmosphäre kann eindringen. Eine Zündung im Gerät ist möglich. Eine Fortsetzung oder Übertragung der Explosion außerhalb des Gehäuses wird verhindert

- durch das druckfeste Gehäuse, das zu erwartenden Explosionen standhält und
- durch einen definierten Zündspalt *(„Grenzspaltweite" in* ► Kap. 3.2.1.3*)*, der einerseits das Gehäuse entlastet, andererseits ein nach außen dringen der Explosion verhindert.

Gerätebeispiele: Schaltgeräte und Schaltanlagen, Befehls- und Anzeigegeräte, Steuerungen, Motoren, Transformatoren, Heizgeräte, Leuchten

Einsatz: Ex da Zone 0, 1, 2; Ex db Zone 1, 2; Ex dc Zone 2

Normung: DIN EN 60079-1 (VDE 0170-5)

Überdruckkapselung "p"

***Bild 3:** Überdruckkapselung "p"; (Quelle: Karl Donath)*

Das Innere des Gehäuses, in dem sich mögliche Zündquellen befinden, wird mit einem Zündschutzgas mit einem Überdruck gegenüber der Umgebung beaufschlagt. Dadurch kann keine explosionsfähige Atmosphäre in das Gehäuse eindringen.

Varianten der Schutzart:

„pxb“ Bei Druckabfall unter 0,5 mbar Abschaltung der Zündquellen.

„pyb“ Bei Druckabfall unter 0,5 mbar erfolgt mindestens eine Alarmierung.

„pzc“ Bei Druckabfall unter 0,25 mbar erfolgt mindestens eine Alarmierung.

Bei „pxb“ und „pyb“ muss der Schrank neu gespült werden, wenn der Druck wieder aufgebaut ist. Bei „pzc“ muss neu gespült werden, wenn der Schrank/das Gehäuse nicht geöffnet wurde.

Gerätebeispiele: Großmaschinen/große Motoren, Schleifring- bzw. Kollektormotoren, Schalt- und Steuerschränke oder Analysengeräte

Einsatz: Ex pxb Zone 1, 2 bzw. 21, 22; Ex pyb Zone 1, 2 bzw. 21, 22; Ex pzc Zone 2 bzw. 22

Normung: DIN EN 60079-2 (VDE 0170-3)

Sandkapselung "q“

Bild 4: *Sandkapselung "q" (Quelle: Karl Donath)*

Das Gehäuse wird mit einem feinkörnigen Füllgut befüllt. Dadurch wird verhindert, dass mögliche Lichtbögen, die bei bestimmungsgemäßem Gebrauch entstehen, aus dem Gehäuse heraus die explosionsfähige Atmosphäre in der Umgebung des Gerätes zünden.

Es darf weder eine Zündung durch Flammen oder zündfähige Bauteile noch durch erhöhte Temperatur auf der Gehäuseoberfläche erfolgen.

Gerätebeispiele: Sensoren, elektronische Vorschaltgeräte, Transmitter, Kondensatoren, Elektronikbaugruppen oder Transformatoren. Es handelt sich vielfach um Bauteile, die Funken oder heiße Teile aufweisen, deren Funktion aber durch das feinkörnige Füllgut nicht beeinträchtigt wird.

Einsatz: Ex q Zone 1, 2

Normung: DIN EN 60079-5 (VDE 0170-4)

Flüssigkeitskapselung, Ölkapselung „o“

Bild 5: *Flüssigkeitskapselung, Ölkapselung "o"; (Quelle: Karl Donath)*

Mögliche Zündquellen im Gerät (z. B. Lichtbögen bzw. Funken, heiße Restgase von Schaltvorgängen oder heiße Teile, wie etwa Widerstände) werden so weit in eine Schutzflüssigkeit (z. B. isolierendes Öl) getaucht, dass eine explosionsfähige Atmosphäre über der Oberfläche oder außerhalb der Kapselung nicht gezündet werden kann.

Gerätebeispiele: große Transformatoren, Schaltgeräte, Anlasswiderstände und komplette Anlaufsteuerungen, Getriebe

Einsatz: Ex ob Zone 1,2; Ex oc Zone 2

Normung: DIN EN 60079-6 (VDE 0170-2)

Erhöhte Sicherheit "e"

Bild 6: *Erhöhte Sicherheit "e"; (Quelle: Karl Donath)*

Hier sind zusätzliche Maßnahmen getroffen, um mit einem erhöhten Grad an Sicherheit die Möglichkeit zu verhindern, dass Funken, Lichtbögen oder unzulässig hohe Temperaturen, die im normalen Betrieb nicht auftreten, zur Zündung einer explosionsfähigen Atmosphäre führen.

Gerätebeispiele: Abzweig- und Verbindungskästen, Leuchten, Anschlussräume für Heizungen, Akkumulatoren, Transformatoren, induktive Vorschaltgeräte, Kurzschlussläufermotoren, Käfigläufermotoren

Einsatz: Ex eb Zone 1, 2; Ex ec Zone 2

Normung: DIN EN 60079-7 (VDE 0170-6)

Eigensicherheit "i"

Bild 7: *Eigensicherheit "i"; (Quelle: Karl Donath)*

Eigensichere Stromkreise sind Stromkreise, in denen keine Funken oder thermischen Effekte auftreten, die unter den in der Norm festgelegten Prüfbedingungen zur Zündung einer explosionsfähigen Atmosphäre führen können. Die Prüfbedingungen umfassen den Normalbetrieb und bestimmte, in der Norm festgelegte Fehlerbedingungen. Das Schutzziel wird durch die Begrenzung der Energie in Geräten, Schaltungen und Verbindungsleitungen erreicht.

Es wird immer der gesamte Stromkreis betrachtet, der üblicherweise aus Gerät, Versorgung und Verbindungsleitungen besteht.

In eigensicheren Geräten sind alle Stromkreise eigensicher.

Mehr Informationen zur Schutzart Ex i, z. B. auch „zugehörige" elektrische Betriebsmittel mit der Kennzeichnung [Ex i], siehe Kapitel 3.3.2 Eigensicherheit (▶ Kap. 3.3.2)

Gerätebeispiele: Mess- und Regeltechnik, Feldbustechnik, Sensoren, Aktoren

Einsatz: Ex ia Zone 0, 1, 2 bzw. 20, 21, 22; Ex ib Zone 1, 2 bzw. 21, 22; Ex ic Zone 2 bzw. 22;

Sonderform:

Normung: DIN EN 60079-11 (VDE 0170-7)/DIN EN 60079-25 (VDE 0170-10-1)

Zündschutzart "n"

Bild 8: *Zündschutzart "n"; (Quelle: Karl Donath)*

Elektrische Betriebsmittel sind nicht in der Lage, eine umgebende explosionsfähige Atmosphäre zu zünden (im Normalbetrieb und unter definierten anormalen Betriebsbedingungen).

Verschiedene Ausführungen:

- „nA“ Nichtfunkende Einrichtung, überführt nach Ex ec, EN 60079-7
- „nC“ Hermetisch verschlossene Einrichtung; nicht-zündfähiges Bauteil; abgedichtete Einrichtung (umschlossene Schalteinrichtung überführt nach „Ex dc“ EN 60079-1)
- „nR“ Schwadensicheres Gehäuse

Gerätebeispiele: Motoren, Leuchten, Scheinwerfer, Bedienterminals

Einsatz: Ex nC Ex nR Zone 2

Normung: DIN EN IEC 60079-15 (VDE 0170-16)

Vergusskapselung "m"

Bild 9: *Vergusskapselung "m"; (Quelle: Karl Donath)*

Die Entzündung einer explosionsfähigen Atmosphäre durch Funken oder durch erhöhte Temperaturen wird dadurch verhindert, dass mögliche Zündquellen in eine Vergussmasse eingebettet werden. Die Bauteile werden dafür vollständig von einer Vergussmasse umschlossen, die gegen elektrische, thermische, mechanische und chemische Einflüsse resistent ist.

Gerätebeispiele: Spulen von Vorschaltgeräten, Magnetventilen oder Motoren, Relais und andere Schalteinrichtungen begrenzter Leistung sowie komplette Leiterplatten mit elektronischen Schaltungen

Einsatz: Ex ma Zone 0, 1, 2 bzw. 20, 21, 22; Ex mb 1, 2 bzw. 21, 22

Normung: DIN EN 60079-18 (VDE 0170-9)

Optische Strahlung „op“

Bild 10: *Optische Strahlung "op"; (Quelle: Karl Donath)*

Durch geeignete Maßnahmen wird vermieden, dass eine optische Strahlung eine explosionsfähige Atmosphäre entzündet.

Zündmechanismen: Erwärmung von Oberflächen durch Absorption der optischen Strahlung. Direkter laserinduzierter Durchschlag eines Gases im Brennpunkt eines starken Strahls und Erzeugung von Plasma oder einer Stoßwelle (seltener).

Varianten der Schutzart:

- „op is“ Inhärent sichere optische Strahlung; Begrenzung der Energie des Lichtbündels.
- „op pr“ Geschützte optische Strahlung; mechanische Begrenzung des Lichtbündels, z. B. mechanisch eingeschlossen.

- „op sh“ Optische Systeme mit Verriegelung; mechanisch eingeschlossen und zusätzlich Abschaltung in definierter Zeit, wenn die Umschließung ausfällt.

Gerätebeispiele: LWL-/Glasfaser-Verkabelungen und -Steckverbinder; optische Komponenten

Einsatz: Ex op is und op sh Zone 0,1,2 bzw. 20,21,22; Ex op pr Zone 1,2 bzw. 21,22

Normung: DIN EN 60079-28 (VDE 0170-28)

Staubexplosionsschutz durch Gehäuse „t“

Bild 11: *Staubexplosionsschutz durch Gehäuse "t"; (Quelle: Karl Donath)*

Das Eindringen von Staub wird durch ein dichtes Gehäuse verhindert, oder so weit eingeschränkt, dass keine Gefahr besteht. Zusätzlich sind Maßnahmen zur Begrenzung der Oberflächentemperatur vorgesehen.

Anforderung an die IP-Schutzart: je nach Einsatz und EPL min. IP6X oder IP5X

Gerätebeispiele: Schaltgeräte und Schaltanlagen, Steuer-, Anschluss- und Klemmenkästen, Motoren, Leuchten

Einsatz: Ex ta Zone 20, 21, 22; Ex tb Zone 21, 22; Ex tc Zone 22

Normung: DIN EN 60079-31 (VDE 0170-15-1)

3.2.2.2 Zündschutzarten für nicht-elektrische Geräte

Im Folgenden werden die Zündschutzarten für nicht-elektrische Geräte vorgestellt.

Weitere Kurzerklärungen zu den verschiedenen nicht-elektrischen/mechanischen Zündschutzarten: ► Kap. 1.9

Druckfeste Kapselung „d“

Bild 12: *Druckfeste Kapselung "d"; (Quelle: Karl Donath)*

Mögliche Zündquellen sind in ein Gehäuse eingeschlossen. Explosionsfähige Atmosphäre kann eindringen. Eine Zündung im Gerät ist möglich. Eine Fortsetzung oder Übertragung der Explosion außerhalb des Gehäuses wird verhindert

- durch das druckfeste Gehäuse, das zu erwartenden Explosionen standhält, und
- durch einen definierten Zündspalt *(„Grenzspaltweite“ in* ▶ Kap. 3.2.1.3*)*, der einerseits das Gehäuse entlastet, andererseits ein nach außen dringen der Explosion verhindert.

Gerätebeispiele: Bremsen, Reib-Kupplungen; Geräte/Komponenten, die bei Normalbetrieb entflammbare Reibfunken erzeugen; Katalysatoren in Abgassystemen von druckfesten Verbrennungsmotoren

Einsatz nach 60079-1: Ex da Zone 0, 1, 2; Ex db Zone 1, 2; Ex dc Zone 2

Normung: DIN EN 60079-1 (VDE 0170-5) (früher DIN EN 13463-3)

Konstruktive Sicherheit „h“, alt “c“

Bild 13: *Konstruktive Sicherheit "h", alt "c"; (Quelle: Karl Donath)*

Die Systeme, Geräte und Komponenten sind so konstruiert und bauliche Maßnahmen angewendet, dass sie im Normalbetrieb und bei einer zu erwartenden Störung nicht zur Zündquelle werden können. Insbesondere wird die Entstehung von heißen Oberflächen, Funken und adiabatischer Kompressionen, die durch bewegte Teile entstehen können, auf ein sehr geringes Maß reduziert.

Gerätebeispiele: Kupplungen, Zahnradantriebe, Kettenantriebe, Pumpen, Ventilator, Mühle, Rührwerk, Förderbänder

Einsatz: Zone 0 bzw. 20, evtl. in Verbindung mit anderen Zündschutzarten; Zone 1, 21, Zone 2, 22

Normung: DIN EN ISO 80079-37 (früher DIN EN 13463-5)

Zündquellenüberwachung „h“, alt „b“

Bild 14: *Zündquellenüberwachung "h", alt "b"; (Quelle: Karl Donath)*

Überwachung potenzieller Zündquellen, um Störungen, die zu Zündquellen führen können, frühzeitig zu erkennen (z. B. erwärmte Teile, auffällige Schwingungen usw.) und Gegenmaßnahmen einleiten zu können. Die Maßnahmen können automatisch oder manuell eingeleitet werden.

Gerätebeispiele: Pumpen, Vakuumpumpen, Förderbänder, Gleitlager, Rührwerk

Beispiele Mess-/Regeleinrichtungen: Erfassung von Temperatur, Durchfluss und Füllstand; Schwingungssensoren; Verschleißfühler an Bremsen oder Kupplungen; optische Impulszähler; Sensor/Aktor: Fliehkraftregler;

Einsatz: Zone 0, 1, 2 bzw. 20, 21, 22

Normung: DIN EN ISO 80079-37 (früher DIN EN 13463-6)

Flüssigkeitskapselung „h", alt „k"

Bild 15: *Flüssigkeitskapselung "h", alt "k" (Quelle: Karl Donath)*

Komponenten, die im Betrieb zu Zündquellen werden könnten, werden in eine Schutzflüssigkeit getaucht oder durch ständiges Benetzen mit einem Flüssigkeitsfilm einer Schutzflüssigkeit unwirksam gemacht.

Gerätebeispiele: Tauchpumpen, Getriebe, Hydraulikmotoren

Einsatz: Zone 0, 1, 2 bzw. 20, 21, 22

Normung: DIN EN ISO 80079-37 (früher DIN EN 13463-8)

Überdruckkapselung "p"

Bild 16: *Überdruckkapselung "p"; (Quelle: Karl Donath)*

Das Innere des Gehäuses, in dem sich mögliche Zündquellen befinden, wird mit einem Zündschutzgas mit einem Überdruck gegenüber der Umgebung beaufschlagt. Dadurch kann keine explosionsfähige Atmosphäre in das Gehäuse eindringen.

Gerätebeispiele: Pumpen, Getriebe, Zentrifuge, Kompressor, komplexe Baugruppe

Einsatz: Ex pxb Zone 1, 2 bzw. 21, 22; Ex pyb Zone 1, 2 bzw. 21, 22; Ex pzc Zone 2 bzw. 22

Normung: DIN EN 60079-2 (VDE 0170-3)

Staubexplosionsschutz durch Gehäuse „t“

Bild 17: *Staubexplosionsschutz durch Gehäuse "t"; (Quelle: Karl Donath)*

Das Eindringen von Staub wird durch ein dichtes Gehäuse verhindert, oder so weit eingeschränkt, dass keine Gefahr besteht. Zusätzlich sind Maßnahmen zur Begrenzung der Oberflächentemperatur vorgesehen.

Anforderung an die IP-Schutzart: je nach Einsatz und EPL min. IP6X oder IP5X

Gerätebeispiele: Pumpen, Getriebe, Zentrifuge, Kompressor, komplexe Baugruppe

Einsatz: Ex ta Zone 20, 21, 22; Ex tb Zone 21, 22; Ex tc Zone 22

Normung: DIN EN 60079-31 (VDE 0170-15-1)

3.2.3 Kennzeichnung

Zunächst ist die Kennzeichnung eine Pflicht für die Hersteller. Für die Betreiber ist sie in dreierlei Hinsicht von Bedeutung:

- Vielfach werden in Prospekten und Datenblättern die Kenndaten der Geräte in der Form wiedergegeben, wie sie auch für die Kennzeichnung vorgegeben ist. Es ist damit schnell möglich, die grundsätzliche Eignung eines Geräts für den vorgesehenen Einsatz einzuschätzen.
- Bei Errichtung können gelieferte Geräte anhand der Kennzeichnung schnell auf ihre Eignung eingeschätzt werden.
- Gleiches gilt für die Abnahme einer neu errichteten Anlage.

Die Kennzeichnung von Geräten für explosionsgefährdete Bereiche ist in der EU-Richtlinie 2014/34/EU (ATEX 114) und den Normen IEC 60079-0 für elektrische Geräte bzw. ISO 80079-37 für nicht-elektrische Geräte geregelt.

Es gilt folgende Struktur:

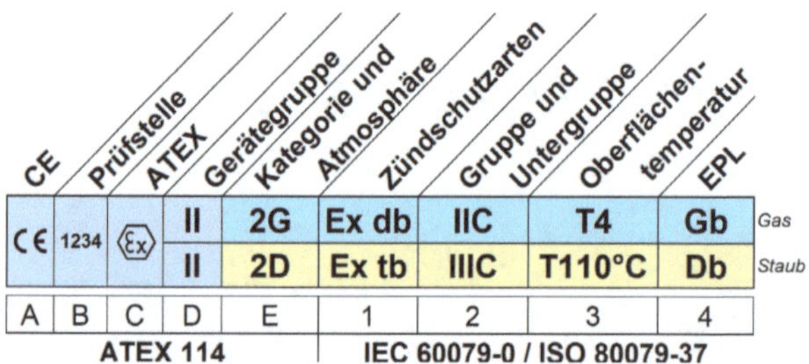

Bild 18: *Kennzeichnung – Aufbau und Beispiel (Quelle: Karl Donath)*

Erläuterungen zu den einzelnen Feldern der Kennzeichnung:

Tabelle 9: *Kennzeichnung – Erläuterungen; Quelle: Karl Donath*

Teil 1 Angaben nach ATEX	
A	CE-Konformitätskennzeichen
B	Kennnummer der für die Zertifizierung zuständigen notifizierten Stelle (Notified Body, NB). Betrifft nur: *elektrische Geräte der Kategorie 1 und 2 sowie Verbrennungsmotoren* *nicht-elektrische Geräte der Kategorie 1*
C	ATEX Explosionsschutz-Kennzeichen
D	Gerätegruppe nach ATEX: **I** Bergbau, **II** Gas, Dampf, Nebel, Staub (► Kap. 3.2.1.1)
E	Gerätekategorie nach ATEX für das Maß an Sicherheit: Bergbau M1, M2, sonst **1**, **2**, **3,** ergänzt um **G** für Gas, Dampf, Nebel und **D** für Staub (► Kap. 3.2.1.1)
Teil 2 Angaben nach IEC 60079-0 bzw. ISO 80079-37 (elektrische/ nicht-elektrische)	

Tabelle 9: *Kennzeichnung – Erläuterungen; Quelle: Karl Donath*

1	Elektrische nach IEC 60079-0: Kennbuchstabe der Zündschutzart (▶ Kap. 3.2.2.1) + Kennbuchstabe des Schutzlevels EPL mit **a**, **b**, **c** (▶ Kap. 3.2.1.2). Bei mehreren Zündschutzarten werden diese nacheinander aufgeführt. Beispiel „Ex db eb" Die Zündschutzart „i" wird für „zugehörige" elektrische Betriebsmittel in eckigen Klammern angegeben (z. B. Ex db [ia]). Nicht-elektrische nach ISO 80079-37: Kennbuchstabe der Zündschutzart (▶ Kap. 3.2.2.2)
2	Gruppe: **I** Bergbau; **II** Gas, Dampf, Nebel, **III** Staub; Gruppe **II** und **III** werden ergänzt um die Angabe der Untergruppe A, B, C, nach den Zündeigenschaften der Atmosphäre (▶ Kap. 3.2.1.3).
3	Oberflächentemperatur (▶ Kap. 3.2.1.4): Bei Gasen: Angabe der Temperaturklasse **T1-6**. Bei Staub: „**T**" ergänzt um die max. Oberflächentemperatur und die Einheit „**°C**".
4	Equipment Protection Level EPL: **G** für Gas, Dampf, Nebel, **D** für Staub, jeweils ergänzt um **a**, **b**, **c** für das Schutzniveau (▶ Kap. 3.2.1.2)

Bei Geräten, die sowohl Schutz für Gas- als auch für Staubatmosphären bieten, muss für beides jeweils eine Zeile für die Kennzeichnung verwendet werden.

Die Kennzeichnung beinhaltet einige der Angaben mehrfach:

- Die Art der explosionsfähigen Atmosphäre (Gas/Staub) ist in Feld E, Angabe zu Kategorie und Atmosphäre (z. B. 2**G**), Feld 2 Gruppe (z. B. **II**) sowie Feld 4 EPL (z. B. **G**b), enthalten.
- Das Schutzniveau ist einmal in Feld E mit der Angabe der Kategorie (z. B. **2**G) nach ATEX-Kriterien und zusätzlich zweimal in den Angaben nach Norm in Feld 1 bei der Zündschutzart (z. B. Ex d**b**) und Feld 4 EPL (z. B. G**b**) enthalten. Allerdings gibt es auch Zündschutzarten, bei denen das EPL nicht angegeben wird. So z. B. die Zündschutzarten „h" nach ISO 80079-37.

3.3 Weitere mögliche Schutzmaßnahmen und Anforderungen an Zündschutzarten

Schutz vor statischer Elektrizität

Als ein Themenfeld aus dem Bereich nicht-elektrischer Explosionsschutz soll hier der Schutz vor statischer Elektrizität betrachtet werden. Auch dieser Bereich hat mit Ausstattungsmerkmalen von Geräten, Maschinen und Anlagen in Ex-Bereichen zu tun. Es werden Kriterien aus DIN EN 60079-14 und TRGS 727 kurz vorgestellt.

Weiteres zur Zündschutzart „i“ Eigensicherheit

Für Betreiber macht es einen großen Unterschied, ob ein Gerät für den Einsatz in einem explosionsgefährdeten Bereich als bauliche Einheit vom Hersteller geliefert und als abgeschlossene Einheit betrachtet werden kann, oder ob eine Anlage im Ex-Bereich aufgebaut wird, die aus mehreren Geräten und Komponenten besteht.

Bei einzelnen Geräten/Komponenten wird man in aller Regel davon ausgehen können, dass die erforderliche Sicherheit erreicht ist, wenn die Geräte richtig ausgewählt wurden und beim Einsatz die Vorgaben des Herstellers laut Betriebsanleitung eingehalten werden.

Bei Kombinationen von Geräten, mit denen man es z. B. bei Projektierung und Aufbau einer Anlage zu tun hat, wird es schon deutlich aufwendiger.

Grundsätzlich macht für Projektierung, Auswahl und Errichtung elektrischer Anlagen die DIN EN 60079-14 (VDE 0165-1) die entsprechenden Vorgaben. Dabei werden gezielt auch zusätzliche Anforderungen i. V. m. den einzelnen Zündschutzarten gestellt.

Beispielhaft werden in Kapitel 3.3.2 für die Zündschutzart „i" Eigensicherheit ausgewählte Punkte dieser zusätzlichen Anforderungen beschrieben.

3.3.1 Anforderungen zum Schutz vor statischer Elektrizität

Mit Blick auf das Grundthema dieses Handbuchs sollen zunächst die Festlegungen beschrieben werden, die zur Vermeidung statischer Elektrizität im Kapitel 6.5 der DIN EN 60079-14 getroffen werden. Auch wenn die Norm sich mit Projektierung, Auswahl und Errichtung elektrischer Anlagen befasst, sind doch die Ursachen für die Entstehung statischer Elektrizität nicht auf elektrische Anlagen beschränkt. Insofern können die Festlegungen auch auf nicht-elektrische Geräte und deren Konstruktion und Ausstattung übertragen werden.

Wenn es um den Schutz vor statischer Elektrizität in explosionsgefährdeten Bereichen geht, kommen noch verschiedene weitere Regeln und Normen in Betracht. Entsprechende Anforderungen werden z. B. in der Technischen Regel TRGS 727 „Vermeidung von Zündgefahren infolge elektrostatischer Aufladungen" beschrieben. Einige Aspekte daraus sollen im zweiten Teil dieses Kapitels genannt werden.

3.3.1.1 Vermeidung elektrostatischer Aufladung nach DIN EN 60079-14

Die DIN EN 60079-14 betrachtet äußere, nichtmetallische Werkstoffe, die nicht Teil zertifizierter Geräte sind. Das können verschiedenste Bauteile oder Komponenten aus Kunststoff sein. Aber auch metallische Bauteile mit nichtmetallischen Beschichtungen, Lackierungen oder Anstrichen sind zu berücksichtigen. Entscheidend ist, inwieweit es sich um Oberflächen aus Materialien handelt, die elektrische Ladungen aufnehmen können. Die Norm weist in einer Anmerkung ausdrücklich darauf hin, dass Glas diese Eigenschaft nicht aufweisen würde.

Das Problem für den Explosionsschutz stellt die Entladung der statischen Elektrizität dar. Es werden die Entladungsformen Funkenentladung, Koronaentladung, Büschelentladung, Gleitstielbüschelentladung, gewitterblitzähnliche Entladung und Schüttkegelentladung unterschieden.

Die Maßnahmen zur Vermeidung elektrostatischer Aufladung an Konstruktion und Schutzteilen werden in der Norm getrennt für Einsatzorte mit Explosionsgefährdung durch Gas, Dampf, Nebel bzw. durch Staub behandelt.

Bereiche mit Explosionsgefährdung durch Gas, Dampf, Nebel

Grundanforderung: Die relevanten Teile müssen so ausgelegt oder beschaffen sein, dass weder bei bestimmungsgemäßem Betrieb noch bei Wartungs- oder Reinigungsarbeiten Zündgefahren durch statische Elektrizität auftreten können. Es werden vier Anforderungen genannt. Eine davon muss erfüllt werden. Welche sich eignet, hängt von den Gegebenheiten ab.

a) Werkstoffe mit einem maximalen Oberflächenwiderstand von 10^9 Ω/1 GΩ gemessen bei (50 ± 5) % relative Feuchte oder 10^{11} Ω/100 GΩ gemessen bei (30 ± 5) % relative Feuchte
b) Begrenzung des Oberflächenbereichs
Es gilt eine Tabelle mit Flächenwerten, abhängig vom erforderlichen Schutzniveau EPL und der Untergruppe/Zündeigenschaft A, B oder C innerhalb der Gruppe II.
Die Werte bewegen sich im Bereich 400–10.000 mm². Der niedrigste Wert ist der für EPL Ga und Gruppe IIC. Das liegt auf der Hand, da „a" das höchste Schutzniveau ist und IIC die zündwilligsten Gemische angibt, die bereits durch Zündquellen niedriger Energie gezündet werden können.
Bei Verwendung von leitfähigen geerdeten Rahmen als Einfassung der betroffenen Flächen gelten besondere Festlegungen: unabhängige Bewertung einzelner Teile und Vergrößerung der maximal zulässigen Fläche.
Für lange Teile, wie Rohre, Stangen oder Seile, muss zur Bewertung nicht die Oberfläche berechnet werden. Stattessen gilt eine Tabelle mit maximalen Durchmessern oder Breiten. Diese liegen im Bereich 1–30 mm. Die Anforderung gilt nicht für Kabel, die für den Anschluss äußerer Stromkreise verwendet werden.
c) Bei nichtmetallischen Oberflächenbeschichtungen auf leitfähigen Teilen wird die Begrenzung der Schichtdicke als Maßnahme genannt. Die maximalen Schichtdicken betragen 0,2–2 mm.
d) Anbringen des Textes „ACHTUNG – GEFAHR DER ELETKROSTATISCHEN LADUNG" ist erforderlich, wenn die betreffenden Geräte und Teile so betrieben werden, dass die Gefahr einer elektrostatischen Entladung minimiert ist.

Bereiche mit Explosionsgefährdung durch Staub

Grundanforderung: Hier geht es um Metall- und Plastikkonstruktionen und Schutzteile, die mit Farbe angestrichen bzw. beschichtet sind. Die Gefahr einer Zündung durch Gleitstielbüschelentladungen an diesen Konstruktionen und Teilen muss dadurch vermieden werden, dass die Teile entsprechend ausgelegt sind.

Es werden drei Anforderungen genannt. Wenn auf einem leitfähigen Material Plastik mit einer Oberfläche von mehr als 500 m^2 verwendet wird, muss eine oder mehrere davon erfüllt sein:

a) Auswahl eines Materials, das die Grenzwerte nach IEC 60079-0 bzgl. Oberflächenwiderstand erfüllt
b) Nachweis durch Messung der Isolation nach IEC 60234-1, dass bei weniger als 4 kV ein Durchschlag erfolgt
c) Anbringen des Textes „WARNUNG – MÖGLICHE GEFÄHRDUNG DURCH ELEKTROSTATISCHE AUFLADUNG" ist erforderlich, wenn die betreffenden Geräte und Teile so betrieben werden, dass die Gefahr einer elektrostatischen Entladung minimiert ist

Soweit zu den Einlassungen der DIN EN 60079-14. Was dabei keinerlei Beachtung findet, sind Aspekte wie etwa elektrostatische Aufladung i. V. m. Verarbeitung oder Beförderung von Material. Auch dabei können elektrostatische Aufladungen erfolgen.

3.3.1.2 Vermeidung von Zündgefahren infolge elektrostatischer Aufladungen nach TRGS 727

 **Hinweis**

Früher gab es die berufsgenossenschaftliche Regel BGR 132. Sie wurde 2009 in eine staatliche Technische Regel überführt. Zunächst TRBS 2153, seit 2015 TRGS 727. Die DGUV Information 213-060 bzw. BG RCI Merkblatt T033 ist lediglich eine Version der TRGS 727, bei der die Abbildungen z. T. hilfreich eingefärbt sind.

Die Betrachtung der Gefahren durch elektrostatische Aufladung fällt in der technischen Regel TRGS 727 wesentlich umfassender aus als in der zuvor behandelten DIN EN 60079-14. Das ist nicht verwunderlich, zumal es in der TRGS 727 ausschließlich um elektrostatische Aufladungen, die Ermittlung der Gefährdungen und die Vorgaben für entsprechende Maßnahmen geht. Die Beschreibung der Inhalte der Regel wird in diesem Kapitel auf eine kommentierte Inhaltsübersicht beschränkt. Ziel ist es, den Überblick zu geben, damit Planer oder Betreiber erkennen können, in welchen Bereichen ggf. Bedarf i. V. m. Maschinen und Anlagen bestehen kann. Insbesondere dürfte dafür der Abschnitt Gegenstände und Einrichtungen von Bedeutung sein. Doch auch in den anderen Abschnitten gibt es Hinweise mit Blick auf Einrichtungen, besonders bei Flüssigkeiten und Schüttgut.

Gliederung im Hauptteil

1. Anwendungsbereich
2. Begriffsbestimmungen
3. Elektrostatische Aufladungen von Gegenständen und Einrichtungen
4. Elektrostatische Aufladungen beim Umgang mit Flüssigkeiten
5. Elektrostatische Aufladungen beim Umgang mit Gasen
6. Elektrostatische Aufladungen beim Umgang mit Schüttgütern
7. Elektrostatische Aufladung von Personen und Persönlichen Schutzausrüstungen
8. Erdung und Potenzialausgleich

Anwendungsbereich der Technischen Regel sind alle explosionsgefährdeten Bereiche, die Beurteilung der möglichen Zündgefahren sowie die Auswahl und Durchführung von Schutzmaßnahmen.

In den Begriffsbestimmungen werden neben der Bedeutung der Begriffe teilweise auch bereits Parameter mit Wertebereichen angegeben. Beispiel: Der Begriff „Ableitfähig" wird direkt mit Zahlen hinterlegt (u. a.: Medium mit spezifischem Widerstand ρ von $10^4\ \Omega m \leq \rho \leq 10^9\ \Omega m$)

In den Abschnitten 3–7 werden jeweils folgende Aspekte behandelt:

- Spezifische Begriffe für den jeweiligen Teilbereich.
- Welche Vorgaben gibt es von vornherein für bestimmte Materialien, Einrichtungen, Umgebungen usw.
- Abhängig vom jeweiligen Einsatzbereich: unter welchen Bedingungen kommt es zur statischen Aufladung, wann ist sie

gefährlich und unter welchen Bedingungen kommt es zur Entladung.
- Definition von Maßnahmen, um die Entstehung zu vermeiden oder gefährliche Entladung zu verhindern.

Voraussetzungen für die Aufladung – allgemein

Grundsätzlich kommt es zur Aufladung hauptsächlich bei Materialien oder Flüssigkeiten mit niedriger elektrischer Leitfähigkeit bzw. bei isolierendem Material oder Medium. Doch auch bei leitfähigen Teilen oder Stoffen kann es zur Aufladung kommen. Das trifft z. B. auf leitfähige Anlagenteile zu, die durch die Anlagenkonstruktion zunächst keine Verbindung in Richtung Erde haben. Ebenso kann das auf Stoffe zutreffen, wenn sie in nichtleitfähigen Anlagen verarbeitet werden.

Wodurch es zur Aufladung kommen kann, wird in der TRGS 727 abhängig vom Objekt (Gegenstand, Flüssigkeit, Gas, Schüttgut oder Personen) im jeweiligen Gliederungspunkt behandelt.

Zu 3 Gegenstände und Einrichtungen

Um welche es geht:

Anlagen, Antriebsriemen, Apparateteile, Auskleidungen, Behälter, Folien, Fördergurte, Gehäuse, Papierbahnen, Rohre, Schlauchfilter, auch wenn es sich um textile Gegenstände handelt. Beschichtungen von Gegenständen sind ebenfalls zu bewerten.

Grundanforderung, Vorgabe: In Ex-Bereichen sind nur leitfähige oder ableitfähige Gegenstände oder Einrichtungen zulässig. Leitfähige müssen geerdet sein.

Aufladevorgänge:

Abheben oder trennen, Abrollvorgänge, Reibung, Zerreißen, Zersplittern

Maßnahmen:

- Isolierende Materialien:
  Begrenzung der Abmessungen von Oberflächen. Es werden Obergrenzen für Oberflächen, abhängig von Zone und Explosionsgruppe (IIA, IIB, IIC), angegeben.
  Begrenzung isolierender Beschichtungen: Einhaltung maximaler Schichtdicken oder Beschichtungsmaterial mit ausreichend geringer Durchschlagspannung.
  Isolierende Gegenstände leitfähig oder ableitfähig beschichten; die Beschichtung erden.
  Befeuchtung oder Ionisierung der Luft (Luftbefeuchtung kann Oberflächenwiderstände verringern; Ionisierung kann elektrische Ladungen neutralisieren.).
- Folien- und Papierbahnen:
  Erdung aller leitfähigen Teile; Rollen, Walzen, Zylinder und Trägermaterial aus ableitfähigem Material; Erhöhung der Leitfähigkeit für Farben, Lacke, Klebstoffe, Lösemittel oder Schmiermittel; Entladung der Papier- oder Folienbahn auslaufseitig, ggf. auch vor Eintritt in das Druck- oder Auftragswerk.
- Fördergurte und Antriebsriemen (jeweils eigenes Kapitel):
  Vorgabe: „In explosionsgefährdeten Bereichen dürfen nur ableitfähige Fördergurte eingesetzt werden. Diese sind über leitfähige, geerdete Rollen und Trommeln zu führen."
  Gurtverbinder sind in Zone 0 nicht, sonst nur begrenzt zulässig.
  Hinweis aus DGUV Information 209-046 „Lackierräume und -einrichtungen für flüssige Beschichtungsstoffe": Geeignet

sind Riemen mit der Kennzeichnung nach ISO 1813 „antistatisch“.
TRGS 727 nennt Anforderungen zu Höchstgeschwindigkeiten, abhängig vom Ex-Bereich.

Zu 4 Flüssigkeiten

Um welche es geht:

Flüssigkeiten mit niedriger Leitfähigkeit; mit hoher Viskosität; i. V. m. Mikrofiltern.

Aufladevorgänge:

Ausschütten, Entleeren, Füllen, Mischen, Pumpen, Rühren, Strömen, Umpumpen, Versprühen, Zerstäuben, aber auch Messen, Probenentnahme, Reinigungsarbeiten

Maßnahmen:

- verfahrenstechnische Maßnahmen (gelten nicht für z. B. Schwefelkohlenstoff oder Diethylether)
- leitfähige Medien, Einrichtungen und Gegenstände erden
- Arbeitsschritte nur in leitfähigen Behältern
- evtl. Leitfähigkeit der Flüssigkeit durch Additive herabsetzen
- Behälter, unterschieden nach groß, mittel, klein
- unterschiedliche Maßnahmen z. B. bezüglich des Behältermaterials, Beschichtung der Behälter, leitfähige Gitter um Behälter herum, Strömungsgeschwindigkeiten bei Füllvorgängen, um nur einige zu nennen
- Weitere Maßnahmen werden für hochviskose Flüssigkeiten, Siebeinsätze, Messungen oder Probenentnahme, Rohre/Schläuche, Rühren/Mischen, Reinigen von Behältern und Glasapparaturen beschrieben.

Zu 5 Gase

Um welche es geht:

Gase, die Feststoffpartikel enthalten, also nicht rein sind.

Aufladevorgänge:

Besonders betroffen: Pneumatischer Transport, Freisetzen von Druckgas mit Partikeln, Ausströmen von flüssigem CO_2, der Einsatz von industriellen Staubsaugern oder das Spritzlackieren.

Maßnahmen:

- Entfernung der Partikel oder Tröpfchen
- Wahl ausreichend niedriger Strömungsgeschwindigkeiten
- Wahl geeigneter Düsengeometrie zur Verringerung der Ladungsdichte
- Verwendung leitfähiger Gegenstände oder Einrichtungen; Diese müssen geerdet werden
- Inertisieren

Zu 6 Schüttgut

Um welches es geht:

Schüttgut in Form von feinem Staub, Grieß, Granulat oder bis hin zu Spänen. Kenngröße ist der spezifische Widerstand des Materials. Mit dem spezifischen Widerstand nimmt auch die Wahrscheinlichkeit und Höhe einer elektrostatischen Aufladung zu.

Aufladevorgänge:

Eine Aufladung kann durch Reibvorgänge zwischen den Partikeln und durch Reibung an Wänden von Behältern, Rohren, Trichtern, Schüttrinnen oder anderen Gegenständen entstehen.

Typischerweise kommt es bei kleinem Korn zu mehr Ladung/ Energie der Aufladung.

Maßnahmen:

- verfahrenstechnische Maßnahmen: Befeuchtung, Ionisierung
- Gegenstände und Einrichtungen aus leitfähigen und ableitfähigen Materialien mit geeigneter Erdung
- umfangreiche Maßnahmen, abhängig von der Umgebung (mit/ohne Gegenwart brennbarer Gase und Dämpfe)

Zu 7 Personen

Um welche es geht:

Personen, die in explosionsgefährdeten Bereichen tätig sind.

Aufladevorgänge:

Gehen, Aufstehen vom Sitz, Kleiderwechsel, Umgang mit Kunststoffen, Schütt- oder Füllarbeiten, Influenz beim Aufenthalt in der Nähe aufgeladener Gegenstände.

Maßnahmen:

- Fußböden sind ableitfähig zu gestalten
- Es ist ableitfähiges Schuhwerk auf ableitfähigen Fußböden zu tragen
- Aufstiegshilfen, wie Leitern, Tritte, Podeste und Laufstege, müssen so beschaffen sein, dass ein geforderter Erdkontakt der Person nicht unterbrochen wird
- Arbeitskleidung oder Schutzkleidung darf in explosionsgefährdeten Bereichen der Zonen 0 und 1 nicht gewechselt, nicht aus- und nicht angezogen werden
- Handschuhe dürfen nicht isolierend sein

- Kopfschutz (Helm oder Anstoßkappe) in Zone 0 darf nur aus ableitfähigem Werkstoff bestehen
- ist nur Kopfschutz aus isolierenden Materialien verfügbar, darf bzw. soll er in Zone 1 trotzdem bei Bedarf getragen werden

Zu 8 Erdung und Potenzialausgleich

Dieses Kapitel beschreibt die Vorgaben zur Erdung als Schutzmaßnahme gegen elektrostatische Aufladung. An dieser Stelle nur zwei Hinweise dazu:

Zur Ableitung statischer Elektrizität von leitfähigen Gegenständen heißt es in der TRGS 727:

„Im Allgemeinen soll der Ableitwiderstand $10^6\ \Omega$ (1 MΩ) nicht überschreiten.“ Gemessen an dem, was in der Elektrotechnik ansonsten unter Erdung verstanden wird, ist das extrem hochohmig. Es handelt sich hier um andere Verhältnisse als bei einer Erdung zum Schutz gegen elektrischen Schlag nach DIN VDE 0100-410.

Das Kapitel geht auch auf die Erdung eigensicherer Betriebsmittel ein, die oftmals betriebsbedingt erdfrei betrieben werden. Für diesen Fall kommt laut Technischer Regel sogar ein Ableitwiderstand R_E bis zu $10^8\ \Omega$ (100 MΩ) in Betracht.

3.3.2 Weitere Anforderungen zur Zündschutzart „i“ Eigensicherheit

Das Schutzprinzip der Zündschutzart „i“ Eigensicherheit ist die Begrenzung von Strom und Spannung. Ziel ist es, die Energie möglicher Funken oder Oberflächenerwärmung so zu begrenzen, dass es nicht zum Zünden explosionsfähiger Atmosphäre durch die elektrischen Bauteile kommt.

Zur Bezeichnung: in diesem Kapitel wird nicht der Begriff „Gerät“ nach der Definition in EU-Richtlinie 2014/34/EU benutzt, sondern die Bezeichnung „Betriebsmittel“, wie sie in der Normung verwendet wird.

Es wird unterschieden zwischen den Ausprägungen

- **eigensicherer Stromkreis – ia, ib, ic**
  Es wird sichergestellt, dass weder ein Funke noch ein thermischer Effekt eine bestimmte explosionsfähige Atmosphäre zünden kann.
- **eigensichere Betriebsmittel – ia, ib, ic**
  Geräte, in denen alle Stromkreise eigensicher sind.
- **zugehörige Betriebsmittel – [ia], [ib], [ic]**
  Elektrische Geräte, in denen sowohl eigensichere als auch nicht-eigensichere Stromkreise enthalten sind. Dabei dürfen die nicht-eigensicheren Stromkreise nicht die Schutzfunktion der eigensicheren beeinträchtigen.
  Zugehörige elektrische Geräte sollten nicht im explosionsgefährdeten Bereich betrieben werden. Falls das aber erforderlich ist, müssen sie über eine andere geeignete Zündschutzart verfügen. Es kommt z. B. der Einbau in ein Gehäuse mit Zündschutzart Ex d in Betracht.

Das Schutzniveau für Eigensicherheit wird in DIN EN 60079-11 (VDE 0170-7) definiert. Wesentliches Kriterium ist die Zuverlässigkeit, mit der die Schutzmaßnahmen vorliegen, unter Berücksichtigung der Fehlersicherheit.

- Schutzniveau **ia** – mit Zweifehlersicherheit
  Keine Zündung im Normalbetrieb bei beliebiger Kombination von zwei Fehlern.
  Hardware-Fehlertoleranz HFT = 2
- Schutzniveau **ib** – mit Einfehlersicherheit
  Keine Zündung im Normalbetrieb beim Auftreten eines Fehlers.
  Hardware-Fehlertoleranz HFT = 1
- Schutzniveau **ic**
  Keine Zündung im Normalbetrieb.
  Hardware-Fehlertoleranz HFT = 0

Hauptanwendungsbereich für die Zündschutzart Eigensicherheit ist die MSR-Technik.

Beispiel

Beispiele für eigensichere Betriebsmittel:

- Thermoelemente, Foto-, Hall-, Rotations-, ...-Sensoren, Messwiderstände
- Messwertumformer, Anzeigen
- Steckverbinder, Schalter, Klemmkästen

Beispiele für zugehörige Betriebsmittel:

- Sicherheitsbarrieren, Trennstufen
- I/O-Module

- Versorgungsmodule mit Trenner

Beispiel für eine typische Situation:

- Ex ia Thermoelement an der Anlage im Ex-Bereich
- Ex ib Messwertumformer im Ex-Bereich nahe der Anlage
- [Ex ib] Aufzeichnungsgerät in einem sicheren Bereich, z. B. Leitstand

Dieses Beispiel stellt eine Zusammenschaltung einzelner Betriebsmittel zu einem eigensicheren Stromkreis dar.

3.3.2.1 Zusammenschaltung mehrerer Betriebsmittel in der Zündschutzart Eigensicherheit

In der Praxis ist bei der Nutzung der Zündschutzart „Eigensicherheit" beinahe zwangsläufig auch die Zusammenschaltung mehrerer Betriebsmittel erforderlich. Das ist auch zulässig, wobei die Verantwortung beim Planer liegt. Der Betreiber muss für alle eigensicheren Stromkreise den Nachweis der Eigensicherheit vorlegen können. Vorhandene Systembescheinigungen, z. B. von einem Errichter, sind ein gültiger Nachweis.

Zum Aufbau eines eigensicheren Stromkreises können drei verschiedene Varianten für das Zusammenschalten vorkommen:

- eigensichere Stromkreise mit nur einer Stromquelle (entweder zwei eigensichere Betriebsmittel oder ein eigensicheres mit einem zugehörigen Betriebsmittel)
- eigensichere Stromkreise mit mehr als einem zugehörigen Betriebsmittel

Für den ersten Fall kann durch einen Vergleich der Kennwerte der jeweiligen Betriebsmittel die Zulässigkeit der Zusammenschaltung ermittelt werden. Für den zweiten Fall muss eine theoretische Berechnung oder eine Funkenzündprüfung vorgenommen werden. Die Berechnungsgrundlage für Betriebsmittel mit linearer Charakteristik wird in der Norm DIN EN 60079-14 in Anhang I beschrieben. Für nichtlineare Betriebsmittel empfiehlt die Norm, Expertenrat einzuholen.

Bewertung der einer Zusammenschaltung mit nur einer Stromquelle

Für eine zulässige Zusammenschaltung müssen folgende Bedingungen erfüllt sein:

Tabelle 1: *Bedingung für eine zulässige Zusammenschaltung; Quelle: Karl Donath*

zugehöriges Betriebsmittel **Maximalwerte des speisenden Ausgangs**		**eigensicheres Betriebsmittel** **Maximalwerte des (passiven) Eingangs**
max. Ausgangsspannung U_0	≤	U_i max. Eingangsspannung
max. Ausgangsstrom I_0	≤	I_i max. Eingangsstrom
max. Ausgangsleistung P_0	≤	P_i max. Eingangsleistung

In einem weiteren Schritt sind die Kapazitäten und Induktivitäten im Stromkreis zu bewerten. Sie stellen Energiespeicher dar. Bei einem Fehler wirken sich die darin gespeicherten Energien zusätzlich zur Energie der Stromquelle des Stromkreises aus. Die Summe darf nicht zu einer Gefährdung führen.

Es geht dabei nicht nur darum, inwieweit die Geräte für eine sichere Zusammenschaltung geeignet sind, sondern auch um die geeignete Verkabelung. Gerade bei größeren Leitungslängen haben diese Kennwerte deutlichen Einfluss auf die Bewertung.

Es sind zu ermitteln:

- innere Kapazität C_i und Induktivität L_i des eigensicheren Betriebsmittels
- Kapazität C_{Kabel}, Induktivität L_{Kabel} und Leiterwiderstand R_{Kabel} der Verbindungsleitung
- äußere Kapazität C_0 und Induktivität L_0 des zugehörigen Betriebsmittels

Es gelten folgende Anforderungen:

***Tabelle 2:** Bedingungen für eine zulässige Zusammenschaltung - Teil 2; Quelle: Karl Donath*

zugehöriges Betriebsmittel **Maximalwerte des speisenden Ausgangs**		**eigensicheres Betriebsmittel** **Eingang + Kabel**
max. äußere Kapazität C_0	≥	$C_i + C_{Kabel}$ Gesamtkapazität
max. äußere Induktivität L_0	≥	$L_i + L_{Kabel}$ Gesamtinduktivität
L_0/R_0	≥	L_{Kabel}/R_{Kabel}

Für den Fall, dass sowohl die Gesamtkapazität als auch die Gesamtinduktivität größer als 1 % der Werte der Quelle betragen, muss für die Bewertung jeweils die Hälfte von C_0 und L_0 verwendet werden, um die abhängig von C_i und L_i zulässige Kabellänge zu ermitteln.

Sofern die Gesamtinduktivität nicht größer als 1 % von L_0 beträgt, lässt die Norm auch eine Alternative zu. Anstatt der Bewertung von L_0 kann das Verhältnis L_0/R_0 für die weitere Betrachtung herangezogen werden. Es gilt $L_0/R_0 \geq L_{Kabel}/R_{Kabel}$

Bei einer Gesamtinduktivität größer als 1 % von L_0 muss das zulässige L_0/R_0-Verhältnis des Kabels/der Leitung nach IEC 60079-25 neu berechnet werden.

3.3.2.2 Sichere Trennung der eigensicheren von nicht-eigensicheren Stromkreisen

Um die Maßnahmen der im eigensicheren Stromkreis vorgesehenen Energiebegrenzung nicht zu beeinträchtigen, kommt der sicheren Trennung von nicht-eigensicheren Stromkreisen eine besondere Bedeutung zu.

Es sind zwei Fälle zu unterscheiden:

- beim Zusammenschalten mit zugehörigen Betriebsmitteln die galvanische Trennung
- für die sonstige Installation die Isolation und die Trennung durch Abstand und/oder Trennwände

Sichere Trennung beim Zusammenschalten mit zugehörigen Betriebsmitteln

Eigensichere Betriebsmittel dürfen nur mit wiederum eigensicheren Stromkreisen verbunden werden. Um dennoch eine Verbindung zum Rest einer Anlage erreichen zu können, helfen die zugehörigen Betriebsmittel. Sie verfügen über einen eigensicheren Stromkreis für den Anschluss von eigensicheren Betriebsmitteln, um z. B. deren Messsignale zu empfangen. Andererseits sorgen sie dafür, die Signale/Informationen in die Prozesssteuerung mit ihren nicht sicheren Stromkreisen zu übergeben. Um die Sicherheit zu gewährleisten, ist an dieser Stelle die sichere Trennung erforderlich.

Die Norm DIN EN 60079-14 fordert dazu, dass Betriebsmittel, die miteinander in Verbindung stehen mit einer galvanische Trennung zwischen eigensicheren und nicht-eigensicheren Stromkreisen zu versehen sind. Hierbei handelt es sich nicht nur um einen Ratschlag, sondern vielmehr müssen gute Gründe für die Anwendung einer anderen Lösung vorliegen.

In der Norm wird aber auch auf den Einsatz von zugehörigen Betriebsmitteln ohne galvanische Trennung eingegangen. Werden [Ex i]-Trenner mit Zenerbarrieren eingesetzt, müssen diese geerdet sein. Die Anforderungen dafür sind in der Norm detailliert beschrieben.

Sichere Trennung in der Installation

Insbesondere für Anschlusskästen mit nicht-eigensicheren und eigensicheren Stromkreisen gelten Anforderungen an die Ausführung mit Blick auf die sichere Trennung der Anschlussteile. Damit soll einerseits verhindert werden, dass es beim Lösen von Anschlüssen zu Überbrückungen kommen kann. Andererseits soll damit auch der Verwechslung von Leitern bei Arbeiten an den Anschlüssen vorgebeugt werden.

In diesem Zusammenhang sei darauf hingewiesen, dass für die Kennzeichnung der eigensicheren Stromkreise die klare Erkennbarkeit gefordert ist. Bei Kennzeichnung durch Farbe ist „hellblau" vorgegeben.

Zwischen blanken leitfähigen Teilen der nicht-eigensicheren und eigensicheren Stromkreise muss ein Mindestabstand von 50 mm eingehalten werden. Alternativ kommt auch der Einsatz von Trennwänden infrage. Diese dürfen maximal einen Abstand von 1,5 mm zur Gehäusewand aufweisen und müssen aus Isolierstoff oder geerdetem Metall bestehen.

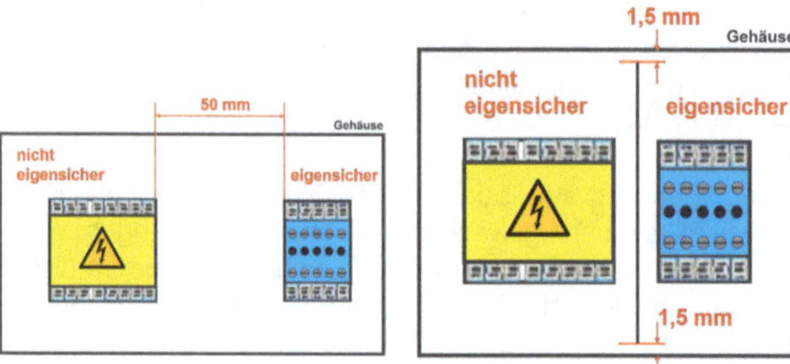

***Bild 1:** Abstände in Gehäusen (Quelle: Karl Donath)*

Diese Kriterien sind nur ein Blitzlicht auf die Anforderungen der Norm, eine. Eine weitere detaillierte Wiedergabe würde den Rahmen des Handbuchs im Taschenbuchformat sprengen.

3.3.2.3 Überspannungs- und Blitzschutz

Der Überspannungsschutz ist in der Elektrotechnik ein wichtiges Thema, das z. B. in den Errichternormen für Niederspannungsanlagen DIN VDE 0100-534 „Überspannungs-Schutzeinrichtungen“, DIN VDE 0100-443 „Schutz bei transienten Überspannungen infolge atmosphärischer Einflüsse oder von Schaltvorgängen“ als auch in Blitzschutznormen der Reihe VDE 0185-305 behandelt wird.

Im Explosionsschutz spielen Überspannungen durch Schaltvorgänge und atmosphärische Elektrizität (Blitzschlag) definitiv eine Rolle, da durch sie als unmittelbare Auswirkungen Lichtbögen, Funkenbildung oder unzulässige Erwärmung entstehen können. Mögliche mittelbare Auswirkungen sind z. B. Beschädigungen von Isolierungen, die insbesondere durch die sehr kurzen, aber sehr hohen Spannungsspitzen (Transienten) bei Blitzschlag entstehen können.

Besonders hoch ist die Wahrscheinlichkeit eines Blitzschlags üblicherweise bei Anlagen im Freien mit großer Ausdehnung in der Fläche und/oder in der Höhe. Beispiele sind Anlagen der Chemischen Industrie, Hochtanklager für brennbare Flüssigkeiten oder auch Klärwerke. In solchen Anlagen sind oft Leitungen eigensicherer Stromkreise mit großen Längen und auch an exponierten Stellen verlegt, was einen Blitzeinschlag direkt in die Leitung begünstigt.

 **Hinweis**

Selbst eine Kabelverlegung im Erdreich schützt nicht sicher vor Blitzeinschlag. Es wurden schon Blitzeinschläge in Kabel beobachtet, bei denen es trotz Verlegung in 1,2 m Tiefe und Stahlwellmantel zum Einschlag in einzelne Adern kam.

In DIN EN 60079-14 wird der Überspannungsschutz in folgenden Zusammenhängen erwähnt:

- Kapitel 5.11 Drehende elektrische Maschinen
  Es wird darauf hingewiesen, dass bei Vakuumlastschaltern oder Vakuumschützen zum Schalten von Motoren mit Betriebsspannung über 1 kV Hochspannungstransienten entstehen können. Deshalb sollten Überspannungsunterdrücker in der Schaltanlage eingebaut werden. Zusätzlich wird darauf hingewiesen, dass es bei einer Abschaltung des Motors in der Anlaufphase zu Überspannungen und in Folge zu Beschädigungen am Motor mit Funkenbildung kommen kann. Als Maßnahme sollten Vorkehrungen getroffen werden, um solche Abschaltungen zu vermeiden.
- In Kapitel 11 Drehende elektrische Maschinen wird in mehreren Zusammenhängen darauf hingewiesen, dass Überspannungsspitzen und Übertemperaturen, die im Anschlussgehäuse entstehen könnten, einkalkuliert werden
- In Kapitel 16 Zusätzliche Anforderungen an die Zündschutzart „i“ Eigensicherheit ist die Norm deutlicher. Deshalb wird dieser Teil im Weiteren näher betrachtet.

Wenn ein Teil eines eigensicheren Stromkreises in dem Risiko steht, im explosionsgeschützten Bereich gefährliche Potenzialdifferenzen aufzubauen, muss eine Überspannungseinrichtung installiert werden. Diese muss von den nicht auf Erde liegenden Adern zur örtlichen Masse hin installiert werden. Weil davon ausgegangen wird, dass die Quelle der Überspannung außerhalb des sicheren Bereichs Ga oder Da liegt, in dem sich die eigensicheren Betriebsmittel befinden, wird weiter gefordert, dass diese Ableitung in Richtung Masse idealerweise in einem Abstand von bis zu 1 m von der Einführungsstelle vorgesehen wird.

Der Überspannungsschutz muss in der Lage sein, mindestens zehn Ableitstromstöße mit einem Scheitelwert von 10 kA bei einer Impulsform von 8/20 μs (Impulsdauer 20 μs, Scheitelwelle in den ersten 8 μs) zerstörungsfrei abzuleiten. Der Querschnitt der Ableitung von der Schutzeinrichtung zur örtlichen Masse muss mindestens 4 mm^2 Kupfer betragen.

Der Kabelverlauf zwischen eigensicherem Betriebsmittel und Überspannungsschutz muss vor Blitzschlag geschützt verlegt sein.

Eine wichtige Kenngröße für die Dimensionierung der Überspannungsschutzeinrichtung ist die Ansprechspannung. Die Norm verlangt, dass die Festlegung durch den Betreiber zusammen mit einem Fachmann für Überspannungsschutz erfolgen muss.

Bei der Planung des Erdungskonzepts für den Stromkreis ist zu berücksichtigen, dass die Überspannungsableitung in Richtung Masse/Erde Einfluss auf die Erdungsverhältnisse des Stromkreises hat.

3.4 Explosionsschutzdokument nach DGUV Info 213-106

Am Anfang von Teil 3 wurde bereits die Gefährdungsbeurteilung (GBU) mit der Ermittlung der Explosionsgefährdungen und den Festlegungen für Auswahl und Betrieb der Geräte, Maschinen und Anlagen im Ex-Bereich behandelt. Um die Anforderungen der Gefahrstoffverordnung (GefStoffV) vollständig zu erfüllen, fehlt allerdings noch ein wichtiger Teil der Dokumentation der GBU: Das Explosionsschutzdokument, das in § 6 Abs. 9 GefStoffV gefordert wird.

Was im Rahmen der GBU zu einem explosionsgefährdeten Bereich festgestellt wurde, ist in diesem Dokument „besonders auszuweisen". Insgesamt gibt es für die Form der Gefährdungsbeurteilung keine feste Vorgabe. Das gilt auch für das Explosionsschutzdokument als Bestandteil der GBU-Dokumentation. Allerdings nennt die GefStoffV sechs Punkte, die insbesondere daraus hervorgehen müssen. Es muss beinhalten,

1. dass die Explosionsgefährdungen ermittelt und einer Bewertung unterzogen wurden.
2. dass angemessene Vorkehrungen getroffen werden, um die Ziele des Explosionsschutzes zu erreichen. Dafür ist das vorgesehene Explosionsschutzkonzept zu beschreiben.
3. ob und welche Bereiche in Zonen eingeteilt wurden.
4. für welche Bereiche Explosionsschutzmaßnahmen getroffen wurden.
5. wie die Vorgaben zur Zusammenarbeit verschiedener Firmen umgesetzt werden.

6. welche Überprüfungen und welche Prüfungen zum Explosionsschutz durchzuführen sind.

Als Teil der GBU muss auch das Explosionsschutzdokument vor Aufnahme der Tätigkeiten erstellt werden. Auch die Aussagen zur Verantwortung für die GBU und die Anforderung der fachkundigen Durchführung, ggf. auch mit externer Unterstützung, gelten hier weiter.

Als Hilfsmittel für die Erstellung des Explosionsschutzdokuments gibt es z. B. von Berufsgenossenschaften Anleitungen und Vorlagen. Ein Beispiel dafür ist die DGUV Information 213-106 Explosionsschutzdokument[1], an die auch die folgenden Ausführungen angelehnt sind. Andere Hilfen beinhalten über die Anleitung hinaus auch Dokumentvorlagen.

3.4.1 Aufbau und Überblick der Inhalte des Explosionsschutzdokuments

Übergeordnete Angaben zu Betrieb und Bereich, Personen, Dokumenten

- Betrieb mit Ortsangabe, ggf. Gebäude, Funktionseinheit, z. B. Lager oder Produktion
- detaillierte Benennung von Arbeitsbereich und Anlage. Es können auch mehrere separate Explosionsschutzdokumente erforderlich sein.
- verantwortliche Personen

[1] DGUV Information 213-106 Explosionsschutzdokument, Deutsche Gesetzliche Unfallversicherung e. V. (DGUV), 10117 Berlin, Oktober 2020

Angaben zu Stoffen, Gefährdungen und Maßnahmen

- Daten zu den brennbaren Stoffen und deren sicherheitstechnischen Kenngrößen
- Verfahrensbeschreibung – bei welchen Prozessschritten oder Tätigkeiten bestehen Gefährdungen
- Beschreibung der ermittelten Gefährdungen und gefährdeten Bereiche
- Beschreibung des Explosionsschutzkonzepts
  Vermeidung gefährlicher explosionsfähiger Atmosphäre
  Zoneneinteilung
  Zündquellenvermeidung
  Beschränkung von Auswirkungen einer Explosion
  organisatorische Maßnahmen

Soweit es für den Explosionsschutz relevante weitere Unterlagen gibt, können sie als mitgeltende Unterlagen im Explosionsschutzdokument benannt werden. In Betracht kommen z. B.:

- falls vorhanden und relevant: Unterlagen zu speziellen Ermittlungen der Gefährdungen, z. B. Messungen
- Lagepläne, Sicherheitsdatenblätter, Konformitätsbescheinigungen
- Arbeits-/Wartungs-/Prüfpläne, Prüfprotokolle
- Betriebsanweisungen/Unterweisungen

Das Explosionsschutzdokument kann auch in elektronischer Form, z. B. als Datenbank, ausgeführt werden.

3.4.2 Beispiele für einzelne Inhalte (Maßnahmen)

Die folgenden fünf Hauptpunkte sind feste Bestandteile.

Die darunter genannten Beispiele sind nur ein kleiner Ausschnitt. Sie geben eine Vorstellung von der Art der Maßnahmen. → Beispiele dafür, mit welchen Angaben sie im Explosionsschutzdokument einfließen können, werden jeweils hinter dem Pfeil gezeigt.

A Vermeidung der Bildung gefährlicher explosionsfähiger Gemische

Substitution: können brennbare Stoffe durch nichtbrennbare Stoffe ersetzt werden? Wenn das möglich ist und damit keine Explosionsgefahr mehr vorliegt, könnte das umgekehrt bedeuten, dass kein Explosionsschutzdokument mehr erforderlich ist. Die Festlegung sollte dennoch dokumentiert werden, um bei künftigen Betrachtungen und Entscheidungen darauf zurückgreifen zu können.

Weitere Möglichkeiten und Beispiele für Festlegungen im Explosionsschutzdokument:

Sichere Unterschreitung des Flammpunkts bei brennbaren Flüssigkeiten

→ maximale Verarbeitungs- oder Prozesstemperatur
→ Maßnahmen bei Überschreitung aufgrund von Störungen

Verdünnen und Abführen gefährlicher explosionsfähiger Atmosphäre (Lüftung und/oder Absaugung)

→ lüftungstechnische Maßnahmen, ggf. Gaswarneinrichtungen
→ Luftumsatz, Strömungsgeschwindigkeit
→ weitere Details zu Beschaffenheit und Betrieb

Herabsetzen des Sauerstoffgehalts - Inertisierung

→ Anforderungen an die Inertisierungseinrichtung und Überwachung der Einrichtung
→ maximale Sauerstoffkonzentration
→ Art des Inertgases

B Zoneneinteilung

Die Zonen werden abhängig von der Art der explosionsfähigen Atmosphäre (gasförmig oder Staub) sowie der Wahrscheinlichkeit und Dauer des Auftretens festgelegt.

→ Wo ist die Zone? z. B. Inneres der Fässer und Behälter, Bereich, in dem abgefüllt wird, im Bedienbereich einer Maschine,...
→ Welche Zone ist notwendig? z. B. 0, 1, 2 / 20, 21, 22
→ Ausdehnung der Zone, z. B. 0,5 m um die Abfüllstelle, weitere 1 m um die Zone 1,...
→ Lageplan mit den Zonen (als Anlage)

C Vermeidung wirksamer Zündquellen

Es ist zu ermitteln und zu beschreiben, welche Zündquellen in den einzelnen Bereichen und Zonen auftreten könnten und mit welchen Maßnahmen das Auftreten der Zündquellen verhindert oder vermieden wird. Das können technische und organisatorische Maßnahmen sein. Beispiele:

Zündquellen durch elektrische und nicht-elektrische Betriebsmittel:

→ Kennwerte der Eigenschaften der explosionsfähigen Atmosphäre benennen
→ Geräte bezeichnen und benennen
→ Anforderungen an Gerätekategorie, Zündschutzarten, Explosionsgruppe, Oberflächentemperatur und Schutzniveau (EPL) festlegen, abhängig von der Zoneneinteilung.

Detaillierteres Beispiel:

Funkenbildung oder unzulässige Erwärmung, z. B. an Geräteoberflächen:

→ maximal zulässige Funkenenergie oder Temperaturen benennen
→ Geräte bezeichnen und benennen, bei denen die Zündquelle auftreten kann
→ Schutzmaßnahmen, z. B. Anforderungen an die Geräte bzgl. der einzusetzenden Zündschutzarten und Temperatureigenschaften benennen

D Beschränkung der Auswirkungen einer Explosion

Es kann Bereiche geben, in denen eine Explosion nicht zuverlässig ausgeschlossen werden kann. In solchen Fällen müssen Maßnahmen getroffen werden, mit denen im Fall einer Explosion die Auswirkungen so gering wie möglich gehalten werden. Es geht dabei um „konstruktive Schutzmaßnahmen". Beispiele:

Explosionsdruckfeste oder explosionsdruckstoßfeste Behälter:

→ Welche Behälter in der Anlage sind entsprechend auszulegen?
→ Welche Eigenschaften müssen sie mit Blick auf eine mögliche Explosion aufweisen?

Explosionsunterdrückung durch rechtzeitiges Erkennen einer anlaufenden Explosion und schnelles Einblasen von Löschmitteln:

→ Benennung der entsprechenden Anlagenteile
→ Auslösebedingungen für das Löschsystem
→ Löschmittel und Löschvermögen
→ Maßnahmen nach Einsatz des Systems

E Organisatorische Schutzmaßnahmen

Neben den technischen Maßnahmen spielen immer auch die organisatorischen Maßnahmen eine Rolle. Das gilt auch schon i. V. m. den technischen Maßnahmen. Schließlich gilt für die Betriebsmittel in explosionsgefährdeten Bereichen eine Prüfplicht, z. B. die nach § 15 und § 16 BetrSichV. Für die Durchführung der erforderlichen Prüfungen zu sorgen, ist ein Beispiel für eine organisatorische Maßnahme.

In der DGUV Information 213-106 werden folgende Schutzmaßnahmen genannt:

- Unterweisung der Beschäftigten
- Betriebsanweisungen und Arbeitsfreigaben
- Aufsicht bei bestimmten Tätigkeiten
- Anforderungen an die Beschäftigten, z. B. Qualifikation oder Unterweisungen
- Maßnahmen bei der Zusammenarbeit verschiedener Firmen

- Kontrollen und vorbeugende Instandhaltung
- Instandhaltungskonzept und Schutzmaßnahmen bei Instandhaltungsarbeiten
- Prüfungen
- Beseitigung von Staubablagerungen
- Sicherheitskennzeichnungen

4 Prüfung und Instandhaltung

Die Betriebssicherheitsverordnung schreibt vor, dass explosionsgefährdete Anlagen regelmäßigen Prüfungen unterzogen werden müssen. Ziel dieser Prüfungen ist es, die „sichere" Funktion der überwachungsbedürftigen Anlage im Hinblick auf den Explosionsschutz nachzuweisen.

4.1 Anforderungen und Voraussetzungen nach BetrSichV für zur Prüfung befähigte Personen (TRBS 1203)

Neben den zugelassenen Überwachungsstellen (ZÜS) und externen Sachverständigen können Prüfungen überwachungsbedürftiger Anlagen in bestimmten Fällen auch von zur Prüfung befähigten Personen durchgeführt werden. Als zur Prüfung befähigte Personen werden an dieser Stelle Mitarbeiter, welche besondere Fachkenntnisse erworben haben, bezeichnet. Je nach Komplexität der Prüfaufgabe variieren die dazu notwendigen erforderlichen Fachkenntnisse.

Im Sinne der Betriebssicherheitsverordnung werden die zur Prüfung befähigten Personen nicht von einer externen Zulassungsstelle ernannt, sondern vom Arbeitgeber bzw. Betreiber der Anlage eingesetzt.

Speziell im Explosionsschutz werden die zur Prüfung befähigten Personen in drei unterschiedliche Personengruppen unterteilt. Im Anhang 2 Abschnitt 3 BetrSichV werden die notwendigen Qualifikationen dieser einzelnen Personengruppen angegeben, welche nachfolgend hier beschrieben werden sollen.

Die Unterteilung in zur Prüfung befähigte Personen erfolgt nach

- Nummer 3.1,
- Nummer 3.2 und
- Nummer 3.3.

Auf diese Einteilung der befähigten Personen wird sich im ► Kap. 4.3 bezogen, wenn es darum geht, welche Prüfungen im Explosionsschutz von der jeweils zur Prüfung befähigten Person durchgeführt werden können und welche von externen zugelassenen Überwachungsstellen (ZÜS) durchgeführt werden müssen.

Eine zur Prüfung befähigte Person nach Nummer 3.1 (Prüfung der Arbeitsmittel) muss:

- eine technische Berufsausbildung vorweisen
- mindestens ein Jahr Berufserfahrung mit der Herstellung, dem Zusammenbau, dem Betrieb oder der Instandhaltung der zu prüfenden Anlagen oder Anlagenkomponenten haben
- die Kenntnisse über Explosionsschutz durch Teilnahme an Schulungen oder Unterweisungen auf aktuellem Stand halten

Eine zur Prüfung befähigte Person nach Nummer 3.2 (Prüfung der ATEX-Geräte) muss:

- eine technische Berufsausbildung abgeschlossen haben
- mind. ein Jahr Berufserfahrung vorweisen
- eine zeitnahe berufliche Tätigkeit im Umfeld der anstehenden Prüfung und eine ständige Fortbildung vorweisen können

- über eine behördliche Anerkennung verfügen. Diese Anerkennung kann nur erteilt werden, wenn die dafür notwendigen Qualifikationen und Prüfeinrichtungen vorhanden sind.

Wie die Anerkennung durch die zuständige Behörde erfolgen kann, wird nachfolgend am Beispiel der Staatlichen Arbeitsschutzbehörde bei der Unfallkasse Nord (geltend für Schleswig-Holstein) erläutert.

Für die Erteilung der behördlichen Anerkennung gelten die folgenden betrieblichen Anforderungen:

- Der Bedarf einer zur Prüfung befähigten Person nach Nummer 3.2 muss nachgewiesen werden. Dies schließt nicht ein, wenn nur gelegentliche Prüfungen von Geräten, Schutzsystemen oder Sicherheits-, Kontroll- oder Regelvorrichtungen, die instand gesetzt wurden, anfallen.
- Die für die Prüfung notwendigen Einrichtungen der Arbeitsmittel, für die eine Anerkennung beantragt wird, müssen im Betrieb vorhanden sein. Gegebenenfalls erforderliche Unterlagen, Hilfsmittel und Hilfskräfte ebenso.
- Die einschlägigen Normen müssen in der aktuellen Fassung vorliegen.
- Es ist eine Gewährleistung erforderlich, dass die notwendigen Bauartzulassungen, Prüfbescheinigungen und Herstellerunterlagen der betreffenden Arbeitsmittel bei der Prüfung vorliegen.
- Die von der Behörde anerkannte und zur Prüfung befähigte Person muss die Instandsetzungsarbeiten beaufsichtigen. Auch ist zu gewährleisten, dass Instandsetzungsarbeiten nur von qualifiziertem Personal durchzuführen ist.

- Die zur Prüfung befähigte Person unterliegt der vollständigen Weisungsfreiheit. Sie darf den Prüfgegenstand nur aufgrund ihrer Sachkenntnisse und Erfahrungen bewerten.
- Der Betrieb muss im Rahmen des Anerkennungsverfahrens eine Freistellungserklärung i. V. m. einer Haftpflicht vorweisen. Diese Erklärung dient zur Absicherung, falls im Rahmen der Prüfung eine Amtspflichtverletzung der befähigten Person vorliegt und von außen, z. B. von der staatlichen Arbeitsschutzbehörde der Unfallkasse Nord, Schadenersatzansprüche gestellt werden. Die Haftpflichtversicherung muss eine Deckungssumme von mindestens 2,5 Mio. Euro aufweisen.
- Der Betrieb muss bestätigen, dass die zur Prüfung befähigte Person die Möglichkeit hat, ihre Kenntnisse durch regelmäßige Schulungen und Fortbildungen auf dem aktuellen Stand der Technik zu halten.
- Der Betrieb muss sicherstellen, dass die Prüfaufzeichnungen mindestens 10 Jahre aufbewahrt werden und die für die Prüfung notwendigen Geräte regelmäßig kalibriert werden.

Die Erteilung der Anerkennung durch die Behörde erfolgt i. d. R. nach dem folgenden Verfahren:

Für die Erteilung der Anerkennung durch die zuständige Behörde ist eine **Betriebsbegehung** und ein **persönliches Gespräch** mit dem Bewerber durchzuführen. Dabei kann auf Anweisung der zuständigen Behörde ein Sachverständiger einer zugelassenen Überwachungsstelle (ZÜS) anwesend sein.

Außerdem muss eine ZÜS eine **gutachterliche Äußerung** abgeben. Die ZÜS hat dabei die Prüfkriterien (welche im Abschnitt vorher benannt worden sind) zu berücksichtigen. Sie soll die notwendigen Prüfbefugnisse und Maßnahmen bestimmen, unter denen die Anerkennung durch die Behörde befürwortet werden kann.

Die befähigte Person muss unter Anwesenheit des Sachverständigen der ZÜS **Probeprüfungen** durchführen.

In der Regel ist die erteilte Anerkennung 5 Jahre lang gültig. Die Anerkennung kann verlängert werden, erlischt aber, sobald die befähigte Person aus dem im Antrag genannten Betrieb scheidet. Die staatliche Behörde kann die erteilte Anerkennung jederzeit widerrufen, insofern die Verfehlungen der befähigten Person im Zusammenhang mit den durchgeführten Prüfungen stehen.

Je nach zuständiger Behörde kann das erforderliche Anerkennungsverfahren durch die Behörde variieren.

Eine zur Prüfung befähigte Person nach Nummer 3.3 (Prüfung von explosionsgefährdeten Anlagen) muss:

- ein einschlägiges Studium, eine einschlägige Berufsausbildung, eine vergleichbare technische Qualifikation oder eine andere technische Qualifikation mit langjähriger Erfahrung auf dem Gebiet der Sicherheitstechnik vorweisen
- Kenntnisse des Explosionsschutzes besitzen
- eine einschlägige Berufserfahrung aus einer zeitnahen Tätigkeit nachweisen
- die Kenntnisse zum Explosionsschutz auf dem aktuellen Stand halten
- sich regelmäßig durch Erfahrungsaustausch auf dem Gebiet des Explosionsschutzes fortbilden

Allgemein geltende Erklärungen der Anforderungen

Die befähigte Person zum Prüfen überwachungsbedürftiger elektrischer Anlagen muss eine abgeschlossene elektrotechnische Berufsausbildung vorweisen (Ausbildung als Elektrofachkraft nach DGUV Vorschrift 3). Ein abgeschlossenes Studium der Elektrotechnik ist als gleichwertig anzusehen.

Für die Prüfung nicht-elektrischer überwachungsbedürftiger Anlagen ist eine abgeschlossene Berufsausbildung zum Schlosser bzw. im maschinentechnischen Bereich notwendig.

Zusätzlich zur abgeschlossenen Berufsausbildung muss die zur Prüfung befähigte Person eine mind. einjährige Berufserfahrung vorweisen. Als Berufserfahrung wird dabei der praktische Umgang mit den zu prüfenden vergleichbaren Arbeitsmitteln im Berufsalltag der befähigten Person verstanden. Währenddessen hat die befähigte Person die Funktions- und Betriebsweise sowie den notwendigen Umgang mit diesen Arbeitsmitteln kennengelernt. Außerdem hat sie dadurch aus arbeitstäglicher Beobachtung die Anlässe kennengelernt, welche eine Prüfung der Anlagen auslösen.

Die befähigte Person muss mit den folgenden Aspekten in Bezug auf die zu prüfenden Arbeitsmittel vertraut sein:

- Der vorschriftsmäßigen Montage oder Installation und der sicheren Funktion der Arbeitsmittel sowie deren Schutzeinrichtungen.
- Schäden verursachenden Einflüssen, denen das Arbeitsmittel bei der Verwendung ausgesetzt sein kann.
- Typischen Schäden und sich dadurch ergebenden Gefährdungen für die Beschäftigten.

- Außergewöhnlichen Ereignissen, die das zu prüfende Arbeitsmittel betreffen und schädigende Auswirkungen auf dessen Sicherheit haben können.
- Erfahrungswerten aus der Prüfung vergleichbarer Arbeitsmittel.

Durch die Berufserfahrung kann die befähigte Person außerdem beurteilen, ob ein vorgeschlagenes Prüfverfahren für die durchzuführende Prüfung der Arbeitsmittel geeignet ist.

Die befähigte Person muss ihre Kenntnisse zum Stand der Technik des zu prüfenden Arbeitsmittels und der davon ausgehenden Gefährdungen nicht nur kennen, sondern auch aufrechterhalten, z. B. durch den regelmäßigen Besuch von Schulungen und Weiterbildungen.

Zur zeitnahen beruflichen Tätigkeit gehört die Durchführung von mehreren Prüfungen pro Jahr, dies dient dem Erhalt der Prüfpraxis. Gibt es eine längere Unterbrechung in der Prüftätigkeit der befähigten Person, muss sie durch die Teilnahme an Prüfungen Dritter erneut Erfahrungen sammeln und ihre fachlichen Kenntnisse erneuern.

Beispiele für eine zeitnahe berufliche Tätigkeit könnten sein:

- Reparatur-, Service- und Wartungsarbeiten und abschließende Prüfung an elektrischen Geräten
- Prüfung elektrischer Betriebsmittel in der Industrie, z. B. in Laboratorien und an Prüfplätzen
- Instandsetzung und Prüfung von Arbeitsmitteln mit elektrischen Komponenten

Der Anlagenbetreiber muss sicherstellen, dass die zur Prüfung befähigte Person die folgenden Prüfaufgaben durchführen kann:

- Erkennen und Bewerten der Abweichungen des Ist-Zustands vom Soll-Zustand
- Beurteilen der Gefährdungen, welche durch die vorgesehene Verwendung der Arbeitsmittel auftreten können
- Beurteilen, ob das vorgesehen Prüfverfahren für die Prüfung geeignet ist
- Anwenden der Prüfaufgaben
- Aufweisen von Kenntnissen über Schutzmaßnahmen während der Prüfung

4.2 Anforderungen und Voraussetzungen für Zugelassene Überwachungsstellen (ZÜS) für erlaubnispflichtige Anlagen

Bei bestimmten überwachungsbedürftigen Anlagen dürfen die Prüfungen im Explosionsschutz nur von zugelassenen Überwachungsstellen (ZÜS) durchgeführt werden. Diese erlaubnispflichtigen Anlagen sind im § 17 BetrSichV in den Nummern 3 bis 7 näher definiert.

Eine zugelassene Überwachungsstelle (ZÜS) wird von der Zentralstelle der Länder für Arbeitsschutz und Sicherheitstechnik (ZLS) in einem festgelegten Aufgabenbereich akkreditiert.

Im § 37 Abs. 5 des Produktsicherheitsgesetzes (ProdSG) werden die Anforderungen an eine zugelassene Überwachungsstelle (ZÜS) benannt.

Die besonderen Anforderungen an eine ZÜS sind:

- Unabhängigkeit der Überwachungsstelle sowie ihres mit der Leitung oder der Durchführung der Fachaufgaben beauftragten Personals von Personen, die an der Planung oder Herstellung, dem Vertrieb, dem Betrieb oder der Instandhaltung der überwachungsbedürftigen Anlagen beteiligt oder in anderer Weise von den Ergebnissen der Prüfung oder Bescheinigung abhängig sind

- die Verfügbarkeit der für die angemessene unabhängige Erfüllung der Aufgaben erforderlichen Organisationsstrukturen, des erforderlichen Personals und der notwendigen Mittel und Ausrüstungen
- die ausreichende technische Kompetenz, berufliche Integrität und Erfahrung sowie fachliche Unabhängigkeit des beauftragten Personals
- das Bestehen einer Haftpflichtversicherung
- Wahrung der im Zusammenhang mit der Tätigkeit der ZÜS bekannt gewordenen Betriebs- und Geschäftsgeheimnisse vor unbefugter Offenbarung
- Einhaltung der für die Durchführung von Prüfungen und die Erteilung von Bescheinigungen festgelegten Verfahren
- Sammlung und Auswertung der bei den Prüfungen gewonnenen Erkenntnisse sowie Unterrichtung des Personals in einem regelmäßigen Erfahrungsaustausch
- Zusammenarbeit mit anderen ZÜS zum Austausch der im Rahmen der Tätigkeit gewonnenen Erkenntnisse, soweit dies der Verhinderung von Schadensfällen dienen kann

Folgende Anlagen dürfen nur durch eine ZÜS geprüft werden:

- Gasfüllanlagen
- Lageranlagen für entzündbare Flüssigkeiten mit einer Kapazität größer 10.000 Liter
- Füllstellen für entzündbare Flüssigkeiten mit einem Umschlag von mehr als 1.000 Litern in der Stunde
- Tankstellen für entzündbare Flüssigkeiten
- Flugfeldbetankungsanlagen

Bei diesen Anlagen muss neben der Prüfung der Explosionssicherheit zusätzlich geprüft werden, ob die erforderlichen Maßnahmen zum Brandschutz eingehalten werden.

Tabelle 1: *Quelle: Dokument „Benennung von zugelassenen Überwachungsstellen" (Stand 01.04.2021); Bundesanstalt für Arbeitsschutz und Arbeitsmedizin – www.baua.de*

Übersicht der ZÜS im Explosionsschutz in Deutschland	
DEKRA Automobil GmbH Handwerkstraße 15 70565 Dresden	Dekra Testing and Certification GmbH Dinnendahlstraße 9 44809 Bochum
GTÜ Anlagensicherheit Vor dem Lauch 25 70567 Stuttgart	Lloyd's Register Deutschland GmbH Am Sandtorkai 40 20457 Hamburg
SGS TÜV Saar GmbH Am TÜV 1 66280 Sulzbach	TÜV Nord Systems GmbH & Co. KG Große Bahnstraße 31 22525 Hamburg
TÜV Rheinland Industrie Service GmbH Am Grauen Stein 51105 Köln	TÜV SÜD Chemie Service GmbH Kaiser-Wilhelm-Allee Geb. B 407 51368 Leverkusen

Tabelle 1: *Quelle: Dokument „Benennung von zugelassenen Überwachungsstellen" (Stand 01.04.2021); Bundesanstalt für Arbeitsschutz und Arbeitsmedizin – www.baua.de*

Übersicht der ZÜS im Explosionsschutz in Deutschland	
TÜV SÜD Industrie Service GmbH Westendstraße 199 80686 München	TÜV Technische Überwachung Hessen GmbH Robert-Bosch-Straße 16 64293 Darmstadt
TÜV Thüringen e.V. Melchendorfer Straße 64 99096 Erfurt	

4.3 Prüfanlässe und Prüffristen, Prüftiefe

Überwachungsbedürftige Anlagen sind in Bezug auf ihre Explosionssicherheit den folgenden Prüfungen zu unterziehen:

- Prüfung vor Inbetriebnahme und nach prüfpflichtigen Änderungen nach § 15 BetrSichV
- wiederkehrende Prüfungen nach § 16 BetrSichV

4.3.1 Prüfung vor Inbetriebnahme und nach prüfpflichtigen Änderungen

Überwachungsbedürftige Anlagen in explosionsgefährdeten Bereichen sind vor der erstmaligen Inbetriebnahme sowie nach prüfpflichtigen Änderungen hinsichtlich ihrer Explosionssicherheit nach § 15 BetrSichV zu prüfen.

Die Erstprüfung vor Inbetriebnahme sowie eine Prüfung nach prüfpflichtiger Änderung kann sowohl durch eine zugelassene Überwachungsstelle (ZÜS) als auch von einer zur Prüfung befähigten Person nach Nr. 3.3 durchgeführt werden. Dabei ist zu beachten, dass die befähigte Person nur die Anlagenart prüfen darf, für welche sie auch die Befähigung zur Prüfung (▶ Kap. 4.1) erhalten hat. Ausgenommen davon sind spezielle Anlagentypen, welche nur durch eine ZÜS geprüft werden dürfen (▶ Kap. 4.2).

Prüfung vor Inbetriebnahme

Die Prüfung vor Inbetriebnahme dient der Feststellung der Explosionssicherheit der Anlage, unter Betrachtung von Arbeitsmittel und -umgebung. Bei dieser Prüfung steht die Überprüfung des vorschriftsgemäßen Einbaus der betreffenden Arbeitsmittel sowie deren sicherer Betrieb im Vordergrund. Zusätzlich geht es auch um die Überprüfung der Umsetzung der technischen und organisatorischen Schutzmaßnahmen.

Laut § 2 Abs. 9 der BetrSichV ist unter einer prüfpflichtigen Änderung jede Maßnahme zu verstehen, die die Sicherheit des Arbeitsmittels beeinflusst.

Prüfung nach prüfpflichtigen Änderungen

Prüfpflichtige Änderungen sind i. d. R. Umbaumaßnahmen der überwachungsbedürftigen Anlage (z. B. Einbau neuer Geräte oder Schutzsysteme), welche die Explosionssicherheit der Anlage betreffen. Als Instandsetzungsarbeiten gelten i. d. R. alle Maßnahmen, welche erforderlich sind, um den Sollzustand der Anlage aufrechtzuerhalten. Bestimmte Instandsetzungsarbeiten können auch als prüfpflichtige Änderungen gelten und eine Prüfung vor Wiederinbetriebnahme der Anlage nach sich ziehen.

Wie kann entschieden werden, ob eine prüfpflichtige Änderung der überwachungsbedürftigen Anlage vorliegt oder nicht?

Als Hilfestellung für die Entscheidung, ob eine Anlage prüfpflichtig geändert worden ist, dient die TRBS 1123. Die Beurteilung, ob die vorgenommenen Änderungen an der explosionsgefährdeten Anlage auch als prüfpflichtige Änderungen gelten, ist durch den Anlagenbetreiber durchzuführen. Diese Beurteilung erfolgt im Rahmen einer Gefährdungsbeurteilung auf der Grundlage des existierenden Explosionsschutzdokuments und des darin enthaltenden Explosionsschutzkonzepts.

Beispiele für zu beurteilende Änderungen:

- der Ersatz bzw. Austausch von Geräten, Schutzsystemen oder Sicherheits-, Kontroll- oder Regelvorrichtungen i. S. d. Richtlinie 2014/34/EU
- die Erweiterung der Anlage durch das Hinzufügen von für den Explosionsschutz relevanten Arbeitsmitteln
- die Änderungen an Arbeitsmitteln, welche aufgrund ihrer Funktion für den Explosionsschutz relevant sind (z. B. an Gaswarn-, Lüftungseinrichtungen sowie Inertisierungseinrichtungen)
- die Änderungen von verfahrenstechnischen Parametern (z. B. die Verwendung von anderen Stoffen)
- die Änderungen des Explosionsschutzkonzepts bzw. die Anpassung der sicherheitstechnischen Maßnahmen

Beispiele für keine prüfpflichtigen Änderungen:

- Die Verwendung von anderen Stoffen mit geänderten sicherheitstechnischen Stoffkennzahlen, wenn diese bereits im Explosionsschutzdokument der bestehenden Anlage berücksichtigt worden sind. Dies betrifft häufig Mehrzweckanlagen.
- Erfolgt der Austausch baugleicher Geräte, Schutzsysteme oder Sicherheits-, Kontroll- oder Regelvorrichtungen i. S. d. Richtlinie 2014/34/EU, wurde keine prüfpflichtige Änderung vorgenommen, solange die Montage von fachkundigen Personen und die Montage- bzw. Aufstellbedingungen unver-

ändert bleiben. Der „sichere" Betrieb der Anlage bleibt somit gewährleistet.

4.3.2 Prüfungen nach Instandsetzungsarbeiten

Betreffen Instandsetzungsarbeiten die Explosionssicherheit der verwendeten Arbeitsmittel, so ist vor der Wiederinbetriebnahme dieser Arbeitsmittel eine Prüfung durch eine zugelassene Überwachungsstelle (ZÜS) bzw. eine zur Prüfung befähigten Person nach Nummer 3.2 durchzuführen.

Sind die Geräte, Schutzsysteme oder Sicherheits-, Kontroll- oder Regelvorrichtungen i. S. d. Richtlinie 2014/34/EU nach der Instandsetzung durch den Hersteller einer Prüfung unterzogen worden und der Hersteller bestätigt, dass das Gerät, das Schutzsystem oder die Sicherheits-, Kontroll- oder Regelvorrichtung in den für den Explosionsschutz wesentlichen Merkmalen den Anforderungen dieser Verordnung entspricht, so ist es nicht notwendig, eine Prüfung nach Instandsetzungen durch eine ZÜS bzw. eine zur Prüfung befähigten Person nach Nummer 3.2 durchzuführen.

Nach welchen Instandsetzungsarbeiten ist eine Prüfung vor Wiederinbetriebnahme erforderlich?

Ob nach einer Instandsetzungsmaßnahme eine Prüfung vor Wiederinbetriebnahme der Anlage erforderlich ist, muss im Einzelfall entschieden werden. Der Anhang 2 der TRBS 1201 – Teil 3 kann an dieser Stelle als Entscheidungshilfe herangezogen werden. Es wird empfohlen, nach der jeweiligen Instandsetzungsmaßnahme dort nachzuschlagen, ob eine Prüfung erforderlich ist oder nicht.

Nachfolgend werden einige Beispiele für mögliche Instandsetzungsarbeiten im Explosionsschutz und die ggf. daraus folgende Prüfpflicht angegeben.

Tabelle 1: *Quelle: Weber, ENVIROConsult IngenieurBüro Dr. Lux e.K.*

Beispiele für Instandsetzungsarbeiten an elektrischen Geräten	**Es ist keine Prüfung erforderlich**	**Es ist eine Prüfung erforderlich**
Austausch von nicht steckbaren Elektronikmodulen und -bauteilen durch Originalersatzteile	☐	☒
Austausch von steckbaren Elektronikmodulen und -bauteilen durch Originalersatzteile	☒	☐
Eingriff in das druckfeste Gehäuse	☐	☒
Austausch durch Originalersatzteile von Gehäusen, Deckeln, Anschlussklemmen, Einbauteilen und Dichtungen	☒	☐
Austausch von Innenverdrahtungen	☐	☒

Tabelle 2: *Quelle: Weber, ENVIROConsult IngenieurBüro Dr. Lux e.K.*

Beispiele für Instandsetzungsarbeiten an explosionsgeschützten Ventilatoren der Gerätekategorie 1, 2 und 3	**Es ist keine Prüfung erforderlich**	**Es ist eine Prüfung erforderlich**
Austausch durch Originalersatzteile: - Flügel und Riemenscheibe - Laufrad - Lager - Keilriemen - angebaute elektr. Geräte	☒	☐
Änderung der Spaltabstände zwischen rotierenden und festen Teilen	☐	☒
Änderung der Materialpaarung	☐	☒
Eingriff in das druckfeste Gehäuse (nur bei Gerätekategorie 1 vorhanden)	☐	☒
Austausch der Flammendurchschlagsicherung, durch Originalersatzteile (nur bei Gerätekategorie 1 vorhanden)	☒	☐

Tabelle 3: *Quelle: Weber, ENVIROConsult IngenieurBüro Dr. Lux e.K.*

Beispiele für Instandsetzungsarbeiten an Gaswarneinrichtungen	**Es ist keine Prüfung erforderlich**	**Es ist eine Prüfung erforderlich**
Austausch durch Originalersatzteile des Herstellers nach Herstellervorgabe (z. B. von steckbaren Sensoren oder anderen steckbaren Modulen)	☒	☐
Austausch des Herstellers des Sensors bzw. der Auswerteeinheit durch Originalersatzteile	☐	☒
Austausch Gasansaugung durch Originalersatzteile (z. B. von Leitungen, Pumpen oder Filtern)	☒	☐
Instandsetzungen an: - Sensoren (durch Austausch von Originalersatzteilen) - der Auswerteeinheit (durch Austausch von Originalersatzteilen) - Pumpen (durch Austausch von Originalersatzteilen) - Filtern (durch Austausch von Originalersatzteilen)	☐	☒

Tabelle 4: *Quelle: Weber, ENVIROConsult IngenieurBüro Dr. Lux e.K.*

Beispiele für Instandsetzungsarbeiten an Druckentlastungsklappen	**Es ist keine Prüfung erforderlich**	**Es ist eine Prüfung erforderlich**
Austausch durch Originalersatzteile von: - Klappen - Unterdrucksicherungen - Zuhaltungen, Verriegelungen - Heizungen - Federn	☐	☒
Instandsetzungsarbeiten an Dichtungen	☒	☐

4.3.3 Wiederkehrende Prüfungen

Allgemein gelten für die wiederkehrenden Prüfungen nach § 16 BetrSichV drei verschiedene Prüffristen.

Die **Gesamtanlage** ist alle sechs Jahre auf ihre Explosionssicherheit hin zu überprüfen. Die Prüfung ist entweder von einer ZÜS oder von einer zur Prüfung befähigten Person nach Nummer 3.3 durchzuführen. Die Prüfung der Gesamtanlage schließt auch die untergeordneten Prüfungen mit ein. Bei dieser Prüfung gilt es auch zu prüfen, ob die untergeordneten Prüfungen (also die jährliche und die alle drei Jahre stattfindende Prüfung) richtig durchgeführt worden sind. Dabei geht es zum einen um die Einhaltung der richtigen Prüffristen und zum anderen darum, ob die

Prüfung durch eine mindestens zur Prüfung befähigten Person nach der Nummer 3.1 stattgefunden hat.

Alle drei Jahre sind die **Schutzsysteme, Sicherheits-, Kontroll- und Regelvorrichtungen** zu prüfen. Diese Prüfung kann neben einer ZÜS auch von einer zur Prüfung befähigten Person nach der Nummer 3.1 durchgeführt werden.

Es ist jährlich eine Überprüfung der **Lüftungs,- Gaswarn- und Inertisierungseinrichtungen** vorzunehmen. Diese Prüfung kann neben einer zugelassenen Überwachungsstelle (ZÜS) auch von einer zur Prüfung befähigten Person nach der Nummer 3.1 durchgeführt werden.

Auf die jährliche und die alle drei Jahre stattfindende wiederkehrende Prüfung kann verzichtet werden, wenn der Anlagenbetreiber im Rahmen der Dokumentation der Gefährdungsbeurteilung ein Instandhaltungskonzept festgelegt hat. Das Instandhaltungskonzept muss gewährleisten, dass ein „sicherer“ Zustand der Anlagen aufrechterhalten wird und die Explosionssicherheit dauerhaft gewährleistet ist. Die Eignung des Instandhaltungskonzepts ist im Rahmen einer Prüfung zu bewerten.

Anforderungen an das Instandhaltungskonzept

Das Instandhaltungskonzept dient der Aufrechterhaltung des „sicheren“ und ordnungsgemäßen Zustands der Anlage. Dieser wird durch die im Instandhaltungskonzept beschriebenen Prozesse und Maßnahmen erreicht. Dazu muss der Betreiber der überwachungsbedürftigen Anlage auch die notwendigen Vorkehrungen treffen, damit der Instandsetzungsbedarf rechtzeitig erkannt wird. Notwendige Instandsetzungsmaßnahmen sind unverzüglich durchzuführen und zu protokollieren.

Die TRBS 1201 – Teil 1 beschreibt, was bei der Erstellung des Instandhaltungskonzepts zu beachten ist.

4.3.4 TRBS 1201 Teil 1

 **Gesetz**

(1) Bei der Erstellung des Instandhaltungskonzepts sind folgende Punkte zu berücksichtigen:

1. Die Verantwortlichkeiten im Rahmen des Instandhaltungskonzepts sind festzulegen für
   a) das Instandhaltungskonzept,
   b) die Festlegung der Wartungs- und Inspektionsinhalte, z. B. bei Erstellung von Arbeitsplänen,
   c) die Abarbeitung der Wartungs- und Inspektionsinhalte, z. B. in Form von Arbeitsplänen,
   d) die Bewertung von Abweichungen vom Sollzustand und
   e) ggf. erforderliche Instandsetzungen.
2. Ermittlung von Wartungs- und Inspektionsmaßnahmen und zugehöriger Fristen für
   a) Geräte, Schutzsysteme, Sicherheits-, Kontroll- und Regelvorrichtungen im Sinne der Richtlinie 2014/34/EU sowie deren Verbindungen und Wechselwirkungen,
   b) Lüftungsanlagen, Gaswarneinrichtungen und Inertisierungseinrichtungen und

c) MSR-Einrichtungen für den Explosionsschutz als Teil der Ex-Vorrichtungen im Sinne der TRGS 725.

3. Nachvollziehbare Beschreibung der erforderlichen Instandhaltungsmaßnahmen und deren Fristen, z. B. in Form von Arbeitsplänen, wobei Arbeitsmittel vergleichbarer Bauart zusammengefasst werden können.
4. Umsetzung des Instandhaltungskonzepts:
   a) Durchführung von Wartung und Inspektion gemäß dem festgelegten Instandhaltungskonzept,
   b) Fertigmeldung der Durchführung von Wartung und Inspektion gemäß Ziffer 1, z. B. in Form von durchgeführten Arbeitsplänen,
   c) Dokumentation von festgestelltem Instandsetzungsbedarf und
   d) Durchführung der Instandsetzung.

(2) Notwendige Instandsetzungsmaßnahmen sind unverzüglich durchzuführen.

(3) Instandhaltungsarbeiten sind von qualifiziertem Fachpersonal, das über ausreichende Erfahrung in der Instandhaltung von Ex-Anlagen verfügt, anhand des Instandhaltungskonzepts durchzuführen.

(4) Das Instandhaltungskonzept und die Durchführung von Instandhaltungsmaßnahmen sind nachvollziehbar zu dokumentieren.

4.4 Während einer Prüfung

Allgemein lassen sich die Prüfungen im Explosionsschutz jeweils in zwei Teilprüfungen unterteilen. Zum einen in eine **Ordnungsprüfung** und zum anderen in eine **technische Prüfung**.

Im Vorfeld auf die Ordnungsprüfung erweist es sich als praktisch, alle benötigten Unterlagen der zu prüfenden Arbeitsmittel zusammenzutragen. Dies betrifft i. d. R. die folgenden notwendigen Unterlagen:

- Konformitätserklärungen bzw. Baumusterprüfbescheinigungen der betreffenden Arbeitsmittel,
- Errichterbescheinigungen über den ordnungsgemäßen Einbau der betreffenden Arbeitsmittel,
- aktuelles Explosionsschutzdokument mit aktuellen Ex-Zonenplänen der Anlage
- Betriebsmittellisten, d. h. eine Auflistung aller Arbeitsmittel, welche an der überwachungsbedürftigen Anlage installiert sind
- Betriebsanweisungen, welche nicht nur für den Normalbetrieb, sondern auch auf Sonderbetriebszustände ausgelegt sein müssen
- weitere Prüfaufzeichnungen (z. B. von einer Prüfung vor Inbetriebnahme bzw. der letzten wiederkehrenden Prüfung)

Bei der **Ordnungsprüfung** wird insbesondere festgestellt, ob die erforderlichen Unterlagen vollständig sowie die erforderlichen Prüfparameter definiert und eingehalten sind (dies betrifft die Prüffristen, den Prüfumfang sowie die Prüftiefe). Außerdem geht es um die Überprüfung der Übereinstimmung der Dokumentationen mit dem Ist-Zustand der Anlage.

Die **technische Prüfung** beinhaltet immer eine Vorort-Begehung der überwachungsbedingten Anlage durch die zur Prüfung befähigte Person. Bei der Vorort-Begehung geht es vorrangig darum, den „sicheren" Betrieb der Anlage während des normalen Betriebs festzustellen. Bei der technischen Prüfung wird dabei jeweils zwischen einer Sicht-, einer Nah- und einer Detailprüfung unterschieden. Der Prüfer muss selbst entscheiden, welche Art der Prüfung notwendig ist.

In manchen Bereichen ist es erforderlich, vor der Prüfung vor Ort gesonderte Schutzmaßnahmen durchzuführen. Dies kann z. B. das Einschalten bzw. Hochfahren einer technischen Lüftung des explosionsgefährdeten Bereichs vor der Begehung der Anlage durch den Prüfer darstellen. Diese Maßnahmen müssen in der Betriebsanweisung der betreffenden Anlage festgehalten sein und sind durch den Anlagenbetreiber im Vorfeld auf die Prüfung vorzunehmen.

Die **Sichtprüfung** beinhaltet eine durch äußere Begutachtung (ohne Eingriffe in Geräte, Einrichtungen, die Installation und die Montage) erzielte rechtzeitige Feststellung von optisch erkennbaren Mängeln. Darüber hinaus erfolgt dabei auch die Feststellung von Mängeln durch Wahrnehmungen über andere Sinnesorgane (z. B. Tast-, Gehör- oder Geruchssinn). Die Sichtprüfung wird i. d. R. bei eingeschalteten Geräten durchgeführt.

Die **Nahprüfung** beinhaltet die rechtzeitige Feststellung von nicht unmittelbar sicht- oder hörbaren Mängeln und wird analog zur Sichtprüfung, jedoch unter der Verwendung von Zugangseinrichtungen (z. B. Leitern, falls erforderlich) durchgeführt. Eingriffe in die Prüfobjekte, wie z. B. die Öffnung eines Gehäuses, sind üblicherweise nicht erforderlich. Eine Abschaltung von Geräten ist für die Nahprüfung im Allgemeinen nicht erforderlich.

Die **Detailprüfung** beinhaltet zusätzlich zu den Aspekten der Sicht- und Nahprüfungen die Feststellung solcher Fehler, die nur durch Eingriffe in die Prüfobjekte und unter Verwendung von Werkzeugen und Prüfeinrichtungen erkennbar sind. Für die Detailprüfung ist es im Allgemeinen erforderlich, dass das Gerät vor der Öffnung freigeschaltet wurde.

Bei der Erstprüfung der Arbeitsmittel vor Inbetriebnahme muss immer eine Detailprüfung erfolgen. Wurde eine gleichwertige Prüfung vom Hersteller durchgeführt und ist es unwahrscheinlich, dass die Teile, welche durch den Hersteller geprüft wurden, beim Einbau der Geräte verändert wurden, kann auf die Detailprüfung bei der Prüfung vor Inbetriebnahme verzichtet werden.

Ein Beispiel dafür ist die Prüfung der zünddurchschlagsicheren Spalte eines druckfest gekapselten Motors, welche detailliert vom Hersteller durchgeführt wurde. Ein Beispiel eines Teils, welches bei der Errichtung verändert worden sein kann, ist der Deckel eines Klemmkastens. Dieser wird meist für die Vereinfachung des Anschlusses der Feldverdrahtung entfernt und muss nach der fertigen Installation als Teil des Errichtungsprozesses überprüft werden.

Wiederkehrende Prüfungen dürfen als Sicht- bzw. Nahprüfung durchgeführt werden. Bei den wiederkehrenden Prüfungen kann aufgrund der Sichtprüfung ersichtlich werden, dass zusätzlich noch eine Detailprüfung erforderlich und durchzuführen ist.

4.5 Übersicht über die zu prüfenden Aufgaben

Welche Aufgaben die Prüfungen in Bezug auf die Explosionssicherheit der überwachungsbedürftigen Anlagen abdecken, ist in der TRBS 1201 – Teil 1 beschrieben. Im weiteren Verlauf dieses Abschnitts werden die dort beschriebenen Aufgaben wiedergegeben. Die Komplexität der einzelnen Prüfungen kann variieren und wird von verschiedenen Faktoren beeinflusst, z. B. von der Einfachheit des Prozesses oder Verfahrens selbst oder der Wechselwirkungen mit anderen Anlagen.

4.5.1 Zu prüfende Aufgaben während einer Prüfung vor Inbetriebnahme und nach prüfpflichtigen Änderungen

Die Prüfung setzt sich aus den folgenden Prüfschritten zusammen, welche in Abhängigkeit der Komplexität der Anlage im Prüfumfang und in der Prüftiefe variieren können. Der Anlagenbetreiber kann auch in Abhängigkeit von der Prüfaufgabe unterschiedliche Prüfer mit der Prüfung vor Inbetriebnahme beauftragen.

Die Prüfung nach einer prüfpflichtigen Änderung darf sich auf die Prüfung der vorgenommenen Änderungen beschränken.

I Prüfung des Explosionsschutzkonzepts

Hierbei geht es darum, die im Explosionsschutzdokument der überwachungsbedürftigen Anlage festgestellten Gefährdungen und die daraus resultierenden Maßnahmen zum Explosionsschutz unter der Berücksichtigung der zugrundeliegenden Randbedingungen auf Nachvollziehbarkeit und Plausibilität zu prüfen.

Ist diese Prüfung im Zuge eines Erlaubnis- bzw. Genehmigungsverfahrens für die Errichtung der überwachungsbedürftigen Anlage schon erfolgt, entfällt an dieser Stelle dieser Prüfschritt.

Die Plausibilitätsprüfung des Explosionsschutzdokuments sollte mindestens die folgenden Fragen beinhalten:

- Liegt eine verfahrenstechnische Beschreibung der Anlage vor?
- Sind die relevanten sicherheitstechnischen Kenngrößen der verwendeten Stoffe bekannt?
- Gibt es „besondere“ Stoffe, z. B. Oxidationsmittel, pyrophore Stoffe oder hochgradig instabile Stoffe?
- Wurde eine Gefährdungsbeurteilung der explosionsgefährdeten Bereiche vorgenommen? Sind die daraus abgeleiteten Schutzmaßnahmen angemessen?
- Wurden alle betrieblichen und potenziellen Freisetzungsquellen an Apparaten/Rohrleitungen, Beschickungs-/Entleerungs- und Abfüllstellen identifiziert und entsprechend klassifiziert?
- Sind mögliche Zündquellen hinsichtlich der Wahrscheinlichkeit ihres Auftretens identifiziert und klassifiziert?

- Ist die Unabhängigkeit des Auftretens explosionsfähiger Gemische und Zündquellen gegeben bzw. werden bei Nichterfüllung die entsprechenden Maßnahmen getroffen?
- Sind Maßnahmen zum konstruktiven Explosionsschutz erforderlich? Wenn ja, wie wurden sie umgesetzt?

II Prüfung der festgelegten Schutzmaßnahmen auf ihre Umsetzung

Hierbei geht es um die Überprüfung der Umsetzung der organisatorischen und technischen Schutzmaßnahmen, welche im Explosionsschutzdokument der überwachungsbedürftigen Anlage festgelegt worden sind.

Der Prüfer kann sich bei der Durchführung der Prüfung auf Prüfbescheinigungen bereits anderweitig durchgeführter Prüfungen (z. B. Errichterbescheinigungen von Fachunternehmen und Blitzschutzprüfungen) abstützen. Analog müssen Prüfinhalte, welche im Rahmen von Konformitätsbewertungsverfahren geprüft und dokumentiert wurden, an dieser Stelle nicht erneut geprüft werden. Der Prüfer hat die Unterlagen aber auf Vollständigkeit und Plausibilität zu prüfen.

Typische Prüfaspekte

- Die Prüfung der Eignung und Umsetzung der auf der Grundlage der Gefährdungsbeurteilung festgelegten Maßnahmen.
- Die Prüfung der Eignung, der Funktionsfähigkeit, der Zusammenschaltung, der Aufstellungsbedingungen, des ordnungsgemäßen Zustands und der Installation/Montage von Lüftungsanlagen, Gaswarn- und Inertisierungseinrichtungen sowie von Geräten, Schutzsystemen oder Sicherheits-, Kontroll- oder Regelvorrichtungen i. S. d. Richtlinie 2014/34/EU zum Explosionsschutz.

Auch sind die bedeutsamen Wechselwirkungen der Arbeitsmittel untereinander zu berücksichtigen. Dies betrifft z. B. die Prüfung des Potenzialausgleichs, des Überspannungsschutzes und des Blitzschutzes und der Einbindung von Rohrleitungen in den Potenzialausgleich.

- Die Prüfung der Eignung, Funktionsfähigkeit und Installation von Arbeitsmitteln und zugehörigen Verbindungsvorrichtungen, die keine Schutzsysteme nach der Richtlinie 2014/34/EU aufweisen aber für den Explosionsschutz relevant sind.
- Die Prüfung der Eignung sonstiger Arbeitsmittel, die in den explosionsgefährdeten Bereichen verwendet werden. Dazu können z. B. Leitern, Gebinde und Werkzeuge zählen.
  Außerdem muss die Eignung von Arbeitsmitteln, welche sich zwar außerhalb des explosionsgefährdeten Bereichs befinden, aber mit Arbeitsmitteln im explosionsgefährdeten Bereich verbunden sind, überprüft werden.
  Beispiel: Eine Auswerteeinheit, welche sich außerhalb einer Rohrleitung befindet, aber i. V. m. einer Füllstandssonde innerhalb der Rohrleitung steht.
- Die Prüfung der Eignung und Funktionsfähigkeit von explosionsschutzrelevanten Ausrüstungen und Bauwerksteilen, wie z. B. Blitzschutzanlagen und die Ableitfähigkeit von Fußböden, Wand- und Deckenauskleidungen).
- Die Prüfung der Eignung der persönlichen Schutzausrüstungen, wie z. B. die elektrostatische Ableitfähigkeit von Arbeitsschuhen und Handschuhen.
- Die Prüfung der Kennzeichnungen der explosionsgefährdeten Bereiche nach Arbeitsstättenrichtlinie A1.3 auf Vorhandensein und Wahrnehmbarkeit.
  Die Kennzeichnungen müssen außerhalb des explosionsgefährdeten Bereichs angebracht sein, damit sie vor Betreten des explosionsgefährdeten Bereichs wahrnehmbar sind.

- Die Prüfung des Vorhandenseins und der Eignung von für den Explosionsschutz erforderlichen organisatorischen Maßnahmen. Die organisatorischen Maßnahmen sind in den Betriebsanweisungen festzuhalten. Die Betriebsanweisungen müssen sowohl für den Normalbetrieb der Anlage als auch für Sonderbetriebszustände (z. B. Wartungen oder Reparaturen) ausgelegt sein.

Beispiele für organisatorische Schutzmaßnahmen

- Rauchverbote und das Verbot der Verwendung von offenem Licht und Feuer mit entsprechender Kennzeichnung
- Zutrittsverbote für Unbefugte mit entsprechender Kennzeichnung
- nachweisliche Unterweisung der Beschäftigten (ist in regelmäßigen Abständen durchzuführen)
- Erarbeitung von schriftlichen Arbeitsanweisungen
- Einrichtung eines Arbeitsfreigabesystems für gefährliche Arbeiten
- Gewährleistung einer angemessenen Beaufsichtigung der Ausführenden sowie von Beschäftigten
- Einweisung und Koordination von Fremdfirmen
- Erarbeitung von Regelungen für die Festlegung zutreffender Schutzmaßnahmen bei notwendigen Wartungs- und Instandhaltungsmaßnahmen
- Regelungen hinsichtlich der innerbetrieblichen Überwachung und Prüfung der verwendeten Anlagenteile, Geräte und Schutzsysteme
- Festlegung von Verantwortlichkeiten
- Anforderungen an die Nachweisführung
- Anforderungen an die Beschäftigten bzw. Mitarbeiter von Fremdfirmen hinsichtlich ihrer Qualifikation und Qualifizierung

- Vorhaltung eines ständig aktuellen Alarm- und Gefahrenabwehrplans und Sicherheitsvorschriften für Fremdfirmenpersonal und Besucher
- interne Betriebsanweisungen
- Durchführung von Alarmübungen
- Die Prüfung, ob der Betriebsbereich vor den Eingriffen Unbefugter geschützt ist sowie die Prüfung, ob Flucht- und Rettungswege im betreffenden Betriebsbereich vorhanden und ausreichend gekennzeichnet sind
- Die Prüfung, ob alle für den Explosionsschutz relevanten Maßnahmen aus behördlichen Auflagen umgesetzt worden sind
- Die Prüfung von Bescheinigungen über den ordnungsgemäßen Einbau von Anlagenteilen (z. B. Errichterbescheinigungen), wenn deren ordnungsgemäßer Einbau bei der technischen Prüfung nicht oder nur teilweise feststellbar ist. Dies betrifft z. B. den Einbau von flammendurchschlagsicheren Armaturen oder Grenzwertgebern.

III Prüfung der Fristen der wiederkehrenden Prüfungen

Der Prüfer hat die vom Anlagenbetreiber festgelegten Fristen für die Durchführung der wiederkehrenden Fristen zu überprüfen. Der Prüfer muss entscheiden, ob die Frist ausreichend ist, um einen „sicheren" Betrieb der Anlage bis zum nächsten fälligen Prüftermin gewährleisten zu können.

IV Prüfung des Instandhaltungskonzepts (optional)

Verwendet der Betreiber der Anlage ein Instandhaltungskonzept, so ist zu überprüfen, ob dieses geeignet ist, den „sicheren" Betrieb der Anlage bis zur nächsten fälligen wiederkehrenden Prüfung aufrechtzuerhalten. Das Instandhaltungskonzept kann Teil eines integrierten Managementsystems sein.

Typische Mängel, die während einer Prüfung festgestellt werden, sind z. B.:

- eine unzureichende Kennzeichnung der Arbeitsmittel
- eine unzureichende Kennzeichnung der explosionsgefährdeten Bereiche nach aktueller Arbeitsstättenrichtlinie A1.3
- fehlende oder nicht vollständige Betriebsmittellisten
- fehlende oder nicht vollständige Betriebsanweisungen (bzw. nicht am Arbeitsplatz einsehbar oder sie sind nicht für Sonderbetriebszustände ausgelegt)
- fehlender oder ungeeigneter Anfahrschutz bestimmter Anlagenteile
- Arbeitsmittel mit unpassender Gerätekategorie (Beispiel: Die Verwendung eines Geräts mit Kategorie 3 in Zone 0, ohne dass weitere Schutzmaßnahmen ergriffen werden.)
- fehlende oder unvollständige Einbindung in den örtlichen Potentialausgleich bzw. den örtlichen Blitzschutz
- Verwenden von Behältern aus isolierenden Materialien
- Verwenden von Behältern, die zwar leitfähig sind, aber nicht in den örtlichen Potenzialausgleich eingebunden sind. Dies gilt sowohl für die Behälter selbst als auch für abnehmbare Teile, wie z. B. Deckel

4.5.2 Zu prüfende Aufgaben während einer wiederkehrenden Prüfung

Diese Prüfung dient der Aufrechterhaltung der Explosionssicherheit der überwachungsbedürftigen Anlage. Der Hauptteil der Prüfung ist der Vergleich des Ist-Zustands der Anlage mit dem im Explosionsschutzdokument festgelegten Soll-Zustand der Anlage.

Im Allgemeinen existieren die gleichen Prüfaufgaben wie bei der Prüfung vor Inbetriebnahme. Nachfolgend soll an dieser Stelle genauer beschrieben werden, welche Aspekte während der wiederkehrenden Prüfung besonders beachtet werden sollten.

I Prüfung der Unterlagen

Die Prüfung erfolgt auf Grundlage des Explosionsschutzdokuments des Anlagenbetreibers. Das darin enthaltende Explosionsschutzkonzept sowie die Zoneneinteilung der explosionsgefährdeten Bereiche sind während der Prüfung zu berücksichtigen.

Um eventuelle Änderungen hinsichtlich der Auswirkungen auf den Explosionsschutz bewerten zu können, benötigt der Prüfer vom Anlagenbetreiber eine Aufstellung aller vorgenommenen Änderungen der Anlage seit der letzten Prüfung. Dies könnten z. B. die Änderung der Betriebsbedingungen, der gehandhabten Stoffe oder Änderungen an der Anlagentechnik sein.

Außerdem benötigt der Prüfer die Prüfaufzeichnungen der Prüfungen nach § 15 BetrSichV. Also der Prüfung vor Inbetriebnahme und nach prüfpflichtigen Änderungen.

Weiterhin sind explosionsschutzrelevante Erkenntnisse zu berücksichtigen, die sich seit der letzten Prüfung aus dem Betrieb der Anlage ergeben haben.

Der Prüfer hat außerdem die Aufzeichnungen der untergeordneten wiederkehrenden Prüfungen auf Vorhandensein und Plausibilität zu prüfen. Wird ein Instandhaltungskonzept anstelle der untergeordneten wiederkehrenden Prüfungen verwendet, so ist zu prüfen, ob das Instandhaltungskonzept ausreichend und umgesetzt worden ist.

Bei organisatorischen Maßnahmen hinsichtlich des Explosionsschutzes ist zu prüfen, ob die erforderlichen Unterweisungen durchgeführt wurden.

II Begehung der Anlage

Bei der Begehung der Anlage hat der Prüfer festzustellen, ob sich seit der letzten Prüfung Änderungen an der Anlage hinsichtlich der Auswirkungen auf die Explosionssicherheit der Anlage ergeben haben. Dabei ist i. d. R. auf folgende Mängel zu achten:

- Die fortschreitende Korrosion von Anlagenteilen (Auswechseln bei starker Korrosion), Metallgehäuse können mit Korrosionsschutzmitteln behandelt werden (dabei ist jedoch die regelmäßige Erneuerung des Schutzes notwendig.)
- Die Veränderung des Isolationswiderstands von Kabeln und Leitungen. Dies ist durch die Durchführung von regelmäßigen elektrischen Prüfungen der ortsfesten Arbeitsmittel festzustellen
- Im Laufe der Zeit unleserlich gewordene Kennzeichnungen
- Die Rechtsbezüge im Explosionsschutzdokument sind veraltet und entsprechen nicht mehr dem aktuellen Stand der Technik.

Haupteinflüsse für die Abnutzung von Geräten sind z. B.:

- die Korrosionsanfälligkeit der verwendeten Materialien
- die Einwirkung von Chemikalien oder Lösemitteln

- die Ansammlung von Staub oder Schmutz
- das Eindringen von Wasser
- die Gefahr der mechanischen Beschädigung
- die Einwirkung unzulässiger Schwingungen (insbesondere können sich dabei Verschraubungen und Kabeleinführungen lösen)
- besondere Umgebungsbedingungen: z. B. bei Anlagen in Küstennähe müssen aufgrund der Einwirkung von Salzwasser, Überflutungen, Sandstrahlen und starken Windrosen besondere Vorkehrungen getroffen werden
- zu hohe und niedrige Umgebungstemperaturen (Arbeitsmittel müssen zugleich auf die höchste und niedrigste Umgebungstemperatur ausgelegt sein)

Wurde in der Zwischenzeit ein elektrisches Gerät außer Betrieb genommen, so ist darauf zu achten, dass alle zugehörigen Leitungen von den Stromversorgungsquellen getrennt oder alternativ in einem geeigneten Gehäuse ordnungsgemäß angeschlossen sind. Es dürfen keine losen elektrischen Leitungen ersichtlich sein.

Es ist zu beachten, dass auch andere Arbeitsmittel oder Anlagenteile/Anlagen, die nicht Geräte, Schutzsysteme oder Sicherheits-, Kontroll- oder Regelvorrichtungen i. S. d. Richtlinie 2014/34/EU sind, wenn sie Einfluss auf die Explosionssicherheit haben und schädigenden Einflüssen ausgesetzt sind, ebenso einer wiederkehrenden Prüfung unterzogen werden müssen.

Als schädigende Einflüsse können z. B. mechanische Belastungen, Chemikalien, Feuchtigkeit, Kälte oder Hitze angesehen werden. Der Prüfer hat den ordnungsgemäßen Zustand der betreffenden Arbeitsmittel zu bewerten.

Klassifizierung der festgestellten Mängel

Wurden während der Prüfung in Bezug auf die Explosionssicherheit Mängel festgestellt, so ist eine Einteilung der Mängel in geringfügige, erhebliche und gefährliche Mängel vorzunehmen.

Mängel, die bis zur nächsten wiederkehrenden Prüfung keine Gefährdung der Beschäftigten oder Dritten erwarten lassen, sind als geringfügige Mängel anzusehen.

Mängel, die bis zur nächsten wiederkehrenden Prüfung eine Gefährdung darstellen, sind als erhebliche oder gefährliche Mängel einzuordnen.

Der Prüfer hat in seiner Prüfdokumentation auch mit anzugeben, welche Maßnahmen zur Mängelbeseitigung erforderlich sind und geeignete Fristen festzulegen, bis wann die Abstellung der Mängel zu erfolgen hat. Gegebenenfalls ist vom Prüfer auch die Notwendigkeit einer Nachprüfung mit der entsprechenden Frist, bis wann diese zu erfolgen hat, anzuordnen.

4.6 Prüfdokumentation

Im § 17 BetrSichV werden die Anforderungen an die Prüfdokumentation beschrieben. Danach müssen die Aufzeichnungen und Prüfbescheinigungen mind. folgende Angaben enthalten:

- Name der Anlage bzw. des Betriebs
- Prüfdatum
- Art der Prüfung
- Prüfungsgrundlagen
- Prüfumfang
- Eignung und Funktionsfähigkeit der technischen Maßnahmen sowie Eignung der organisatorischen Maßnahmen
- Ergebnis der Prüfung
- Auflistung und Klassifizierung der festgestellten Mängel und Angabe einer Frist, bis wann die Abstellung der Mängel zu erfolgen hat. Auch hat der Prüfer die erforderlichen Maßnahmen zur Beseitigung der Mängel anzugeben.
- Festlegung, ob eine Nachprüfung erforderlich ist und Angabe einer Frist, bis wann diese zu erfolgen hat
- die Fristen für die nächsten wiederkehrenden Prüfungen sowie
- Name und Unterschrift des Prüfers, bei Prüfungen durch eine zugelassene Überwachungsstelle (ZÜS) ist zusätzlich der Name der ZÜS mit anzugeben

Dort ist auch festgehalten, dass der Anlagenbetreiber für die Aufzeichnung der Ergebnisse der Prüfung zu sorgen hat.

Es gibt einen Unterschied in der Bezeichnung der Prüfdokumentation, je nachdem, ob die Prüfung durch eine zur Prüfung befähigte Person oder durch eine zugelassene Überwachungsstelle (ZÜS) durchgeführt wurde. Nur eine ZÜS darf ihre Dokumentation **Prüfbescheinigung** nennen. Eine zur Prüfung befähigte Person hat ihre Prüfdokumentation **Prüfaufzeichnung** zu nennen.

Die Aufzeichnungen sind während der gesamten Verwendungsdauer der Arbeitsmittel am Betriebsort der überwachungsbedürftigen Anlage aufzubewahren. Dabei genügt die Aufbewahrung in elektronischer Form. Die Aufzeichnungen und Prüfbescheinigungen sind auf Verlangen der Behörde vorzuzeigen.

Die Aufzeichnungen der wiederkehrenden Prüfungen nach § 16 BetrSichV sind mindestens bis zur nächsten wiederkehrenden Prüfung aufzubewahren.

Literaturverzeichnis

[1] Betriebssicherheitsverordnung (Stand: 03.02.2015)

[2] TRBS 1201 – Teil 1: „Prüfung von Anlagen in explosionsgefährdeten Bereichen" (Stand: 14.03.2019)

[3] TRBS 1203: „Zur Prüfung befähigte Personen" (Stand: 14.03.2019)

[4] BG RCI, Sicherheitsfachkräfte-Tagung des Präventionszentrums Nürnberg am 5./6. April 2017 in Deggendorf

[5] Produktsicherheitsgesetz (Stand: November 2011)

[6] TRBS 1201 – Teil 3: „Instandsetzung an Geräten, Schutzsysteme, Sicherheits-, Kontroll- und Regelvorrichtungen im Sinne der Richtlinie 2014/34/EU" (Stand: 24.01.2018)

[7] TRBS 1123: „Prüfpflichtige Änderungen an Anlagen in explosionsgefährdeten Bereichen Ermittlung der Prüfnotwendigkeit gemäß § 15 Absatz 1 BetrSichV" (Stand: 25.07.2018)

[8] DIN EN 60079-17

[9] Informationsmappe für die Anerkennung von befähigten Personen nach Anhang 2 Abschnitt 3 Nr. 3.2 BetrSichV der Staatlichen Arbeitsschutzbehörde der Unfallkasse Nord (Schleswig-Holstein) (Stand: Januar 2016)

4.7 Grundlagen der Instandhaltung

Nur durch Wartung oder Instandhaltung kann eine Anlage oder ein Betriebsmittel (welches z. B. in einer explosionsgefährdeten Atmosphäre installiert wurde) dauerhaft in einem sicheren und funktionalen Zustand gehalten werden.

Hier sollte der Leitsatz: „Sicherheit vor Profit" gelten – denn Sicherheit und Gesundheit eines jeden beschäftigten Mitarbeiters haben oberste Priorität.

4.7.1 Was bedeutet Instandhaltung?

Das Ziel eines jeden Betriebs sollte sein, dass die in explosionsfähigen Atmosphären installierten Anlagen, Anlagenbereiche oder auch Arbeits- und Betriebsmittel ordnungsgemäß, sicherheitsgerichtet und funktionsfähig betrieben werden und eben diese Sicherheit erhalten und gewährleistet bleibt. Doch diese zu erhaltende Funktionsgewährleistung unter minimalen, vertretbaren Risiken für Mensch, Umwelt und der Anlagenumgebung ist nur durch technisch notwendige Wartungen und Instandsetzungen möglich.

Der Arbeitgeber hat sicherzustellen, dass die Auswirkungen auf den Explosionsschutz aufgrund möglicher Änderungen an der Anlage /Anlagenteil, Arbeits- oder Betriebsmittel erkannt werden.

Instand gehalten werden kann nur, wenn

1. die zum Zeitpunkt der Errichtung, Installation oder des Kaufs erhaltene Dokumentation vollständig vorliegt,
2. die vom Hersteller vorgesehenen Rahmenbedingungen restlos eingehalten werden,
3. die benötigten Qualifikationen des Personals für eine Instandsetzung einer Anlage, eines Anlagenbereichs oder eines Arbeits- und Betriebsmittels vorliegen,
4. sichergestellt ist, dass die für Instandhaltungs- und Wartungszwecke erforderlichen Schulungen, Weiterbildungen und Teilnahmen an regelmäßigen Erfahrungsaustauschen vorliegen,
5. die mit der Zeit geänderten technischen Gegebenheiten dokumentarisch nachvollziehbar sind und vorliegen und
6. Gefährdungsbeurteilung des instand zu haltenden Anlagenbereichs oder Arbeits- und Betriebsmittels vorliegen und berücksichtigt werden.

Darüber hinaus müssen bei Anlagen eine Liste der verwendeten Betriebsmittel (mit zugehörigem Verwendungsbereich hinsichtlich der Zoneneinteilung), vorangegangene Prüfaufzeichnungen einschließlich jener aus der Inbetriebnahmeprüfung und Prüf- und Wartungs- oder Instandsetzungsaufzeichnungen der einzelnen Betriebsmittel vorliegen.

Es muss weiterhin betrachtet werden, welche möglichen Auswirkungen die Instandsetzung hinsichtlich des Explosionsschutzes haben kann. Instandhaltung muss immer konform mit der Herstellerdokumentation durchgeführt werden.

Weiterhin sind Zugriffsmöglichkeiten auf einschlägige und aktuelle Gesetze, Verordnungen, Vorschriften und Regelwerke (Normen, Richtlinien etc.) Voraussetzung für eine korrekte Instandhaltung. Die relevantesten, die hier als Basis genannt werden können, sind die DIN EN 1127 Teil 1, die TRBS 1112, die TRBS 1112 Teil 1 sowie die TRBS 1201 Teil 3. Zusätzlich werden herstellerspezifische Richtlinien für eine Instandsetzung notwendig sein. Bei Fragen, Unklarheiten oder Anregungen ist ein Kontakt zum Hersteller oder zur Prüfstelle unerlässlich.

Als Technische Regel zur Ermittlung besonderer Maßnahmen zum Schutz von Beschäftigten empfiehlt sich die DIN EN 1127 Teil 1[1] sowie die TRBS 1112 Teil 1.

Diese nennen beispielhafte Maßnahmen zur Vermeidung von erzeugten Explosionsgefährdungen bei

- *„Instandhaltungsarbeiten in explosionsgefährdeten Bereichen,*
- *Instandhaltungsarbeiten, durch die selbst gefährliche explosionsfähige Atmosphäre entstehen kann, und*
- *Instandhaltungsarbeiten in nicht explosionsgefährdeten Bereichen mit Auswirkungen auf explosionsgefährdete Bereiche.“*

4.7.2 Wer darf instand setzen?

Das für den Anlagenbereich zuständige Instandhaltungspersonal muss über die einschlägigen normativen Richtlinien und

[1] DIN EN 1127 Teil 1, 1 Anwendungsbereich, Pkt.1 Abs.1

Vorgaben sowie die relevanten Inhalte der Herstellerdokumentation instruiert sein. Eine für den instandsetzungsbedürftigen Bereich technisch spezifische Ausbildung ist Grundvoraussetzung für Tätigkeiten an und mit Betriebsmitteln oder Anlagen in Ex-Bereichen. Fundierte Kenntnisse über Zündschutzarten, den sicheren Betrieb von (elektrischen) Anlagen in explosionsgefährdeten Bereichen (siehe DIN EN 60079-14) und die allgemeinen Einsatzmöglichkeiten von Arbeits- oder Betriebsmitteln hinsichtlich der örtlichen Gefährdungsrisiken müssen vorliegen und dokumentarisch – etwa in Form von Schulungsnachweisen – zugänglich sein. Weiterhin müssen Kenntnisse über technische Inhalte anhand der Regelwerke und Vorgaben, wie z. B. der DIN EN 60079-17 bzw. DIN EN 60079-19, bekannt und vermittelt worden sein.

Ein wichtiger und entscheidender Aspekt ist bei aller Fachkenntnis zu beachten. An Anlagen, Anlagenteilen oder explosionsgeschützten Betriebsmitteln dürfen nur die o. g. Personenkreise arbeiten, wenn

1. in der Betriebsanleitung des Herstellers dies nicht verboten wurde,
2. in der Betriebsanleitung des Herstellers explizit niedergeschrieben steht, was instand gesetzt werden darf sowie
3. wenn die Betriebsanleitung des Herstellers vor Instandhaltung eine einmalige Schulung vorschreibt und diese durch den Betreiber dokumentiert wurde. Mit der Schulung befähigt der Hersteller das Instandhaltungspersonal, die jeweilige Instandhaltung durchführen zu dürfen.

4.7.3 Was kann instand gesetzt werden, was nicht?

Instand gesetzt werden können Anlagenbereiche, Arbeits- oder Betriebsmittel, die

- augenscheinlich nicht den dem Instandsetzungspersonal bekannten Soll-Zustand erfüllen,
- technische Mängel in ihrer Funktion aufweisen,
- sicherheitsrelevante Betriebsgrenzen nicht einhalten können oder
- nach Instandsetzung wieder in einen funktional sicheren Betriebszustand gebracht und bedenkenlos weiterverwendet werden können.

Nicht instand gesetzt werden können Anlagenbereiche oder Betriebsmittel, die

- substanziell oder in ihrer Funktion so stark beschädigt sind, dass eine Sicherheit auch nach Instandsetzung nur vermutet werden kann,
- Material- oder Ersatzteilbedarf aufweisen, diese jedoch aufgrund des Alters oder ähnlichen Gründen nicht beschafft werden können,
- keine sichere Funktion bzw. keinen sicheren Zustand erreichen können oder
- wenn keine technische Dokumentation vom Hersteller vorliegt.

4.7.4 Wann ist eine Änderung bzw. Instandsetzung prüfpflichtig?

Geräte, Schutzsysteme, Sicherheits-, Kontroll- und Regelvorrichtungen, von denen der Explosionsschutz abhängig ist, müssen nach Instandsetzung eines für den Explosionsschutz relevanten Teils geprüft werden. Dies geschieht entweder durch eine befähigte Person oder durch den Hersteller. Wenn der Hersteller die wiederhergestellte, explosionsschutzrelevante Sicherheit bescheinigt, darf das Gerät ohne weitere Betrachtung weiterverwendet werden. Vorgenommene Prüfungen durch eine befähigte Person müssen dokumentiert werden. Hier muss bescheinigt werden, dass die für den Explosionsschutz relevanten Merkmale nach Instandsetzung den Anforderungen der Betriebssicherheitsverordnung entsprechen.

Die Beurteilung von Instandhaltungsarbeiten an dem Anlagenbereich muss anhand einer Gefährdungsbeurteilung durchgeführt werden. Dabei wird vorgesehen, dass der Ersatz von ex-relevanten Geräten, Schutzsystemen, Sicherheits-, Kontroll- und Regelvorrichtungen ausgiebig beschrieben wird. Eine mögliche Erweiterung der Anlage durch Hinzufügen von Geräten, Schutzsystemen, Sicherheits-, Kontroll- oder Regelvorrichtungen sollte ebenfalls betrachtet werden, wenn das der Fall ist. Für den Explosionsschutz funktionsrelevante Änderungen, Änderungen von verfahrenstechnischen Vorhaben oder des Explosionsschutzkonzepts, in etwa durch PLT-Einrichtungen, sind ebenfalls zu beurteilen und in einer Risikoanalyse darzustellen.

Eine Änderung bzw. Instandsetzung ist nicht prüfpflichtig, wenn das auszutauschende Gerät, Schutzsystem, oder die Sicherheits-, Kontroll- oder Regelvorrichtung durch ein baugleiches von einer fachkundigen Person ersetzt wird und hierbei Montage-, Installations- und Aufstellbedingungen und die sichere Funktion nicht beeinträchtigt werden. Auch hier ist es ratsam, den Austausch für spätere Prüfungen zu dokumentieren.

4.7.5 Der Prüfbericht weist Mängel auf – was tun?

Grundsätzlich wird bei Prüfungen im Explosionsschutz in den Schweregraden unterschieden:

1. ohne ersichtliche Mängel
2. geringfügige Mängel
3. erhebliche Mängel
4. gefährliche Mängel

Die Bedeutungen der oben aufgeführten Mängel sind:

Ohne ersichtliche Mängel: Die Anlage oder ein Anlagenteil entspricht in ihrer Betriebsweise nebst der technischen Dokumentation den aktuellen Richtlinien, Normen und der Gesetzgebung.

Geringfügige Mängel: Die vom Prüfer erkannten und befundenen Mängel sind meist innerhalb einer gesetzten Frist abzustellen bzw. instand zu setzen. Häufig werden eine teils lückenhafte Dokumentation der Anlage bzw. des Arbeits- oder Betriebsmittels oder fehlende Berechnungen zu eigensicher versorgten Betriebsmitteln oder Anlagenteilen als geringfügige Mängel angesehen. Hierzu zählen aber auch nicht korrekt installierte oder sogar falsch ausgewählte Kabel- und Leitungseinführungen, eine nicht konforme Kabelverlegung oder etwa ein nicht lesbares Leistungsschild eines Betriebsmittels. Diese Mängel sind oft mit wenig Aufwand und durch organisatorische Planung behebbar. Danach erfolgt eine Kontrolle der Ausbesserung durch den Prüfer.

Erhebliche Mängel: Die vom Prüfer erkannten und befundenen erheblichen Mängel sind meist innerhalb einer gesetzten Frist abzustellen bzw. instand zu setzen. Es besteht jedoch gewichtiger Grund zur Annahme, dass die Anlage bzw. das Arbeits- oder Betriebsmittel im vorgefundenen Ist-Zustand einschließlich der Dokumentation nicht dem Stand der Technik entspricht oder möglicherweise aufgrund eines offensichtlichen Schadens oder fälschlich verwendeter Betriebsmittel in Kombination mit nicht fachgemäßer Installation nicht weiter betrieben werden darf. Beispielhaft ist eine in Betrieb befindliche Anlage ohne jegliche beschreibende technische Dokumentation.

Ausnahme: Unter bestimmten Voraussetzungen, die im Prüfbericht genannt sind, darf die Anlage bzw. das Arbeits- oder Betriebsmittel weiter betrieben werden (organisatorische Maßnahmen).

Auch bei Kategorisierung erheblicher Mängel ist eine Frist genannt, diese richtet sich nach dem Ermessensspielraum des Prüfers und darf kommuniziert werden. Die Beseitigung erheblicher Mängel versteht sich als machbar, jedoch herausfordernd. Entweder es wird ein Experte mit der Instandsetzung und Problemlösung beauftragt oder der Anlagenbetreiber wendet sich an den Hersteller. Hierbei wird eine Kooperation einer Mängelbeseitigung konzipiert. Der Prüfer kann hierbei zur Klärung von Inhalten aus dem Prüfbericht behilflich sein. Nach Ablauf der

Frist ist eine Nachprüfung erforderlich, um den sicheren Zustand gewährleisten zu können.

Gefährliche Mängel: Die vom Prüfer erkannten und befundenen gefährlichen Mängel schließen hierbei das Weiterbetreiben der Anlage bzw. des Arbeits- oder Betriebsmittels im derzeitigen Ist-Zustand ausdrücklich aus. Gefährliche Mängel müssen der zuständigen Aufsichtsbehörde gemeldet werden, die Anlage muss stillgelegt und gegen unbefugte Benutzung gesichert werden. Eine Mängelbeseitigung ist zwingend erforderlich, die detaillierte Nachprüfung danach notwendig. Beispielhaft sind dies Anlagen und Arbeits- oder Betriebsmittel, bei denen die Prüffristen erheblich überzogen werden oder bei denen technische Sicherheitsvorrichtungen außer Kraft gesetzt werden, um evtl. höhere Produktionskapazitäten zu erreichen.

4.7.6 Welche spezifischen Instandhaltungsaufgaben können bei explosionsgeschützten Anlagen auftreten?

Eine separate Betriebsmittelkennzeichnung verhindert, dass Verwechslungen bei Instandhaltungsaufgaben oder einem Austausch des Betriebsmittels auftreten und die Dokumentation einwandfrei dem jeweiligen Betriebsmittel zugeordnet werden kann. Auch die kontinuierlich gepflegte Dokumentenhistorie von Wartungen und Instandhaltungen kann anhand von Betriebsmittelkennzeichnungen nachverfolgt werden.

Wenn der Zustand einzelner Anlagen(-bereiche) sowie Arbeits- und Betriebsmittel bekannt ist, so lässt sich ein allgemeiner (sicherheits-)technischer Zustand über die instand zu haltende Anlage bilden. Je nach Beurteilung treten Instandhaltungsaufgaben, wie etwa der Tausch von Betriebsmitteln oder deren Anbauteilen, auf. Hierbei ist darauf zu achten, dass die Ex-Kennzeichnung dieselbe Eignung sowie die sicherheitskritischen Eigenschaften, übergeordnet der technischen und funktionalen Kompatibilität eingehalten werden.

Bei Tausch von Betriebsmitteln müssen zwingend die Herstellerinformationen zu Rate gezogen werden – es werden dort meist geeignete Ersatzteile benannt. In jedem Fall müssen bei der Instandhaltung besondere Verwendungsbedingungen und Sicherheitsaspekte verinnerlicht, ernst genommen und berücksichtigt werden.

Beispiel für eine spezifische Instandhaltungsaufgabe bei explosionsgeschützten Anlagen

Bei der Sichtung eines sicherheitsgerichteten, eigensicheren Sensors fällt auf, dass die Kabel- und Leitungseinführung der Zündschutzart „e“ nicht ihren Zweck erfüllt und sich vom Sensorgehäuse gelöst hat. Nachdem die Anlage in einen sicheren Zustand gebracht wurde, nach dem Studieren der Sensor-Betriebsanleitung sowie der Demontage des Kabelanschlusses am Sensor wird festgestellt, dass das Gewinde für die Kabel- und Leitungseinführung beschädigt ist und eine neue Kabel- und Leitungseinführung sich nicht einschrauben lässt. Das Gewinde nachzuschneiden ist keine Option, damit werden Gewährleistungs- und Sicherheitsansprüche verwirkt. Was also ist zu tun?

Option A: Das benötigte Oberteil des Sensors lässt sich käuflich als Ersatzteil erwerben. Dieses wird nun bestellt. Die Anlage ist für den Zeitraum des ausgebauten und somit nicht vollumfänglich funktionierenden, sicherheitsgerichteten Sensors stillzulegen, wenn kein ähnlicher Sensor auf Lager liegt. Feldseitig nicht angeschlossene Kabel und Leitungen müssen, sobald sie offen in einer Zone liegen, gegen (Fremd-) Spannungen geschützt, alle Adern voneinander isoliert und am zugehörigen Betriebsmittel abgeklemmt werden.

Option B: Im Ersatzteillager liegt ein gleichwertiger Sensor mit einer ähnlichen, für die Anlage ausreichend sicheren Funktionsweise. Die eigensicheren Kennwerte aus der Baumusterprüfbescheinigung müssen mit denen des ausgebauten Sensors verglichen werden. Wenn diese ähnlich sind, ergibt sich keine neue Herausforderung. Wenn sie sich unterscheiden, muss eine erneute Berechnung der Eigensicherheit durchgeführt werden.

Es stellt sich heraus, dass die eigensicheren Kennwerte des ähnlichen Sensors mit denen des Ausgebauten übereinstimmen. Es ist außerdem zu erkennen, dass das Kabel beschädigt wurde, dies kann nicht verlängert werden und es muss ersetzt werden. Hierbei sind die kapazitiven und induktiven Leitungsbeläge zwingend zu beachten. Stimmen die Werte mit den Werten des beschädigten Kabels überein? Ergibt sich eine neue Leitungslänge? Bei entstehenden Zweifeln oder Bedenken ist eine Neuberechnung unerlässlich.

Die Kabel- und Leitungseinführung der Zündschutzart „e“ darf wiederverwendet werden, wenn sie nicht augenscheinlich beschädigt wurde und die Dokumentation des Ersatz-Sensors die

Nutzung solcher Kabel- und Leitungseinführungen nicht eingeschränkt.

 **Hinweis**

In chemisch, umwelttechnisch oder anderweitig beeinträchtigenden Umgebungen ist mit teils deutlich schnelleren Alterungs-, Korrosions- oder Verschleißprozessen zu kämpfen, die die Explosionssicherheit besonders stark beeinträchtigen können. Dies kann zu einem erhöhten Instandhaltungsaufwand von z. B. Erdungs- oder Potenzialausgleichsanschlüssen führen.

4.7.7 Welche sind die häufigsten zu behebenden Mängel?

Sofern die dokumentarische Seite der Anlage bzw. des Arbeits- oder Betriebsmittels lückenlos vorliegt und die sicherheitsgerichtete Funktion der Anlage überprüft und gewährleistet werden kann, sind nicht viele weitere gravierende Mängel zu erwarten. Die korrekte Anlagenplanung und -umsetzung ist ebenfalls maßgeblich für eine korrekte sicherheitsgerichtete Funktion unter zu erwartendem Verschleißbild.

Ungeeignete Kabel- und Leitungseinführungen

Ersetzte Kabel- und Leitungseinführungen entsprechen erfahrungsgemäß am wenigsten den Richtlinien und Vorgaben. In Ex-Bereichen sind baumustergeprüfte und für den Verwendungsort geeignete Kabel- und Leitungseinführungen zwingend zu verwenden, außer es ist durch spezifische Herstellerdokumentation gestattet, nicht zertifizierte Kabel- und Leitungseinführungen zu verwenden. Seltener zu finden sind falsch dimensionierte Kabel- und Leitungseinführungen, für die das Kabel zu groß sind.

Fehlende Erdungs- und Potenzialausgleichsanschlüsse

Häufig fehlen Erdungs- und Potenzialausgleichsanschlüsse, die entsprechenden Messungen sowie Messprotokolle des anlagenübergreifenden Potenzialausgleichs. Weiterhin fehlen gelegentlich Einbindungen fremder leitfähiger Teile.

Nicht lesbare Typen- und Leistungsschilder

Typen- und Leistungsschilder einzelner Betriebsmittel sind häufig nicht mehr lesbar, die Betriebsmittelkennzeichnung ersetzt die Erkennbarkeit bzw. Zuordnung einzelner Betriebsmittel nicht.

Überdurchschnittliche Einstellung des Nennstroms am Motorschutzrelais

Aufgrund verringerter Anlaufzeiten wird der Nennstrom am Motorschutzrelais gerne etwas höher eingestellt, was zur Folge haben kann, dass am Motor eine unzulässig hohe Erwärmung stattfinden kann. Die Einstellungen müssen strikt nach Herstellerangabe erfolgen, um die benötigte Sicherheit aufrecht zu erhalten und unerwünschte heiße Oberflächen zu vermeiden.

Unzureichende Kennzeichnung separater Trenneinrichtungen

Wenn separate Trenneinrichtungen an oder neben einzelnen Betriebsmitteln vorhanden sind, müssen diese eindeutig gekennzeichnet und zuzuordnen sein, sodass keine Verwechslungsgefahr entstehen kann. Maßnahmen zum unbeabsichtigten

Wiedereinschalten sollten getroffen werden, wenn ungeschützte aktive Leiter einer Ex-Atmosphäre ausgesetzt sein können. Der Neutralleiter sollte immer mit getrennt werden.

Übersicht der häufigsten Mängel nach BetrSichV

Hier eine Auflistung der häufigsten Mängel nach einer Prüfung gem. §§ 15,16, Punkt 4.1 bis 5.3 BetrSichV:

- unsachgemäßer Einbau der Kabelleitungseinführung (Beschädigung durch falsches Werkzeug, zu hohes Drehmoment verwendet)
- falsch dimensionierte Kabelleitungseinführung in Bezug auf den Kabelquerschnitt
- nicht korrekt angezogene Überwurfmuttern der Kabelleitungseinführung, sodass das Kabel innerhalb dieser bewegt werden kann
- falsche Kabelleitungseinführung, da diese keine Zündschutzart aufweist
- nicht sachgemäße Verlegung der Leitungen gemäß DIN EN 60079-14 n
- bei verlegten eigensicheren Stromkreisen ohne Armierung der Kabellage, Nichteinhaltung der getrennten Leitungsverlegung auf Kabeltrassen, Kabelkanälen oder Wanddurchbrüchen gemäß DIN EN 60079-14 sowie DIN EN 60079-0
- falscher Querschnitt des Potenzialausgleichs
- Potenzialausgleich nicht fachgerecht nach DIN EN 60079-14 installiert
- Nichteinhaltung von Wartungsintervallen der peripheren Betriebsmittel gemäß Betriebsanleitung des Herstellers
- Nichteinhaltung von Installationsanweisungen der peripheren Betriebsmittel gemäß Betriebsanleitung des Herstellers

- falsche periphere Betriebsmittel gemäß Zoneneinteilung verbaut
- fehlende Technische Dokumentationen, z. B.:
  - EU-Konformitätserklärung
  - Baumusterprüfbescheinigung
  - Betriebsanleitung
  - ggf. Installationsanleitung (wenn nicht in der Betriebsanleitung vorhanden)
  - ggf. Datenblatt

5 Praxisbeispiele

5.1 Prüfung von Batterieladestationen

Flurförderzeuge, Batterien und Ladegeräte müssen hohe Anforderungen erfüllen, damit es in der Umgebung von brennbaren Gasen, Dämpfen, Pulvern und Stäuben nicht zu einer folgenschweren Explosion kommt. Diese Anforderungen sind in der europäischen Norm EN 1755, DIN EN 62485-1 bis 5 sowie der ATEX-Richtlinie 2014/34/EU definiert.

5.1.1 Begriffserklärungen

Ladegeräte haben i. d. R. diese Bestandteile:

- Allgemeinstromanschluss, z. B. 230 V Wechselstrom
- Netzteil, z. B. Transformator von 230 V auf 24 V Wechselstrom
- Ladeteil mit Gleichrichter, z. B. zur Wandlung von Wechsel- in Gleichspannung
- Ladekabel als Verbindungsleitungen zum Akkumulator

Als **Ladestelle** wird ein fest eingerichteter und kenntlich gemachter Einzelladeplatz bezeichnet.

Die **Batterieladestation** ist ein Raum, in dem Akkumulatoren geladen werden, während sich die dazugehörigen Ladeeinrichtungen ebenfalls im Raum befinden.

Im Gegensatz dazu wird ein Raum zur Ladung von Akkumulatoren ohne gleichzeitig anwesende Ladeeinrichtungen als **Batterieladeraum** bezeichnet. Die Ladegeräte befinden sich während des Ladevorgangs in einem anderen Raum.

Der Begriff „**Batterieladeanlagen**" bezeichnet als Sammelbegriff alle zuvor genannten Räume, Stationen und Stellen.

5.1.2 Prüfung von Einzelladeplätzen

Handelt es sich um Einzelladeplätze, muss überprüft werden, ob

- sich der Ladeplatz in einem frostfreien Bereich +10 V bis +25 °C mit ausreichender Luftbewegung befindet.
- eine Kennzeichnung auf dem Fußboden und an der Wand vorhanden sind.
- bei einer Bemessungsspannung höher als 60 V und einer Bemessungsleistung von mehr als 2 kW eine Betriebsstätte ausgewiesen wurde.
- Fahrzeuge ungehindert in die gekennzeichneten Bereiche fahren und dort abgestellt werden können.
- bei Batterieladeplätzen in allgemeinen Arbeitsräumen technische Schutzmaßnahmen vorgesehen sind (z. B. eine geeignete Absaugung).

5.1.3 Prüfung von Batterieladestationen oder Laderäumen

In Batterieladestationen oder Laderäumen werden Batterien nur vorübergehend zum Laden aufgestellt. Die Batterien befinden sich entweder mit den Ladegeräten im selben Raum (Ladestation) oder sind von den Ladegeräten räumlich getrennt (Laderaum) aufgestellt.

Auch hier muss auf eine ausreichende Belüftung geachtet werden:

- Die Batterieladestation muss ausreichend belüftet sein, damit entstehender Wasserstoff gefahrlos entweichen kann – möglichst durch eine natürliche Lüftung (Zuluft von außen, Abluft ins Freie). Ansonsten ist eine technische Lüftung erforderlich.
- Die Luftein- und Luftaustrittsöffnungen sollten raumdiagonal an einander gegenüberliegenden Wänden vorhanden sein. Befinden sich die Öffnungen innerhalb der gleichen Wand, so ist eine vertikale Trennung im Abstand von mindestens 2,0 m erforderlich.
- Wenn in einer Batterieladestation keine ausreichende natürliche oder technische Lüftung vorhanden ist und die Wasserstoffkonzentration nicht unterhalb der Schwelle von 4 Vol. % Wasserstoffanteil in der Luft gehalten werden kann, so muss in diesem Bereich mit gefährlicher explosionsfähiger Atmosphäre gerechnet werden. Die elektrische Anlage und die Betriebsmittel sind dann gemäß den Regelwerken in ex-geschützter Ausführung zu errichten und zu betreiben (Normen der Reihe DIN VDE 0165, DIN EN 50381 (VDE 0170/0171), BetrSichV)

Bei der Prüfung der elektrischen Anlage für Batterieladestationen ist auf folgende Aspekte zu achten:

- Es ist mindestens eine Feuchtrauminstallation gemäß VDE 0100 Teil 737 erforderlich, Schutzart IP 54.
- Die Leuchten sind als ex-geschützt auszuführen.
- Den Ladegeräten ist netzseitig eine Fehlerstrom-Schutzeinrichtung mit einem Bemessungsdifferenzstrom von maximal 300 mA (vorzugsweise 30 mA) vorgeschaltet. Ebenso ist eine Überstrom-Schutzeinrichtung auf der Ladeseite entsprechend dem größten Ladestrom vorzusehen.
- Bewegliche Batterieladeleitungen sind kurz- und erdschlusssicher verlegt und gegen mechanische Beschädigungen gesichert.
- Es sind geeignete, nichtleitende (Isolierstoff-) Aufnahmevorrichtungen für die Ablage der Ladeleitungen und Steckvorrichtungen vorgesehen.
- Der Erdableitwiderstand von Fußböden zur Ableitung elektrostatischer Aufladungen von Personen und Gegenständen beträgt nicht mehr als $10^8\ \Omega$.
- Bei Explosionsschutz sind zusätzlich die Errichtungsbestimmungen der DIN EN 60079-14 (VDE 0165-1) zu beachten.

Arbeit an den Anlagen

Arbeiten an der elektrischen Ausrüstung von Batterieladeanlagen dürfen nur von einer Elektrofachkraft oder einer elektrotechnisch unterwiesenen Person unter der Anleitung und Aufsicht (Verantwortung) einer Elektrofachkraft durchgeführt werden.

Wenn das Ladegerät der VDE 0106 Teil 101 „Sichere Trennung in Betriebsmitteln“ entspricht und die Bedingungen an SELV (Schutzkleinspannung) erfüllt, sind keine Maßnahmen gegen direktes Berühren (Berührungsschutz) erforderlich. Sonst ist der Basis- und Fehlerschutz gemäß VDE 0100 Teil 410 durchzuführen.

Schutzmaßnahmen während der Ladung

Wenn die freie Lüftung als Schutzmaßnahme vor gefährlichen Wasserstoff-Luft-Gemischen ausreichend ist, muss dennoch während der Ladung darauf geachtet werden, dass die Lüftungsöffnungen frei sind.

Ist eine technische Lüftung vorhanden, muss diese auch eingeschaltet sein. Derartige Lüftungen sollten mit den Ladegeräten gekoppelt werden, sodass der Ladevorgang nur bei eingeschalteter Lüftung möglich ist. Die Lüftung sollte bis ca. eine Stunde nach Ladungsende in Betrieb bleiben. Ladegeräte mit IU-Kennlinie, bei denen mit konstantem Ladestrom geladen wird, verhindern zu hohe Ladeströme und -spannungen, bei denen unnötig viel Wasserstoff in gefährlicher Konzentration entsteht.

Moderne Ladegeräte verhindern eine Überladung und damit eine erhöhte Wasserstoffbildung. Sie schalten automatisch auf eine gasfreie Erhaltungsladung um.

Im Bereich der Batterieladestation sollte ein Waschbecken, eine Notdusche, Verbandkasten und eine Augenspülstation vorhanden sein, um im Notfall entsprechende Erste Hilfe-Maßnahmen ergreifen zu können. Bei Arbeiten an Batterien (z. B. Wasser nachfüllen) muss folgende Persönliche Schutzausrüstung (PSA) getragen werden:

- Gesichtsschutzschild oder dicht schließende Schutzbrille
- säurefeste Schutzhandschuhe

- Fußschutz (antistatisch)
- säurefeste Gummischürze

Die Mitarbeiter müssen in der Anwendung der Schutzkleidung unterwiesen werden. Die Aufbewahrung der PSA sollte in einem Schrank erfolgen, um Verschmutzungen etc. zu vermeiden.

5.1.4 Die Lüftung von Batterieladestationen

Die Lüftung von Batterieladestation gilt als ausreichend, wenn während des Ladens mindestens ein bestimmter Luftvolumenstrom Q sichergestellt ist. Werden gleichzeitig in einem Raum mehrere Batterien geladen, so ist für jede Batterie der erforderliche Luftvolumenstrom zu berechnen. Der für eine Batterieladestation erforderliche Luftvolumenstrom errechnet sich aus der Summe der erforderlichen Luftvolumenströme aller in dem Raum zu ladenden Batterien.

Die Größe des erforderlichen Luftvolumenstroms einer einzelnen Ladestelle hängt von der Anzahl der zu ladenden Batteriezellen „n" und der Stromstärke des Batterieladestroms ab. Diese Stromstärke wiederum ist abhängig von dem Material der positiven Elektroden in der Bleibatterie und von der sog. Ladekennlinie, d. h. dem Ladeverfahren bzw. dem Ladegerät.

Während der Ladung, Erhaltungsladung und bei Überladung treten aus allen Zellen und Batterien Gase aus, die aus Wasserstoff und Sauerstoff bestehen. Es kann zur Explosionsgefahr kommen. Batterieräume gelten aber dann nicht als explosionsgefährdet, wenn die Wasserstoffkonzentration durch natürliche oder technische Lüftung unterhalb von 4 % Vol. gehalten wird. Der hierzu notwendige Luftvolumenstrom zur Lüftung eines Batterieraums oder Batteriebehälters ist laut DIN EN 62485-3 nach folgender Gleichung zu berechnen:

$Q = 0{,}05 \cdot n \cdot I\ gas \cdot CN \cdot 10^{-3}$

- n = Anzahl der Zellen
- CN = Batteriekapazität in Ah; C10 für Pb, C5 für NiCd
- I gas = Strom in mA/Ah, der die Gasentwicklung verursacht

Es sollte also immer zunächst untersucht werden, ob die Bedingungen für eine natürliche Lüftung gegeben sind. Das wird in vielen Fällen zutreffen. Erst wenn diese Bedingungen nicht bestehen, ist eine technische Lüftung notwendig.

5.1.5 Notwendige Prüfungen

Anlagen sind vor der ersten Inbetriebnahme, in angemessenen Zeitabständen sowie nach Änderungen oder Instandsetzungen auf ihren sicheren Zustand durch eine befähigte Person zu prüfen.

Die Prüfungen durch befähigte Personen entbinden den Betreiber als Bedienperson jedoch nicht, das Arbeitsmittel (die Anlage) vor Einsatzbeginn auf sicherheitstechnische Mängel hin zu prüfen.

Sollten Mängel festgestellt werden, sind diese unverzüglich zu melden und die Anlage ist vorerst außer Betrieb zu nehmen.

Darüber hinaus sollten auch folgende Punkte beachtet werden:

- Es muss geeignete Maßnahmen geben, um Elektrolyt oder Batteriesäure nicht in die öffentliche Kanalisation und in die Kläranlage laufen zu lassen.
- Der Elektrolyt muss in geeigneten (säure- und laugenbeständigen) Behältern gesammelt bzw. neutralisiert werden.
- Für die Bekämpfung von Entstehungsbränden sind geeignete Feuerlöschmittel vorrätig zu halten. Bei Schulungen der Mitarbeiter ist darauf zu achten, dass insbesondere die Anwendung der Feuerlöschmittel an unter Spannung stehenden Betriebsmitteln unterwiesen wird. Die Unterweisungen müssen in angemessenen Zeitabständen wiederholt werden.

5.2 Auswahl, Einstellungen und Prüfen von Elektro-Motoren

Die tätige Elektrofachkraft muss eine ganze Reihe von Bedingungen für die Auswahl, Einstellung und Prüfung der entsprechenden Überlastschutzeinrichtungen für Elektromotoren beachten. Besonders bei der erhöhten Sicherheit „e“ hat die Überlast-Schutzeinrichtung für den Explosionsschutz wichtige Funktionen.

5.2.1 Netzanschluss explosionsgeschützter Motoren

Zusätzlich zu den allgemeinen Errichtungsvorschriften aus der Elektrotechnik ist die DIN EN 60079-14 (VDE 0165-1) einzuhalten. Danach ist ein Überlastschutz durch Motorschutzschalter oder eine gleichwertige Schutzeinrichtung erforderlich.

Es gilt:

- Eine stromabhängige und zeitverzögerte Schutzeinrichtung (z. B. ein Bimetallrelais) für alle drei Phasen darf nicht höher als der Bemessungsstrom des Motors eingestellt werden.
- Die Schutzeinrichtung muss nach dem 1,2-fachen Einstellstrom innerhalb von zwei Stunden ansprechen, darf jedoch bei 1,05-fachem Einstellstrom nicht vor zwei Stunden ansprechen.

Wenn der Motor der DIN EN 60947 entspricht oder einer Funktionsprüfung einer benannten Stelle unterzogen wurde, werden diese Kennwerte automatisch eingehalten. Bei der Zündschutzart „e" erhöhte Sicherheit, muss der Motorschutz neben dem Dauerbetrieb auch den vorhersehbaren Störungsfall „festgebremster Läufer" mit abdecken.

Prüfstellen wie der TÜV oder PTB ermitteln, nach welcher Zeit der Schutzschalter ansprechen muss, um in der Ständerwicklung und im Käfig des Läufers mit sicherem Abstand unterhalb der Zündtemperatur des explosionsfähigen Gemisches zu bleiben. Die so ermittelte Erwärmungszeit wird abgestuft für die Temperaturklassen T1, T2, T3 und T4, also für die Zündtemperaturen von 450 °C, 300 °C, 200 °C sowie 135 °C, wie in der Baumusterprüfbescheinigung angegeben. Der Errichter muss danach einen Schutzschalter wählen, dessen Kennlinie diese Abschaltbedingungen erfüllt. Eine Kennlinie der eingesetzten Schutzeinrichtung muss beim Betreiber in Form einer Bedienungsanleitung verfügbar und einsehbar sein.

Eine EG-Baumusterprüfbescheinigung einer benannten Stelle ist nach allgemeinem Verständnis für eine Einrichtung nicht zwingend erforderlich, wenn sie zusätzlich zu einer anderen zugelassenen Schutzeinrichtung verwendet wird oder wenn sie einen Antrieb in der Zone 2 oder 22 schützt, der eine EG-Konformitätserklärung des Herstellers hat und dessen Schutzeinrichtung in der Betriebsanleitung beschrieben ist. Durch die Schutzeinrichtung wird sichergestellt, dass die beiden Eckpunkte der Auslösekennlinie sowie der Auslösepunkt beim Anzugsstrom (Strom bei festgebremstem Läufer) innerhalb der zugelassenen Toleranz eingehalten werden.

5.2.2 Vorsicht bei Phasenausfall

Der Betrieb von mehrphasigen elektrischen Betriebsmitteln wie ein Drehstrommotor kann bei Ausfall einer Phase zu einer Überhitzung führen. Deshalb müssen Vorkehrungen getroffen werden, um dieses zu verhindern.

Motoren der Zündschutzart „e“ in Dreieckschaltung sollten speziell betrachtet werden. Im Gegensatz zu Maschinen in Sternschaltung könnte der Ausfall einer Phase unbemerkt bleiben, besonders während des Betriebs. Dadurch entsteht eine Stromasymmetrie in den Speiseleitungen der Maschine und führt zu einer erhöhten Erwärmung des Motors.

Daher muss für Motoren mit Wicklungen in Dreieckschaltungen ein Phasenausfallschutz vorgesehen werden, der Stromasymmetrien erkennt, bevor sie zu übermäßigen Erwärmungen führt.

5.2.3 Prüfungen

Ausreichend ist sowohl bei der Erstinbetriebnahme wie auch bei wiederkehrenden Prüfungen eine Überprüfung der Einstellwerte.

Bei wiederkehrenden Prüfungen sind auch ausführliche Angaben über Prüftiefen und Prüfpläne zu machen. Im Prüfplan für Motoren der Zündschutzart „d“ und „e“ ist Folgendes zu prüfen:

- Die automatische elektrische Schutzeinrichtung spricht in zulässigen Grenzwerten an.
- Die automatische elektrische Schutzeinrichtung ist richtig eingestellt, eine automatische Rückstellung ist nicht möglich.

Festlegungen der Prüffristen werden in der BetrSichV und in „Technischen Regeln für Betriebssicherheit", wie u. a. der TRBS 1201 Teil 1, geregelt. Der Betreiber hat nach einer sicherheitstechnischen Bewertung die Prüffrist zu ermitteln, sie darf nicht länger als drei Jahre sein.

Prüfmethoden für Funktionsprüfungen

Sollte eine Funktionsprüfung der Überstromschutzeinrichtung notwendig sein, so haben sich folgende Prüfmethoden bewährt, wobei jeweils die zugeordnete Auslösekennlinie des Herstellers für die Beurteilung maßgebend ist.

Kontrolle im Labor

Die Auslösekennlinie des jeweiligen Relais wird z. B. mit einem Stelltrafo oder Stellwiderstand überprüft. Die Abweichung darf bis zu + 20 % betragen.

Kontrolle vor Ort

Diese Methode ist allerdings nur unter Ausschluss der Explosionsgefahr anwendbar.

Kleinere Antriebe, die sich sicher blockieren lassen, werden unter üblichen Netz- und Einstellbedingungen mit festgebremstem Läufer überprüft. Bei Einstellung auf den Bemessungsstrom muss das Relais spätestens nach der auf dem Leistungsschild des Motors angegebenen Zeit mit einer Toleranz + 20 % auslösen.

Mittlere und größere Motoren sind zu blockieren, falls ein Anlauf in die falsche Drehrichtung schädlich ist. Der Versuch ist im Zweileiterbetrieb, also an zwei Netzleitern, durchzuführen. Relais mit Phasenausfallempfindlichkeit sprechen bei dieser Betriebsweise etwas früher an als bei normalem 3-Leiteranschluss.

5.2.4 Explosionsgeschützte Motoren

Motoren sind nur gemäß der auf dem Leistungsschild festgelegten Bemessungsdaten zu betreiben. Entsprechend ihrer Kennzeichnung auf dem Leistungsschild sind Motoren für den Einsatz in explosionsgefährdeten Bereichen geeignet.

Lufteintritt und -austritt dürfen nicht behindert sein, da sonst die Erwärmung über die zugelassene Temperaturklasse steigt, sowie die Lebensdauer der Wicklungsisolation verkürzt wird.

Achshöhe	LE [mm]
bis 160	35
180 bis 225	85
ab 250	125

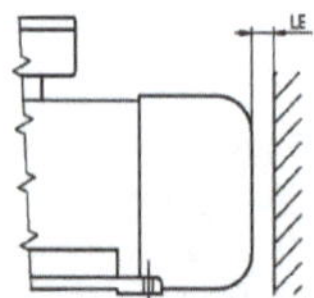

Bild 1: *Mindestabstand von Hindernis zu Lufteintrittöffnung; (Quelle: Sachverständigenbüro Uphagen GmbH & Co. KG)*

Außerdem müssen in Betrieben mit starkem Schmutzanfall die Luftwege regelmäßig kontrolliert und gereinigt werden.

Motoren sind für den explosionsgefährdeten Bereich geeignet, wenn folgende Angaben auf dem Leistungsschild gekennzeichnet sind:

- Gerätegruppe
- Gerätekategorie
- Zündschutzart
- IP-Schutzart
- Temperaturklasse

Durch diese Angaben wird der Motor der Zoneneinteilung der Betriebsstätte zugeordnet.

Motoren mit direkter Leitungseinführung

Das freie Ende des in den Motor geführten Kabels muss entsprechend den für den Anschlussbereich gültigen Vorschriften angeschlossen werden. Hat die am Motor verwendete Leitungseinführung eine Zugentlastung, kann das Kabel frei verlegt werden, andernfalls muss das Kabel in unmittelbarer Nähe zugentlastend befestigt werden. Die maximale Betriebstemperatur der verwendeten Leitung darf nicht überschritten werden.

Klemmkasten

Der Klemmkasten wird durch Lösen der Deckelschrauben oder bei Ausführung mit Gewindestift, durch Zurückdrehen des Gewindestifts und anschließendem Aufdrehen des Gewindedeckels geöffnet.

 **Hinweis**

- Bei Motoren, die mit Einzelbolzendurchführungen statt Klemmbrett ausgerüstet sind, dürfen diese nicht mitgedreht werden, da sonst die Zuleitung im Inneren des Motors beschädigt werden könnte.
- Gewindestifte als Verdrehsicherung des Klemmkastens sind Bestandteil des Explosionsschutzes und dürfen nur als Originalersatzteil ausgetauscht werden.
- Deckel, die über ein Gewinde aufgeschraubt werden, müssen ebenfalls gegen unbeabsichtigtes Aufdrehen gesichert werden.
- Die Oberflächen von zünddurchschlagsicheren Spalten, speziell an den Deckeln von Klemmkästen der Zündschutzart „DIN EN 60079-1 (VDE 0170-5) druckfeste Kapselung, Kennzeichnung Ex d IIC(B)“, müssen gegen Korrosion geschützt werden.
- Bei Klemmkästen der Zündschutzarten „erhöhte Sicherheit“ und „Staubschutz“ sind die verwendeten Dichtungen Bestandteil der Zulassung. Es dürfen nur Originaldichtungen verwendet werden.
- Beim Verschließen der Klemmkästen sind die Deckelschrauben kreuzweise festzuziehen.
- Bei Klemmkästen der Zündschutzart „DIN EN 60079-1 druckfeste Kapselung“ dürfen beim Öffnen des Deckels nicht mit scharfen Werkzeugen (Schraubendrehern) die Planfläche der Ex-Spalte beschädigen.

Kabel- und Leitungseinführungen

Motoren mit Kabel- und Leitungseinführungen oder über Rohrleitungssysteme müssen gemäß DIN EN 60079-14 angeschlossen werden.

Diese müssen folgenden Anforderungen genügen:

- DIN EN 60079-7 für Anschlussräume in Zündschutzart „erhöhte Sicherheit", (Kennzeichnung am Bauteil Ex e II)
- DIN EN 60079-1 für die Zündschutzart „druckfeste Kapselung", (Kennzeichnung am Bauteil Ex d IIC(B))

Für Kabel- und Leitungseinführungen müssen eigene Prüfbescheinigungen vorliegen.

Hinweis

Nicht benutzte Öffnungen werden mit Verschlussstopfen verschlossen, für die ebenfalls entsprechende Prüfbescheinigungen und oder entsprechende Kennzeichnungen vorliegen müssen.

5.2.5 Motoren zum Betrieb an Frequenzumrichtern

Für den Betrieb an Frequenzumrichtern sollten die Motoren mit Temperaturüberwachung durch Kaltleitertemperaturfühler geschützt werden. Die bei dieser Betriebsart zulässigen Leistungen sollten auf dem Leistungsschild angegeben sein. Zu prüfen im Betrieb am Frequenzumrichter wäre auch die „elektromagnetische Verträglichkeit“ nach EN 50082-1 (DIN VDE 0839 Teil 82-1/3.93).

Entsprechend der Leitungslänge (DIN VDE 0100-410) auf der Motorseite des Umrichters sind Ausgangsfilter vorzusehen. Zur Filterauswahl und der maximalen Leitungslänge sind die Angaben des Frequenzumrichterherstellers maßgebend. Zu beachten sind beim Betrieb der Motoren an Frequenzumrichtern die Grenzen der zulässigen Spannungsbelastbarkeit durch Spannungsspitzen (Grenzwerte der Klemmen und Wicklungsisolation).

5.2.6 Betriebsarten und Temperaturschutz

Bei Motoren der Betriebsart S1 können Temperaturfühler zusätzlich zu dem in DIN EN 60079-14 geforderten Motorschutzschalter verwenden werden.

Soll bei Motoren der Betriebsart S1 der Schutz gegen unzulässige Erwärmungen allein durch einen Temperaturfühler erfolgen, muss dafür eine geprüfte Kombination von Temperaturfühler und Auslösegerät verwendet werden.

Bei Motoren abweichend von der Betriebsart S1 muss zum Schutz gegen unzulässige Erwärmung eine geprüfte Kombination von Temperaturfühler und Auslösegerät verwendet werden.

Eine Speisung der Motoren über Frequenzumformer ist zulässig, wenn eine geprüfte Kombination von Temperaturfühler in den Wicklungen und Auslösegerät verwendet wird.

 **Hinweis**

- Eine ausgelöste Überwachungseinrichtung darf nicht selbstständig wieder einschalten.
- Schutzeinrichtungen dürfen auch im Probebetrieb nicht außer Funktion gesetzt werden. Im Zweifelsfall ist die Maschine abzuschalten.
- Motoren abhängig von den Einsatzbedingungen sind kontinuierlich zu überwachen.
- Motoren müssen sauber gehalten und Belüftungsöffnungen freigehalten werden.
- Für die Wartung bzw. Instandhaltung von elektrischen Betriebsmitteln in explosionsgefährdeten Bereichen gelten die Bestimmungen der BetrSichV und die DIN EN 60079-19.
- Bei der Wartung sind v. a. Teile, von denen die Zündschutzart abhängt, zu prüfen, z. B. die Unversehrtheit der Einführungselemente und Dichtungen.

Eine Kennzeichnung für den Ex-Bereich gibt an, wo der Motor eingesetzt werden darf und dass er nach den zutreffenden IEC- und Europa-Normen konstruiert, gefertigt und zugelassen wurde, die der Betrieb in explosionsgefährdeten Bereichen erfordert.

Der Motor darf in keiner Form verändert werden und die hier vorliegende Betriebsanleitung muss in jedem Fall beachtet werden. Wird der Motor verändert oder müssen Reparaturen durchgeführt werden, so ist dies nur vom Hersteller oder von Reparaturwerkstätten durchzuführen, die über die erforderlichen Kenntnisse im Explosionsschutz verfügen.

Vor Wiederinbetriebnahme der Motoren ist das Einhalten der Vorschriften von einer benannten Stelle entsprechend den EG-Richtlinien zu überprüfen und durch Kennzeichnung am Motor oder Ausstellung eines Prüfberichts zu bestätigen.

Werden diese Bestimmungen nicht eingehalten, ist der Motor nicht mehr als explosionsgeschützt klassifiziert.

5.2.7 Bedingungen Explosionsschutz

Sodass der Schutz garantiert werden kann, sind im Betrieb von Elektromotoren folgende Bedingungen im Ex-Schutz zu beachten:

- Alle Kontaktschrauben der elektrischen Verbindungen müssen zur Vermeidung von zu hohen Übergangswiderständen und zu unzulässig hoher Erwärmung gut festgezogen werden. Anzugsmomente müssen eingehalten werden.
- Beim Anschließen der Netzkabel ist Vorsicht geboten.
- Beachtet werden müssen Kriech- und Luftstrecken. Die Dichtungsteile der Kabeleinführungen und Anschlussräume ebenso wie die zur Zugentlastung oder als Verdrehungsschutz für die Netzkabel vorgesehenen Einführungsteile sind ordnungsgemäß anzuwenden, um die Schutzart der Anschlussräume sicherzustellen.

- Schäden an Motoren sollten sofort und nur durch Originalersatzteile ausgetauscht werden. Die richtige Ausführung der Arbeiten ist von einer benannten Stelle entsprechend den EG-Richtlinien, in Deutschland von einem Sachverständigen gemäß BetrSichV, im Ausland entsprechend den dort geltenden Landesvorschriften, zu überprüfen und durch Kennzeichnung am Motor oder Ausstellung eines Prüfberichts zu bestätigen.
- Zur Vermeidung von elektrostatischer Aufladung der lackierten Motoroberfläche darf nach DIN EN 60079-0 für die Gruppe IIC die Dicke der Beschichtung entweder max. 200 μm betragen oder es sind entsprechende Nachweise für nicht Aufladbarkeit zu erbringen. Original gelieferte Motoren erfüllen diese Forderungen.

5.2.8 Staubschutz

Motoren sind entsprechend der DIN EN 60079-31 (VDE 0170-15-1) zu betreiben. Sie dürfen nicht mit Staubablagerungen übermäßiger Dicke betrieben werden, hierdurch kann die zulässige Oberflächentemperatur überschritten werden.

- Es ist eine regelmäßige Reinigung sicherzustellen.
- Es dürfen nur Originaldichtungen verwendet werden.
- Bei Motoren mit Nachschmiereinrichtung der Wälzlager ist darauf zu achten, dass die Schmierkanäle immer mit Fett gefüllt sind, da ansonsten der Explosionsschutz aufgehoben ist.

5.3 Prüfung einer Lüftungsanlage

Eine RLT-Anlage ist zumeist ein komplexes Luftleitsystem, das jeweils als Zu- bzw. Abluftsystem verwendet werden kann. Es gibt verschiedene Ausführungen in z. B. der Dimensionierung, Funktion sowie der ex-relevanten Sicherheitsparamenter, die vor dem Bau der Anlage in jedem Fall zu beachten sind.

Grundsätzlich ist eine RLT-Anlage in explosionsfähiger Atmosphäre mehrschichtig zu betrachten. Es besteht die Möglichkeit, dass eine Zone außerhalb oder innerhalb der RLT-Anlage herrscht. In seltenen Fällen kommt es vor, dass in partiellen Anlagenbereichen Explosionsgefahren vorherrschen. Es müssen vor Planung, Umsetzung und Bau von RLT-Anlagen die RLT-Richtlinien 01 bis 04 des „Herstellerverbands Raumlufttechnische Geräte e. V." betrachtet werden. Für den Explosionsschutz relevant ist die RLT-Richtlinie 02.

Prüfungen vor Inbetriebnahme, nach prüfpflichtigen Änderungen und nach Instandsetzung sowie wiederkehrende Prüfungen von RLT-Anlagen in explosionsgefährdeten Bereichen sind nach der BetrSichV gesetzlich vorgeschrieben.

5.3.1 Wer darf prüfen?

Eine zur Prüfung befähigte Person nach TRBS 1203 und der BetrSichV darf nach dem Stand der Technik RLT-Anlagen prüfen. Die Befähigung muss folgenden Anforderungen gerecht werden:

- Komplexität der Anlage sowie der resultierenden Prüfaufgabe
- Für RLT-Anlagen in explosionsgefährdeten Bereichen oder solche, die potenziell explosive Luftströme führen, müssen die normativen Grundlagen zum Explosionsschutz bekannt sein und nachweislich auf dem neuesten Stand gehalten werden.
- Mögliche Gefährdungen neben der Gefährdungsbeurteilung müssen bei der Anlagenprüfung erkannt und vermieden werden können.
- Die Prüffristen, Erkenntnisse und getroffene Maßnahmen sowie Prüfart und -umfang aus der Gefährdungsbeurteilung müssen bekannt sein und vorliegen.
- Anforderungen aus dem Explosionsschutzdokument müssen bekannt sein.
- Mess- und Prüfangaben aus der Herstellerdokumentation der einzelnen Geräte und Einrichtungen müssen vorliegen und bekannt sein.

5.3.2 Was muss bei einer Prüfung beachtet werden?

1. In jedem Fall müssen beschreibende Anlagendokumente, Gefährdungsbeurteilung, Explosionsschutzdokument, Ex-Zonenpläne und spezifische Herstellerdokumentation (z. B. Betriebsanleitungen, Konformitäts- oder Baumusterprüfbescheinigungen) vorliegen und gesichtet werden können.
2. Die zu prüfende Anlage muss für den Zeitraum der Prüfung außer Betrieb genommen und bestimmte Fehlerszenarien geprüft werden können.
3. Änderungen der Anlage (z. B. der Stoffhandhabung, Änderung sicherheitsgerichteter Anlagentechnik oder Betriebsbedingungen) müssen schriftlich festgehalten und bei der Prüfung berücksichtigt werden.
4. Die Zoneneignungen hinsichtlich der Gerätekategorie der RLT-Geräte mit Explosionsschutzanforderungen müssen überprüfbar sein.
5. Die Oberflächentemperaturen müssen bekannt sein und bei Bedarf mit der Anlagendokumentation abgleichbar sein.
6. Die Einbindung der leitfähigen Teile der RLT-Anlage in den örtlichen elektrischen Potenzialausgleich muss vorhanden sein und überprüft werden können.
7. Nicht leitfähige Teile müssen den Flächenvorgaben gemäß der DIN EN 80079-36 entsprechen, nachweislich nicht aufladbar sein oder ableitfähig gestaltet werden.
8. Vorausgegangene Prüfaufzeichnungen zu etwaigen Anlagenteilen oder der Gesamtanlage müssen vorliegen und überprüft werden können.
9. Anlagenteile bzw. Betriebsmittel müssen in jedem Fall Betriebsmittelkennzeichnungen aufweisen, Typen- und Leis-

tungsschilder müssen lesbar sein und der Dokumentation zugeordnet werden können.

5.3.3 Wie läuft eine Prüfung im Detail ab?

Vorab: Keine Prüfung ist wie die andere! Die Inhalte unterscheiden sich, die Einsatzumgebungen sind je nach Betreiber verschieden, die anlagenspezifischen Gefährdungen werden unterschiedlich bewertet und gewichtet, die Anforderungen an Betriebsmittel und Schutzeinrichtungen sind teils undeutlich definiert und Prozessablaufpläne liegen eventuell nicht vollständig vor.

Bereitstellung der bestehenden Dokumentationsunterlagen

Je nach Prüfung – vor Neuinbetriebnahme, nach prüfpflichtigen Änderungen oder wiederkehrend – sind Anlagen- und Herstellerdokumentation in jeweils verschiedenen Umfängen in Papierform oder digital, in jedem Fall VOR der geplanten Prüfung, bereitzustellen. Grundsätzlich sollte die vollständige Dokumentation vorhanden und mit Zeitstempel sowie einem Änderungsverzeichnis versehen sein.

Prüfung der Geräte und Schutzmaßnahmen

Die Geräte, Schutzsysteme, Sicherheits-, Kontroll- und Regelvorrichtungen, von denen der Explosionsschutz abhängig ist, werden stichprobenartig z. B. hinsichtlich ihrer Zoneneignung, der Anlagenkompatibilität oder der korrekten Funktion überprüft. Die Installation gemäß Zündschutzart bzw. die korrekte Verwendung und Energieversorgung von elektr. Betriebsmitteln wird beachtet sowie die technischen Gegebenheiten gegenüber den normativen Vorgaben überprüft.

Prüfung der elektrostatischen Aufladung isolierender Bauteile

Die elektrostatische Aufladung von isolierenden Bauteilen kann stichprobenartig und messtechnisch überprüft und dokumentiert werden. Somit kann eine fundierte Aussage hinsichtlich der möglichen Zündgefahr durch elektrostatische Entladung getroffen werden. Dazu kann gesagt werden, dass explosive Gase bei Abwesenheit von Stäuben und anderen Fremdpartikeln sowie Flüssigkeitströpfchen nachweislich keine elektrostatische Aufladung hervorrufen können. Es ergibt sich: Sofern Staubabscheider mit ableitfähigen Filterelementen und Tröpfchenabscheider vor Eintritt in das Leitungssystem installiert werden, können physikalisch keine elektrostatischen Aufladungen stattfinden.

Die Einbindung der leitfähigen Materialien oder Teile in den Potenzialausgleich oder die Erdung ist essenziell für die ungefährliche Ableitung von möglicherweise entstehenden Aufladungen. Hierbei ist zu beachten, dass ein möglichst niedriger Widerstand gewährleistet wird. Normative Vorgabe bzw. Höchstwert für leitfähige Gegenstände beträgt 10^6 Ohm. Erdung und Potenzialausgleich müssen gegen Selbstlösen gesichert und korrosionsbeständig ausgeführt werden und die jeweilige Verbindung hinsichtlich den Umgebungsanforderungen angepasst werden. Messprotokolle müssen die Aufrechterhaltung des anlagenübergreifenden Potenzialausgleichs bzw. der Erdung nachweisen und vorliegen.

Sonderfall eigensichere Betriebsmittel: In explosionsgefährdeten Bereichen sind ausschließlich alle leitfähigen und ableitfähigen Gegenstände zu erden bzw. in den Potenzialausgleich mit einzubeziehen. Nachweise der Eigensicherheit nicht vergessen!

Prüfung von Blitzschutzanlagen

Blitzschutzanlagen von RLT-Anlagen in Ex-Bereichen sollten auch wiederkehrend geprüft werden, abhängig von der Blitzschutzklasse, der Gefährdungsbeurteilung und der gegebenen Mindestprüffristen, die beispielsweise bei Blitzschutzklasse II halbjährlich zur Sichtprüfung und jährlich eine umfassende, messtechnische Prüfung fordert. Prüfprotokolle gehören zur Dokumentation und müssen vorliegen.

Prüfung des Luftwechsels

Die technischen Vorgaben hinsichtlich des zu- und/oder abgeführten Volumenstroms dürfen sich bis auf Messunsicherheiten nicht vom ursprünglich geplanten Sollwert unterscheiden. Wenn im Außenbereich der RLT-Anlage keine Ex-Zone vorgesehen ist, muss der Anlagenbetreiber dafür Sorge tragen, dass ein ausreichender Luftwechsel in der Umgebung stattfindet, sodass keine Zonenverschleppung von innerhalb der RLT-Anlage nach außerhalb der RLT-Anlage stattfinden kann bzw. auf ein unbedenkliches Maß herabgesetzt wird.

5.3.4 Welche Mängel können auftreten?

„Ist es nicht dokumentiert, ist es nicht passiert.“ ist hier das treffende Credo. Wenn die Anlagendokumentation lückenlos vorliegt, die Installation, Aufstellung, Wartung, Instandhaltung und Instandsetzung der RLT-Anlagen herstellerkonform gewährleistet, geforderte Messungen durchgeführt und dokumentiert sowie sämtliche Aufzeichnungen, unter Angabe über Änderungen der Anlage oder Anlagenteilen und deren Bestandteilen aufbewahrt werden und wurden, kann von dem technischen Zustand der Anlage keine unmittelbar große Gefahr ausgehen, denn sie wird bestimmungsgemäß verwendet, gewartet, instand gesetzt.

Ausnahmefall: Unfälle an oder mit sicherheitsrelevanten Anlagenteilen, durch die die Funktion und Aufrechterhaltung des Explosionsschutzes beeinträchtigt werden können.

Zonenkonforme Nutzung von Schutzmaßnahmen

Druckentlastungsklappen, Flammsperren und teils Explosionsklappen sind oft nicht zonenkonform, ausreichend zertifiziert bzw. nicht für die vorliegende Anlagenumgebung geeignet oder nicht mit in den Potenzialausgleich bzw. die Erdung eingebunden. Anlagenteile und deren Bestandteile sind untereinander auf Potenzialausgleich nicht geprüft und teils herrscht auch nach Messung kein Potenzialausgleich – hier bedarf es Nachbesserung mit geeigneten Maßnahmen, um den zu messenden Widerstandswert optimalerweise in den einstelligen Bereich zu bekommen, sodass sich statische Aufladungen gar nicht erst aufbauen können. Denn wenn die Relaxationszeit der potenziellen Ladung größer ist als die Geschwindigkeit der Ladungserzeugung, findet technisch keine zündwirksame Aufladung statt, die eine explosionsfähige Atmosphäre entzünden kann.

Beschädigungen von Zu- und Abluftkanälen

Zu- und Abluftkanäle sind regelmäßig augenscheinlich auf relevante Beschädigungen zu überprüfen. Bei einem Riss oder einem Loch oder einer anderen Undichtigkeit besteht die Gefahr der Zonenverschleppung und somit eine Gefährdung des der RLT-Anlage umgebenden Bereichs und dem Inneren der RLT-Anlage durch eine mögliche hervorgerufene Explosion, die sich in das Innere ausbreiten kann.

Staub- und Fremdkörperansammlungen

Staub- und Fremdkörperansammlungen in Abluftleitungen sind zu vermeiden, da auch sie sich statisch aufladen können oder auch zu Beschädigungen von Anlagenteilen und schlimmstenfalls auch zu Explosionen führen können, wenn sie sich lösen.

5.3.5 Mängelbeseitigung

Die Wartung und die Reparatur dürfen ausschließlich durch entsprechend geschultes und fachkundiges Personal durchgeführt werden. Das Personal ist vor Arbeitsaufnahme auf alle Gefährdungen hinzuweisen. Vor Arbeiten an oder mit der Anlage ist zu gewährleisten, dass keine Gefahr von den durchzuführenden Arbeiten ausgehen kann. Wenn dies nicht gewährleistet werden kann, sind entsprechende Maßnahmen zur wirksamen Verhinderung zu treffen.

Es dürfen ausschließlich nicht funkenerzeugende Werkzeuge eingesetzt werden, es ist ableitfähige Persönliche Schutzausrüstung zu tragen. Zur Vermeidung von statischen Aufladungen an isolierenden Oberflächen dürfen nur feuchte, antistatische

Tücher verwendet werden. Es ist in jedem Fall darauf zu achten, dass gemäß Wartungs- und Bedienungsanleitungen des Herstellers oder Inverkehrbringers der Anlage gearbeitet wird. Falls Bestandteile oder Betriebsmittel der Anlage getauscht werden müssen, muss eine neue Sicherheitsbewertung nach Neueinbau durchgeführt werden, sofern das ausgetauschte Betriebsmittel eine andere Zündschutzart, Oberflächentemperatur oder andere Verwendungs- oder Umgebungsbedingungen besitzt.

5.3.6 Wie wird eine RLT-Anlage gewartet und instand gehalten?

Grundsätzlich müssen alle Bereiche einer RLT-Anlage in regelmäßigen Abständen gewartet und instand gehalten werden. Ohne diese Maßnahmen kann keine Anlage auf Dauer bestehen.

Reinigung und Wartung der Abluftkanäle, Betriebsmittel und Komponenten

Die Reinigung der Abluftkanäle darf nur im mechanisch sowie elektrisch freigeschalteten und gasfrei gemessenen Zustand stattfinden, da sich für das Reinigungspersonal eine Explosionsgefahr ergeben könnte. Dies ist in jedem Fall zu vermeiden. Während der Reinigung muss darauf geachtet werden, dass Gasfreiheit gewährleistet wird. Andernfalls muss so lange mit Frischluft gespült werden, bis die explosionsfähige Atmosphäre wirksam verhindert wird. Es kann auf Reinigungs- und Wartungspläne zurückgegriffen werden, wenn sich diese bewährt haben und die gesetzten Fristen nicht zu Gefährdungen der Anlage oder des Personals führen.

Sämtliche Betriebsmittel und Komponenten einer RLT-Anlage sind auf Funktion, Sicherheit und Verschmutzung zu prüfen, beispielsweise ist bei Ventilatoren die Wuchtung zu prüfen. Bei unzureichender Wuchtung kann der Ventilator flattern und kann so zu einer Zündgefahr werden.

Wartung der MSR-Technik

Die MSR-Technik muss durch eine autorisierte Fachfirma in regelmäßigen Zeitabständen gewartet werden. Sicherheitsfunktionen müssen einem jährlichen Funktionstest unterzogen und defekte Bauteile ggf. repariert, instand gesetzt, notfalls ausgetauscht werden.

Prüfung von mechanischen Bauteilen

Schmierungen von mechanischen Bauteilen müssen regelmäßig kontrolliert werden, Funktion, Freigängigkeit und explosionsschutztechnische Sicherheit sowie mechanische Festigkeit müssen gewährleistet werden können. Gegebenenfalls werden Nachjustierungen erforderlich. Generell sind Wartungen und Instandhaltungen nach Vorgaben der Herstellerdokumentation durchzuführen. Weiterhin ist eine ggf. vorhandene Baumusterprüfbescheinigung zwingend zu beachten. Angegebene besondere Bedingungen, die meist unter Punkt 17 der Baumusterprüfbescheinigung zu finden sind, sind in jedem Fall zu berücksichtigen.

5.3.7 Auswahl und Einsatz elektrischer Betriebsmittel

In explosionsgefährdeten Bereichen sind die Auswahl und der Einsatz von elektrischen Betriebsmitteln gegenüber der generellen Herangehensweise eine vollkommen andere. Es müssen genau festgelegte Umgebungs- und die am Einbauort geltenden Verwendungsbedingungen hinreichend bekannt sein. RLT-Geräte sind nicht für den Einbau in Zone 0 geeignet - es kann nicht sichergestellt werden, dass eine Zwei-Fehler-Sicherheit in dauerhafter Gasatmosphäre nicht zu einer Explosion führen könnte. Bei Einsatz für die Förderung von Gasen der Gasgruppe IIC (Wasserstoff, Acetylen, Schwefelkohlenstoff) mit RLT-Anlagen ist eine besondere Explosionsschutz-Philosophie anzuwenden. Die Möglichkeiten betreffen immer den Einzelfall, allgemeingültige Aussagen und Vorgehensweisen lassen sich nicht pauschal treffen.

Aufstellungsort des elektrischen Betriebsmittels

Im Grundsatz sind Aufstellungsort und der Ort der zu führenden Medien zu betrachten, sprich das innere und das äußere Explosionsschutzniveau des Geräts oder der Anlage. Dieses lässt sich durch das Typen- oder Leistungsschild, die Herstellerdokumentation und die Baumusterprüfbescheinigung/das ATEX-Zertifikat, erkennen. Es muss im Vorhinein festgelegt werden, welche explosionsschutzrelevanten Gegebenheiten auftreten können. Außerdem muss genau abgewägt werden, ob das gewünschte Gerät in und mit einer solchen Atmosphäre arbeiten darf. Prinzipiell ist es sinnvoll, bei Unsicherheiten hinsichtlich der Gerätekategorie oder der zulässigen maximalen Oberflächentemperatur das nächsthöhere Schutzniveau anzustreben, um einen „Sicherheitsspielraum“ zu bekommen, der jedoch nicht ausgereizt werden sollte.

Verantwortung und Zuständigkeit

Die Verantwortung für den Explosionsschutz in seiner Gesamtheit der Anlage trägt ausschließlich der Betreiber bzw. der Errichter. Das einzelne Gerät kann im Fall der Fälle nicht für sich alleine betrachtet den nötigen Schutz aufweisen, es ist ausdrücklich das Schutzkonzept der übergeordneten Anlage zu betrachten.

Nutzung von Frequenzumrichtern in Ex-Bereichen mit RLT-Anlagen

Gerade in Bereichen mit RLT-Anlagen muss ein besonderes Augenmerk darauf gelegt werden, wenn hier Frequenzumrichter eingesetzt werden sollen. Nicht jeder Frequenzumrichter ist hier nutzbar. Diese dürfen meist nicht in Ex-Bereichen verwendet werden. Frequenzumrichtergespeiste Antriebe müssen für den Einsatzbereich geeignet und der verfügbaren Anlagentechnik entsprechend dimensioniert werden. Hier gilt der Grundsatz: zuerst Antrieb auswählen, dann den Frequenzumrichter. Bei Tausch oder Ersatz von entweder Antrieb oder Frequenzumrichter, evtl. bei Defekt in Kombination mit Schwierigkeit bei der Ersatzteilbeschaffung, ist die Kombination der beiden Geräte maßgebend.

Wenn in der Herstellerdokumentation des Motorherstellers der Typ des Frequenzumrichters vorgegeben wird und nur diese Kombination für die sichere Verwendung im explosionsgefährdeten Bereich zugelassen und zertifiziert wurde, ist dieser Vorgabe Folge zu leisten.

Dies bedeutet im schlimmsten Fall, dass entweder der Frequenzumrichter durch ein für den Ersatzantrieb zugelassenes Modell ersetzt werden muss oder die Kombination eine Einzelfallbetrachtung benötigt, die geprüft und abgenommen werden muss. Dies gilt, sofern der momentan verwendete Frequenzumrichter nicht in der Herstellerdokumentation des Ersatzantriebs aufgelistet ist.

Drehzahlgeregelte Antriebe

Für drehzahlgeregelte Antriebe müssen die thermische Dauerbelastung, die Überlastbarkeit und die Schaltfrequenzbegrenzung durch den Motorstrom begrenzt werden. Dies muss vor dem Hintergrund der Einsatzmöglichkeiten betrachtet werden. Bei der Installation von Antrieben mit Frequenzumrichter muss man sich explizit an die Herstellerdokumentation halten. Außerdem sind normative Vorschriften hinsichtlich elektromagnetischer Verträglichkeit, äußeren Störeinflüssen sowie natürlich jene Vorschriften des Explosionsschutzes zwingend zu berücksichtigen.

Planung und Vorkehrungen für den Ausfall einer Anlage

Explosionsfähiges Gemisch kann sich bei Ausfall der Abluftanlage ansammeln und durch z. B. den Zulufttrakt gelangen. Dies kann zu einer Gefahr werden. Deshalb sollte darüber nachgedacht werden, was passiert, wenn die widrigsten Bedingungen eintreffen. Wie verhält sich die Anlage, ist die Anlagensicherheit ausreichend, was kann im schlimmsten Fall passieren und was muss getan werden, um einen ausreichenden Explosionsschutz zu gewährleisten? Der Einsatz von elektrischen und mechanischen Schutzeinrichtungen kann Abhilfe schaffen.

MSR- und Schutzeinrichtungen

MSR- und weitere Schutzeinrichtungen müssen zur Einhaltung und Überwachung der Schutzfunktionen geeignet und ggf. für den Verwendungsbereich zugelassen sein. Dies gilt auf Basis der Herstellerdokumentation der RLT-Anlage oder auf Basis der spezifizierten Bestandteile. Die Planung, Auswahl, Beschaffung und Inbetriebnahme von Geräten und Betriebsmittel mit besonderen Schutz- oder Überwachungsfunktionen für den explosionsgefährdeten Bereich sollte einer qualifizierten Fachfirma überlassen werden.

Die komplette Anlage, jeder einzelne Bestandteil, jedes einzelne Betriebsmittel und jegliches Zubehör in RLT-Anlagen in Ex-Bereichen ist relevant. Die zugehörige Planung, Organisation, Dokumentation, Wartung, Instandhaltung, Tausch, Parametrierung und Inbetriebnahme muss von Anfang bis Ende durchdacht, überprüft und strengstens eingehalten werden. Denn nur dann ist die Funktionssicherheit in Kombination mit dem Explosionsschutz vereinbar und gewährleistet.